智能电网技术与装备丛书

高比例可再生能源并网的
输电网规划理论与方法

Transmission Expansion Planning Theory and
Method with High Share Renewable Energy

程浩忠　王智冬　张　宁　吴耀武　陈皓勇　著

科 学 出 版 社

北 京

内 容 简 介

本书是国家重点研发计划项目"高比例可再生能源并网的电力系统规划与运行基础理论"课题 2"考虑高比例可再生能源时空分布特性的交直流输电网多目标协同规划方法"的成果之一。全书共分 10 章。第 1 章为绪论，第 2 章为可再生能源发电出力建模与模拟，第 3 章为电力系统运行模拟，第 4 章和第 5 章分别讨论高比例可再生能源并网的输电网随机规划方法和鲁棒规划方法，第 6 章为网源协同规划方法，第 7 章为与配电网相协同的输电网规划方法，第 8 章为交直流输电网多目标规划方法，第 9 章为规划综合评估与决策，第 10 章为电力系统运行模拟与电气计算融合。

本书可供从事电力系统运行、规划设计和科学研究的人员参考。

图书在版编目（CIP）数据

高比例可再生能源并网的输电网规划理论与方法 = Transmission Expansion Planning Theory and Method with High Share Renewable Energy / 程浩忠等著. —北京：科学出版社，2021.1

（智能电网技术与装备丛书）

ISBN 978-7-03-066660-4

Ⅰ. ①高⋯ Ⅱ. ①程⋯ Ⅲ. ①再生能源-电网-电力系统规划 Ⅳ. ①TM619

中国版本图书馆CIP数据核字（2020）第214124号

责任编辑：范运年 霍明亮 / 责任校对：王萌萌
责任印制：师艳茹 / 封面设计：蓝正设计

科学出版社 出版
北京东黄城根北街 16 号
邮政编码：100717
http://www.sciencep.com

北京建宏印刷有限公司 印刷
科学出版社发行 各地新华书店经销

*

2021 年 1 月第 一 版 开本：720 × 1000 1/16
2024 年 1 月第二次印刷 印张：18 1/4
字数：367 000

定价：168.00 元
（如有印装质量问题，我社负责调换）

"智能电网技术与装备丛书" 编委会

"智能电网技术与装备丛书"序

国家重点研发计划由原来的"国家重点基础研究发展计划"（973 计划）、"国家高技术研究发展计划"（863 计划）、国家科技支撑计划、国际科技合作与交流专项、产业技术研究与开发基金和公益性行业科研专项等整合而成，是针对事关国计民生的重大社会公益性研究的计划。国家重点研发计划事关产业核心竞争力、整体自主创新能力和国家安全的战略性、基础性、前瞻性重大科学问题、重大共性关键技术和产品，为我国国民经济和社会发展主要领域提供持续性的支撑和引领。

"智能电网技术与装备"重点专项是国家重点研发计划第一批启动的重点专项，是国家创新驱动发展战略的重要组成部分。该专项通过各项目的实施和研究，持续推动智能电网领域技术创新，支撑能源结构清洁化转型和能源消费革命。该专项从基础研究、重大共性关键技术研究到典型应用示范，全链条创新设计、一体化组织实施，实现智能电网关键装备国产化。

"十三五"期间，智能电网专项重点研究大规模可再生能源并网消纳、大电网柔性互联、大规模用户供需互动用电、多能源互补的分布式供能与微网等关键技术，并对智能电网涉及的大规模长寿命低成本储能、高压大功率电力电子器件、先进电工材料以及能源互联网理论等基础理论与材料等开展基础研究，专项还部署了部分重大示范工程。"十三五"期间专项任务部署中基础理论研究项目占 24%；共性关键技术项目占 54%；应用示范任务项目占 22%。

"智能电网技术与装备"重点专项实施总体进展顺利，突破了一批事关产业核心竞争力的重大共性关键技术，研发了一批具有整体自主创新能力的装备，形成了一批应用示范带动和世界领先的技术成果。预期通过专项实施，可显著提升我国智能电网技术和装备的水平。

基于加强推广专项成果的良好愿景，工业和信息化部产业发展促进中心与科学出版社联合策划以智能电网专项优秀科技成果为基础，组织出版"智能电网技术与装备丛书"，丛书为承担重点专项的各位专家和工作人员提供一个展示的平台。出版著作是一个非常艰苦的过程，耗人、耗时，通常是几年磨一剑，在此感谢承担"智能电网技术与装备"重点专项的所有参与人员和为丛书出版做出贡献的作者和工作人员。我们期望将这套丛书做成智能电网领域权威的出版物！

　　我相信这套丛书的出版，将是我国智能电网领域技术发展的重要标志，不仅能使更多的电力行业从业人员学习和借鉴，也能促使更多的读者了解我国智能电网技术的发展和成就，共同推动我国智能电网领域的进步和发展。

2019-8-30

序 一

在国际社会推动能源转型发展、应对全球气候变化背景下，大力发展可再生能源，实现能源生产的清洁化转型，是能源可持续发展的重要途径。近十多年来，我国可再生能源发展迅猛，已经成为世界上风电和光伏发电装机容量最大的国家。"高比例可再生能源并网"和"高比例电力电子装备接入"将成为未来电力系统的重要特征。

由中国电力科学研究院有限公司牵头、清华大学康重庆教授担任项目负责人的国家重点研发计划项目"高比例可再生能源并网的电力系统规划与运行基础理论"（2016YFB0900100）是"智能电网技术与装备"重点专项"十三五"首批首个项目。在该项目申报阶段的研讨过程中，根据大家的研判，确定了两大科学问题：一是高比例可再生能源并网对电力系统形态演化的影响机理和源-荷强不确定性约束下输配电网规划问题，二是源-网-荷高度电力电子化条件下电力系统多时间尺度耦合的稳定机理与协同运行问题。项目从未来电力系统结构形态演化模型及电力预测方法、考虑高比例可再生能源时空分布特性的交直流输电网多目标协同规划方法、高渗透率可再生能源接入下考虑柔性负荷的配电网规划方法、源-网-荷高度电力电子化的电力系统稳定性分析理论、含高比例可再生能源的交直流混联系统协同优化运行理论五个方面进行深入研究。2018 年 11 月，我在南京参加了该项目与《电力系统自动化》杂志社共同主办的"紫金论电——高比例可再生能源电力系统学术研讨会"，并做了这方面的主旨报告，对该项目研究的推进情况也有了进一步的了解。

经过四年多的研究，在 15 家高校和 3 家科研单位共同努力下，项目进展顺利，在高比例可再生能源并网的规划和运行研究方面取得了新的突破。项目提出了高比例可再生能源电力系统的灵活性理论，并应用于未来电网形态演化；建立了高比例可再生能源多点随机注入的交直流混联复杂系统高效全景运行模拟方法，揭示了高比例可再生能源对系统运行方式的影响机理；创立了高渗透率可再生能源配电系统安全边界基础理论，提出了配电系统规划新方法；发现了电力电子化电力系统多尺度动力学相互作用机理及功角-电压联合动态稳定新原理，揭示了装备与网络的多尺度相互作用对系统稳定性的影响规律；提出了高比例可再生能源跨区协同调度方法及输配协同调度方法。整体上看，项目初步建立了高比例可再生能源接入下电力系统形态构建、协同规划和优化运行的理论与方法。

项目团队借助"十三五"的春风，同心协力，众志成城，取得了一系列显著成果，同时，他们及时总结，形成了系列著作共 5 部。该系列专著的第一作者鲁宗相、程浩忠、肖峻、胡家兵、姚良忠分别为该项目五个课题的负责人，其他作者也是课题的主要完成人，他们都是活跃于高比例可再生能源电力系统领域的研究人员。该系列专著的内容系项目团队成果的集成，5 部专著体系结构清晰、富于理论创新，学术价值高，同时具有指导工程实践的潜在价值。相信该系列专著的出版，将推动我国高比例可再生能源电力系统分析理论与方法的发展，为我国电力能源事业实现高效可持续发展的未来愿景提供切实可行的技术路线，为政府相关部门制定能源政策、发展战略和管理举措提供强有力的决策支持，同时也为广大同行提供有益的参考。

祝贺项目团队和系列专著作者取得的丰硕学术成果，并预祝他们未来取得更大成绩！

2020 年 6 月 28 日

序 二

发展风电和光伏发电等可再生能源是国家能源革命战略的必然选择，也是缓解能源危机和气候变暖的重要途径。我国已经连续多年成为世界上风电和光伏发电并网装机容量最大的国家。据预测，到 2030 年至 2050 年，我国可再生能源的发电量占比将达 30% 以上，而局部地区非水可再生能源发电量占比也将超过 30%。纵观全球，许多国家都在大力发展可再生能源，实现能源生产的清洁化转型，丹麦、葡萄牙、德国等国家的可再生能源发电已占重要甚至主体地位。风、光资源存在波动性和不确定性等特征，高比例可再生能源并网对电力系统的安全可靠运行提出了严峻挑战，将引起电力系统规划和运行方法的巨大变革。我们需要前瞻性地研究高比例可再生能源电力系统面临的问题，并未雨绸缪地制定相应的解决方案。

"十三五"开局之年，科技部启动了国家重点研发计划"智能电网技术与装备"重点专项，2016 年首批在 5 个技术方向启动 17 个项目，在第一个技术方向"大规模可再生能源并网消纳"中设置的第一个项目就是基础研究类项目"高比例可再生能源并网的电力系统规划与运行基础理论"（2016YFB0900100）。该项目牵头单位为中国电力科学研究院有限公司，承担单位包括清华大学、上海交通大学、华中科技大学、天津大学、华北电力大学、浙江大学等 15 家高校和中国电力科学研究院有限公司、国网能源研究院有限公司、国网经济技术研究院有限公司 3 家科研院所。项目团队以长期奋战在一线的中青年学者为主力，包括众多在智能电网与可再生能源领域具有一定国内外影响力的学术领军人物和骨干研究人才。项目面向国家能源结构向清洁化转型的实际迫切需求，以未来高比例可再生能源并网的电力系统为研究对象，针对高比例可再生能源并网带来的多时空强不确定性和电力系统电力电子化趋势，研究未来电力系统的协调规划和优化运行基础理论。

经过四年多的研究，项目取得了丰富的理论研究成果。作为基础研究类项目，在国内外期刊发表了一系列有影响力的论文，多篇论文在国内外获得报道和好评；建立了软件平台 4 套，动模试验平台 1 套；构建了整个项目层面的共同算例数据平台，并在国际上发表；部分理论与方法成果已在我国西北电网、天津、浙江、江苏等典型区域开展应用。项目组在 *IEEE Transactions on Power Systems*、*IEEE Transactions on Energy Conversion*、《中国电机工程学报》、《电工技术学报》、《电力系统自动化》、《电网技术》等国内外权威期刊上主办了 20 余次与"高比例可再生能源电力系统"相关的专刊和专栏,产生了较大的国内外影响。项目组主办和参与主办了多次国内外重要学术会议,积极参与 IEEE、国际大电网组织(CIGRE)、国际电工委员会(IEC)等国际组织的学术活动,牵头成立了相关工作组,发布了多本技术报告,受到国际广泛关注。

　　基于所取得的研究成果,5 个课题分别从自身研究重点出发,进行了系统的总结和凝练,梳理了课题研究所形成的核心理论、方法与技术,形成了系列专著共 5 部。

　　第一部著作对应课题 1"未来电力系统结构形态演化模型及电力预测方法",系统地论述了面向高比例可再生能源的资源、电源、负荷和电网的未来形态以及场景预测结果。在资源与电源侧,研判了中远期我国能源格局变化趋势及特征,对未来电力系统时空动态演变机理以及我国中长期能源电力典型发展格局进行预测;在负荷侧,对广义负荷结构以及动态关联特性进行辨识和解析,并对负荷曲线形态演变做出研判;在电网侧,对高比例可再生能源集群送出的输电网结构形态以及高渗透率可再生能源和储能灵活接入的配电网形态演变做出判断。该著作可为未来高比例可再生能源电力系统中"源-网-荷-储"各环节互动耦合的形态发展与优化规划提供理论指导。

　　第二部著作对应课题 2"考虑高比例可再生能源时空分布特性的交直流输电网多目标协同规划方法"。以输电系统为研究对象,针对高比例可再生能源并网带来的多时空强不确定性问题,建立了考虑高比例可再生能源时空分布特性的交直流输电网网源协同规划理论;提出了考虑高比例可再生能源的输电网随机规划方法和鲁棒规划方法,实现了面向新型输电网形态的电网柔性规划;介绍了与配电网相协同的交直流输电网多目标规划方法,构建了输配电网的价值、风险、协调性指标;给出了基于安全校核与生产模拟融合技术的规划方案综合评价与决策方法。该专著的内容形成了一套以多场景技术、鲁棒规划理论、随机规划理论、协同规划理论为核心的输电网规划理论体系。

　　第三部著作对应课题 3"高渗透率可再生能源接入下考虑柔性负荷的配电网规划方法"。针对未来配电系统接入高比例分布式可再生能源引起的消纳与安全问题,详细论述了考虑高渗透率可再生能源接入的配电网安全域理论体系。该著作给出了配电网安全域的基本概念与定义模型,介绍了配电网安全域的观测方法以及性质机理,提出了基于安全边界的配电网规划新方法以及高比例可再生能源接入下配电网规划的新原则。配电安全域与输电安全域不同,在域体积、形状等方面特点突出,安全域能够反映配电网的结构特征,有助于在研究中更好地认识配电网。配电安全域是未来提高配电网效率和消纳可再生能源的一个有力工具,具有巨大应用潜力。

　　第四部著作对应课题 4"源-网-荷高度电力子化的电力系统稳定性分析理论"。

针对高比例可再生能源并网引起的电力系统稳定机理的变革，以风/光发电等可再生能源设备为对象、以含高比例可再生能源的电力电子化电力系统动态问题为目标，系统地阐述了系统动态稳定建模理论与分析方法。从风/光发电等设备多时间尺度控制与序贯切换的基本架构出发，总结了惯性/一次调频、负序控制及对称/不对称故障穿越等典型控制，讨论了设备动态特性及其建模方法以及含高比例可再生能源的电力系统稳定形态及其分析方法，实现了不同时间尺度下多样化设备特性的统一刻画及多设备间交互作用的量化解析，可为电力电子化电力系统的稳定机理分析与控制综合提供理论基础。

第五部著作对应课题 5 "含高比例可再生能源的交直流混联系统协同优化运行理论"。针对含高比例可再生能源的交直流混联电力系统安全经济运行问题，该著作分别从电网运行态势、高比例可再生能源集群并网及多源互补优化运行、"源-网-荷"交互的灵活重构与协同运行、多时间尺度运行优化与决策、高比例可再生能源输电系统与配电系统安全高效协同运行分析等多个方面进行了系统论述，并介绍了含高比例可再生能源交直流混联系统多类型"源-荷"互补运行策略以及实现高渗透率可再生能源配电系统"源-网-荷"交互的灵活重构与自治运行方法等最新研究成果。这些研究成果可为电网调度部门更好地运营未来高比例可再生能源电力系统提供有益参考。

作为"智能电网技术与装备"丛书的一个构成部分，该系列著作是对高比例可再生能源电力系统研究工作的系统化总结，其中的部分成果为高比例可再生能源电力系统的规划与运行提供了理论分析工具。出版过程中，系列专著的作者与科学出版社范运年编辑通力合作，对书稿内容进行了认真讨论和反复斟酌，以确保整体质量。作为项目负责人，我也借此机会向系列专著的出版表示祝贺，向作者和出版社表示感谢！希望这 5 部专著可以为从事可再生能源和电力系统教学、科研、管理及工程技术的相关人员提供理论指导和实际案例，为政府部门制定相关政策法规提供有益参考。

2020 年 5 月 6 日

前　　言

　　能源安全和气候变化是人类社会面临的两大严峻挑战。在当前全球能源安全问题突出、环境污染问题严峻的大背景下，大力发展风能、太阳能等可再生能源，实现可再生能源逐步替代传统能源是中国乃至全球实现能源与经济可持续发展的必由之路。十余年来，我国可再生能源发展迅猛，以非水可再生能源为例，2018 年我国风电装机容量为 1.84 亿 kW，发电量为 3660 亿 kW·h，光伏装机容量为 1.74 亿 kW，发电量为 1775 亿 kW·h，装机容量合计占比 18.8%，发电量合计占比 9.2%，我国已经成为全球体量最大的可再生能源开发国家，未来仍将持续快速发展。在此背景下，高比例可再生能源并网将成为未来电力系统的重要特征。

　　与此同时，十余年来，我国电力工业得到了迅速发展，电网建设投资规模逐步加大。2015 年，电网建设增速首次达到两位数。2018 年，220kV 及以上输电线路回路长度为 73 万 km，220kV 及以上公用变电设备容量为 40 亿 kV·A，输电网建设总投资完成 5373 亿元。输电网是将发电厂和变电所或变电所之间连接起来的送电网络，主要承担输送电能的任务，它是实现我国全民通电的基础，是保障可再生能源送得出、用得掉的关键一环。

　　然而，在高比例可再生能源并网的未来电力系统中，作为电力供应重要支柱的风电和太阳能，其时空分布特性和不确定性将导致电力系统运行方式的巨大改变，高比例可再生能源的消纳问题突出。对于输电网，高比例可再生能源接入将使电力系统运行方式多样化、电网交直流连接复杂化，从而促使传统的输电网规划方法向考虑多场景、概率化、协同化的方向发展。尽管国内外对含有可再生能源的输电网规划已有不少研究和基础，但仍缺乏高比例可再生能源并网的输电网规划系统性理论。

　　在此背景下，国家重点研发计划项目"高比例可再生能源并网的电力系统规划与运行基础理论"课题 2 由上海交通大学、国网经济技术研究院有限公司、清华大学、华中科技大学、华南理工大学共同完成了考虑高比例可再生能源时空分布特性的交直流输电网多目标协同规划方法的研究，提出了高比例可再生能源并网的输电网规划新理论，并形成了本书成果，可供从事电力系统运行、规划设计和科学研究的人员参考，全书包括 10 章和 2 个附录。

　　第 1 章为绪论。该章调研输电网规划方法的发展历程，总结输电网规划过程中涉及的建模因素，给出输电网规划基本模型及求解算法，分析高比例可再生能源特性，最后指出高比例可再生能源接入对输电网规划的影响。

第 2 章为可再生能源发电时序出力建模与模拟。该章重点分析风电出力和光伏出力的不确定性与时空相关性，建立风电出力和光伏出力模型，提出可再生能源发电时序出力模拟方法以实现风电出力和光伏出力模拟。

第 3 章讨论电力系统运行模拟问题。该章考虑新能源出力特性与电网输电能力约束，提出考虑高比例可再生能源、计及多类型能源互补特性及网源协调的新型电力系统运行模拟模型，能够快速完成发输电系统时序运行模拟计算。

第 4 章围绕输电网随机规划，构建考虑可再生能源出力时空分布的典型与极端处理场景选取方法，基于多场景技术建立含高比例可再生能源的输电网随机规划模型，提出内嵌场景削减的 Benders 算法，并进行有效求解。

第 5 章围绕输电网鲁棒规划，建立基于极限场景的输电网鲁棒规划模型，以及基于概率驱动的输电网鲁棒规划模型，提出可并行列与约束生成算法，并进行有效求解。

第 6 章围绕网源协同规划，建立考虑高比例可再生能源并网、交直流混联的网源协同规划模型，提出基于混合遗传梯度的算法，并进行有效求解。

第 7 章围绕与配电网相协同的输电网规划方法，建立与配电网相协同的输电网规划模型，提出采用 Benders 加异质分解算法，同时建立一个输配电网分布式优化规划模型，提出了基于分析目标级联的分布式优化算法，并进行有效求解。

第 8 章围绕交直流输电网多目标规划，提出高比例可再生能源并网的交直流输电网的价值指标和风险指标，建立基于价值与风险的交直流输电网多目标规划模型，采用改进的 NSGA-Ⅱ算法进行有效求解。

第 9 章讨论交直流输电网规划综合评估与决策。该章建立考虑高比例可再生能源并网的输电网规划综合评价指标体系，提出基于综合权重评估和基于突变级数法的输电网规划综合评价方法。

第 10 章为电力系统运行模拟与电气计算融合。该章提出基于时序运行模拟结果的潮流数据自动生成技术、大规模交直流电网病态潮流收敛性方法以及可视化方法等。

附录 1 给出本书的测试算例即 Garver-6 算例系统参数，附录 2 根据实际电网构建一个高比例可再生能源并网的输电网规划标准算例系统即 HRP-38，并给出详细参数。

本书的作者是程浩忠、王智冬、张宁、吴耀武、陈皓勇。上海交通大学的程浩忠、柳璐、刘盾盾、刘佳等负责第 1、7、8 章的撰写，国网经济技术研究院有

限公司王智冬、刘斯伟、安之负责第 1、10 章的撰写，清华大学张宁、卓振宇、
侯庆春、张子扬负责第 2、4、9 章的撰写，华中科技大学吴耀武、王永灿、马龙
飞负责第 3、6 章的撰写，华南理工大学陈皓勇、梁子鹏、尹鑫负责第 5 章的撰写。
还有许多博士和硕士研究生参与了本书编程、绘图、编辑、输入、校对等工作，
在此谨对他们表示衷心的感谢！

程浩忠

2020 年 5 月 10 日

目　　录

第1章 绪 论

在当前全球能源安全问题突出、环境污染问题严峻的大背景下，大力发展风能、太阳能等可再生能源，实现能源生产向可再生能源转型，是我国乃至全球能源与经济实现可持续发展的重大需求。高比例可再生能源接入将成为未来电力系统的重要特征。然而，可再生能源固有的时空分布特性和不确定性导致电力系统运行方式多样化、电网交直流连接复杂化，进而影响传统电网规划结果的有效性。本章首先调研输电网规划方法的发展历程，对输电网规划建模因素进行分类，总结传统输电网规划基本模型及求解算法，然后概述高比例可再生能源区别于传统电源的特性，最后分析高比例可再生能源接入对输电网规划的影响，从而为建立高比例可再生能源接入的输电网规划理论与方法奠定基础。

1.1 输电网规划方法的发展历程

1.1.1 输电网规划建模因素

输电网规划旨在确定何时、何地建设何种类型及容量的输变电工程。输电网规划是电力系统安全经济运行的基础，是电力系统研究热点之一[1-5]。学术界对于采用计算机技术进行输电网规划方法的研究最早可追溯到 1970 年[6]。Villasana 等[7, 8]提出的输电网混合整数线性规划模型广受欢迎且沿用至今。根据输电网规划方法的研究现状，输电网规划过程中涉及的建模因素包括待选集、运行模拟、不确定性和电力市场等，如表 1-1 所示。

表 1-1 输电网规划建模因素分解表

建模因素分类	因素分解
待选集	输电类型和标准选择
	混合待选集选择(综合法和分解法)
运行模拟	潮流模型
	运行方式
	安全标准
不确定性	不确定性参数：概率数、区间数、模糊数
	不确定性模型：随机规划模型、鲁棒优化模型
电力市场	输电投资
	输电阻塞
其他	多目标、多阶段

1. 待选集

构建待选集首先需要选择合适的输电类型和标准。输电类型和标准可根据已有网络进行选择，根据勘测情况确定待选的走廊和输电线路。近年来，随着计算能力提高，待选集呈扩大趋势。

待选集可按类别分为同电压等级交流输电线路、不同电压等级交流输电线路、输电网变电站、直流输电线路及其换流站、站点无功补偿装置等。输电网一般以特高压交流、超高压交流、高压交流和直流输电构成，不同地区或国家所采用电压等级不同，如中国西北地区以 330kV 作为超高压交流电压等级，中国华东、华北、华中、东北地区以 500kV 作为超高压交流电压等级，法国以 400kV 作为超高压交流电压等级。输电网各类型电压等级输电线路的标准参数分为技术性参数和成本性参数。技术性参数具有统一标准，成本性参数目前较多使用全寿命周期成本。交流输电线路等级以及适用范围已经有成熟标准，可以按照对应标准选择[3]。

传统的输电网规划待选集为同电压等级的交流输电线路。近年来，输电网规划待选集中也涌现了部分新元素：考虑无功的输电网和无功联合规划[9]、考虑线路串补的输电网规划[10]、考虑直流输电线路的输电网规划[11]、考虑空间地理位置特征的输电网规划[12]、区域互联多电压交直流规划[13,14]等。解决待选集问题主要有两类方法。①在优化模型中直接扩大待选集，如在待选线路中增加所有可能的输电走廊、待选的无功补偿装置[9]、串补[10]和直流输电线路[11]等。扩大待选集增加了优化模型的决策变量维数，增加了模型复杂度，但该方法的优点是能保证整体过程的最优，可称该类方法为综合法。②把初选待选集进行纵向划分，依次为走廊选择、输电技术选择、输电网投资优化、无功优化等过程[13,14]。该方法优点是各部分求解比较容易，缺点是缺乏整体优化考虑，可称该类方法为分解法。随着计算机性能提高，可通过研究整体最优化来探索合适的最优分解方法。

2. 运行模拟

运行模拟是输电网规划研究重点之一，具体可分别从潮流模型、运行方式和安全标准角度进行阐述。

潮流模型主要有网络流模型（也称交通模型）、直流潮流模型和交流潮流模型。交通模型和直流潮流模型构成的混合模型在 20 世纪 90 年代应用非常广泛。在混合模型中，待选线路表示为交通模型，已建线路表示为直流潮流模型[15]，从而将非线性问题转化为混合整数线性规划问题求解。由于待选线路使用交通模型，所得规划方案可能是次优解。采用直流潮流的分离模型解决了输电网规划中的非线性问题[15]。输电走廊每条线路对应一个 0-1 决策变量，并引入大数 M 及不等式约束。文献[16]通过二进制数减少变量维数，可缓解分离模型决策变量和约束不等式增加的问题。大部分输电网规划都使用直流潮流模型，小部分采用交流潮流模型。早期基于直流潮流的输电网规划仅考虑线路投资成本最小，目前可考虑全寿命周期成本、网络损耗、可靠性和 N-1 稳态安全约束等[17]。交流潮流模型涉及无功，规划所需要的数据更多，同时还需要进行初步的无功补偿规划[18]。基于交流潮流的输电网规划求解非常困难，需要采用线性松弛[19]、凸松弛[20,21]的数学方法，也可直接采用启发式算法求解[9]。目前，基于交流潮流的输电网规划只能在简单场景下(如最高负荷)有效应用，对于复杂情况的应用还有待进一步研究。

输电网规划考虑的运行方式主要有最高负荷运行方式、负荷持续曲线的多场景运行方式、时序负荷方式、不同发电方式和特殊环境的运行方式。传统输电网规划通常考虑最高负荷运行方式[22]。如果考虑运行成本对输电网规划的影响，多采用基于负荷持续曲线的多场景方式。因风光等间歇性可再生能源比例不断增加，也有研究考虑使用时序负荷曲线。近些年，负荷和发电运行方式的多样化在输电网规划中已有考虑，主要方法有多场景法[23]、区间数方法[24]、基于概率的方法[25]等。多场景法增加变量维数，算法结构基本没有变化；区间数方法改变了原有算法结构，一般采用 Benders 分解法处理[24]；基于概率的方法主要使用 Monte-Carlo 法[25]和点估计法[26]。与此同时，输电网规划过程中还可考虑电网控制手段(如输电线路开关动作[27])和更加细致的运行模拟(如运行中预防和矫正[28, 29])。此外，特殊环境如故意恐怖袭击[30]和地震灾害[31]下的运行方式也在研究中。

电力系统安全从时间尺度可分为以潮流为基础的稳态安全和以微分方程为基础的动态安全。输电网规划中一般考虑稳态安全。对于中长期的输电网规划可以不用考虑详细的动态安全，对于短期输电网规划或者输电网设计可以采用校验的方法处理动态安全。输电网规划稳态安全可分为确定性稳态安全和可靠性指标的稳态安全。实践中，一般使用确定性 N-1 或 N-2 稳态安全标准[32]。确定性稳态安全处理方法有两种：①遍历式检索事故[17]；②通过优化模型进行验证[33]，该方法缺点是规划模型比较复杂[34]。目前确定性稳态安全在输电网规划中都是单一场景并且缺少预防和校正控制措施。未来，安全量化需要更加明确，安全措施需要更加符合实际。可靠性指标较多地应用于输电网规划方案评估，当应用于输电网规划时，为有效地求解需要简化规划模型[35]。文献[36]以连锁故障停电概率为目标函数，以投资预算为约束，使用启发式方法对输电网拓扑结构进行优化，这种基于可靠性指标的输电网规划方法比较新颖，但是数学求解困难。

3. 不确定性

相对于确定性研究，不确定性研究是在确定性决策框架中考虑参数和模型的不确定性，研究不确定性条件下的决策。输电网规划不确定性主要有运行方式不确定性、设备故障不确定性、输电网规划参数不确定性和输电投资不确定性。运行方式不确定性，主要指发电和负荷，或者称为节点注入功率不确定性[37]。节点注入功率不确定性数学表达目前主要分为单一的不确定性表达和双重的不确定性表达[38]。不确定性因素间可进一步增加相关性的描述。原有约束也可转化成不确定性形式，如机会约束和可信性约束[39]。设备故障不确定性通常表示为两状态模型，需要获取设备故障概率。输电网规划参数不确定性有成本不确定性、待选线路参数不确定性等。输电投资不确定性是指输电投资商所面临的市场环境因素，需要设计输电投资收益机制以保证合理的收益率[40]。

从参数层面，不确定性参数主要包括概率数[38]、模糊数[24]、区间数[39]。概率数通过概率密度函数或累积分布函数描述变量的分布特征。已知变量分布函数类型时，可根据历史数据采用极大似然估计法获得分布函数参数；未知变量分布函数类型时，可采用核密度估计法、多项式正态分布法、Johnson 分布体系估计分布函数。模糊数以隶属度函数表征变量不确定特征，隶属度函数量化了元素隶属于该变量的程度，反映了人类对客观事物的主观看法，适用于历史信息较少而难以预测的因素。常用的隶属度函数包括三角形隶属度函数和梯形隶属度函数等。区间数表示变量范围，优点是建模简单，所需历史数据较少。若实际应用中为了获得输出变量(如电压、电流)的变化范围，可将输入变量(如负荷、发电机出力)以区间模型进行建模。

从模型层面，现有输电网规划研究主要分为随机规划[4](stochastic programming)和鲁棒优化[5](robust optimization)两类模型。随机规划通过历史数据拟合不确定参数的概率分布函数，基于场景生成和削减方法，以一定数量场景表征规划时的不确定性，将不确定性优化问题转化为在场景集下的确定性优化问题。输电网随机规划方法有如下特点：①随机规划可通过历史数据获取高频不确定性因素的概率分布，适用于处理风光等间歇性可再生能源及负荷的不确定性；②较难刻画低频不确定性；③随着不确定因素增加，随机规划的场景数量以指数形式增长，海量场景会导致优化问题求解困难。因此，目前随机规划的研究主要聚焦于典型与极端场景生成方法和适用于海量场景的场景削减技术。不同于随机规划，鲁棒优化将优化问题中的不确定参数表征为具有边界的不确定集，在最坏情况下做出决策，以确保最优解在任意不确定参数实现后的可行性。将鲁棒优化应用于输电网规划具有如下特点：①仅需要少量不确定参数信息(如平均值与区间值)，适用于处理难以获取概率分布的低频不确定性因素，不确定集合形式灵活多样，可加入概率分布信息；②适用于不满足约束条件将导致严重后果的应用场景，但规划结果通常具有保守性；③计算性能良好，对问题规模的增大不如随机规划敏感。

4. 电力市场

市场环境下的输电网规划研究主要集中在输电投资和输电阻塞[41]。输电投资主体是输电网投资者，以输电投资利润最高为目标。输电阻塞与发电有关，当发生阻塞时，说明更便宜的电力因为输电网限制无法输送到受端。输电阻塞可以释放输电投资的信号[42]。输电投资与发电投资相互影响。文献[43]考虑发电影响，构建多层输电网优化模型；文献[44]通过博弈论研究考虑市场力和战略发电投资的输电网规划问题。电力市场下输电网规划模型涉及发电厂商、独立系统调度员和社会盈余，所需数据较多。目前这方面研究很难在规划实践中应用。市场环境下输电网规划需要研究有效的输电投资机制，该机制需要确保输电网以安全经济的方式进行扩展。

5. 其他

输电网规划建模除了以上所提因素，还有多目标、多阶段等因素。输电网规划目标函数主要有全寿命周期成本、可用传输容量、可靠性指标、阻塞盈余、输电投资利润等[26]，多目标决策一般以 Pareto 最优解集为基础。输电网多阶段规划是在单阶段基础上增加规划的阶段数[16,17]，处理重点是变量维数增加和多阶段问题。多阶段中各阶段的待选集较难确定，长期多阶段输电网规划是未来需要进一步研究的问题。

1.1.2 输电网规划基本模型及求解算法

1. 基本规划模型

单阶段单目标输电网规划的基本模型为混合整数线性规划模型(mixed integer linear programming，MILP)，如式(1-1)~式(1-5)所示。目标函数为包括线路投资成本和发电成本在内的总成本最小。约束条件：式(1-2)为节点功率平衡方程、式(1-3)为线路潮流方程、式(1-4)为线路容量约束、式(1-5)为发电机出力上下限约束。

$$\min \quad c_{l}x + c_{g}P \tag{1-1}$$

$$\text{s.t.} \quad P + Sf = d \tag{1-2}$$

$$f_{ij} = (x_{ij0} + x_{ij})B_{ij}(\theta_i - \theta_j) \tag{1-3}$$

$$|f| \leqslant f_{\max} \tag{1-4}$$

$$P_{\min} \leqslant P \leqslant P_{\max} \tag{1-5}$$

式中，x 为整数型线路投资决策变量向量，向量元素 x_{ij} 为节点 i 和 j 之间的线路投资决策变量；P 为发电机出力向量；f 为线路潮流向量，向量元素 f_{ij} 为节点 i 和 j 之间的线路潮流；d 为负荷向量；$f_{\max}$、$P_{\min}$、$P_{\max}$ 分别为线路潮流最大值、发电机出力最小值和发电机出力最大值；x_{ij0} 表示节点 i 和 j 之间的已有线路；θ_i、θ_j 为节点电压相角；B_{ij} 为线路导纳；c_l 为单位线路投资成本向量；c_g 为单位发电成本向量。

2. 求解算法

输电网规划模型的求解算法一般划分两种[45]：①启发式算法；②数学优化算法。输电网规划模型可能是含多种优化结构的复合优化模型，可分解为多个优化问题，使用启发式算法和数学优化算法混合求解。

相比数学优化方法，启发式算法不需要特殊的模型规范，可求解数学优化方法目前无法求解的复杂模型。但是，启发式算法的收敛性和准确性很难得到证明。启发式算法设计关键在于随机搜索策略的制定，不同启发式算法有不同的随机搜索策略。目前，大量启发式算法通过模仿自然界动植物行为构成随机搜索策略，如遗传算法、粒子群算法、人工鱼群算法等，在此不一一列举[45-48]。

数学优化方法通常需要对目标函数及约束条件进行简化，将模型转化为基于线性潮流的混合整数线性规划形式。MILP 属于 NP(nonlinear programming)难问题，常用方法有分支定界法[49]、Benders 分解法[50]。分解算法通过将整型变量与连续型变量进行分离，上层为整数规划模型，下层为仅含连续型变量的线性规划模型。数学优化方法通过最优性条件、互补理论、对偶理论、凸松弛方法等可以把复杂结构的优化问题转化为可计算的优化问题，并使用成熟的数学优化软件求解。

1.2 高比例可再生能源特性

可再生能源是能源供应体系的重要组成部分，包括太阳能、水能、风能、生物质能、波浪能、潮汐能、海洋温差能、地热能等。可再生能源在自然界可以循环再生，是取之不尽、用之不竭的能源，不需要人力参与便会自动再生，是相对于会穷尽的非再生能源的一种能源。进入 21 世纪以来，随着我国经济的迅速发展和能源需求的大幅增长，能源发展面临资源和环境的巨大挑战。目前，全球可再生能源开发利用规模不断扩大，应用成本快速下降，发展可再生能源已成为许多国家推进能源转型的核心内容和应对气候变化的重要途径，也是我国推进能源生产和消费革命、推动能源转型的重要措施。

高比例可再生能源电力系统区别于常规电力系统的最大不同点是风电、太阳能发电广泛且大规模地接入电力系统，发电的随机性与波动性致使电力系统面临挑战。以传统能源为主的电力系统尚不能完全满足风电、光伏发电等波动性可再生能源的并网运行要求。

(1)高比例可再生能源运行特性区别于传统电源。水电、风电和光伏是当前技术较为成熟的可再生能源发电技术。其中，水电技术目前最成熟，资源的利用开发完成度最高，风电和光伏正处于技术研发和商业应用的快速发展期，但这两类电源都具有很强的波动性、随机性。有研究对世界各地的大规模风电出力和系统净负荷(负荷与风电出力之和)的波动性进行了多年统计分析，发现全球可按风电波动性低、中、高划分为三类地区，瑞典、西班牙和德国属于风电低波动地区；葡萄牙、爱尔兰、芬兰和丹麦属于风电中波动地区；加拿大的魁北克省、美国的邦纳维尔电力局、得克萨斯州可靠性管理委员会辖区、中国的甘肃省、吉林省和辽宁省，挪威与丹麦的海上风电属于风电高波动区。低波动区每小时风电爬坡功率不超过额定容量的10%,而高波动区每小时风电爬坡功率可达额定容量的30%。光伏出力具有显著的昼夜周期性。在太阳能资源富集的美国加利福尼亚州，高比例光伏并网导致其净负荷呈现"鸭型曲线"，即春季净负荷在中午急剧下降而成为全日低谷负荷点，且这种趋势随着光伏接入比例升高而加剧，预计到2020年将需要系统具有3h内13000MW的爬坡调节能力方可保证不弃光。

风电、光伏等波动电源的波动特性源于一次资源。风光资源是一种过程能源，不可存储、不易控制，在不同时间尺度、不同空间范围呈现不同的波动特性。在高比例可再生能源并网的未来电力系统，电源波动甚至超过了负荷波动成为系统不确定性的主要来源。

(2)高比例可再生能源的消纳一直都是世界性难题。在可再生能源开发规模不断扩大的同时，如果电力装机增长与需求侧用电增长不匹配，或者系统调峰能力有限、外送通道不畅等因素，可再生能源出力将受到限制，从而出现弃水、弃风、弃光现象，这一问题目前也成为可再生能源发展在全球范围内亟待解决的问题。我国新能源在开发利用方式、电源调节性能、电网互联互通水平、市场交易机制等方面，与国外情况有很大不同，消纳难度更大。从开发利用方式来看，我国可再生能源资源集中、规模大，远离负荷中心，难以就地消纳。以风电为例，目前我国优质风能资源主要集中在"三北"地区(东北、西北、华北)和东南沿海地区，而这些地区的风电装机容量占据了全国风电装机总容量的80%以上。欧美等国新能源以分散式开发为主，就近消纳。从电源调节性能来看，新能源富集的"三北"地区电源结构单一，抽水蓄能、燃气电站等灵活调节电源比重低。国外主要新能源国家灵活电源比重相对较高，西班牙、德国、美国的灵活调节电源占总装机的比例分别为31%、19%、47%,美国和西班牙灵活调节电源达到新能源的8.5倍和1.5倍。

(3)高比例可再生能源对电力系统安全稳定提出了更高要求。随着西部可再生能源开发力度的加大和西电东送需求的增加，在我国西部通过水电、风电、光伏、具备灵活调节能力的清洁煤电等各种能源跨地区、跨流域的优化补偿调节，从而整合以可再生能源为主的清洁电力，实现向中东部负荷中心高效远距离输送。伴随着高比例可再生能源的发展，我国电力系统电力电子化的趋势逐步显现，并给系统运行安全、系统分析控制、电网网架构建等方面带来诸多挑战。

直流输电受端系统故障闭锁可能引起交直流输电系统大范围功率转移、连锁故障。若受端系统发生事故造成多回直流闭锁，大量的功率将会经由交流特高压线路发生转移，造成整个系统送受端大范围功率电压波动，对系统安全稳定运行造成巨大威胁。

多馈入直流换相失败再启动可能引起送受端电压稳定问题。送受端多个直流换流站同时换相失败后的再启动过程中，送受端换流器将从电力系统释放或吸收大量无功功率，有可能导致系统电压长时间不能恢复正常，甚至电压崩溃。

系统惯性减小可能造成频率波动和频率稳定问题。这主要是由于大量直流换流器代替了传统交流发电机，导致整个系统惯性减小。一旦系统有功率波动，其电压和频率的波动速度将会加快、范围也会变大。虽然目前已研究采用精准切负荷、使用调相机等方法，但这一问题对调度运行的威胁依然存在。

1.3　高比例可再生能源并网对输电网规划的影响

高比例可再生能源接入对输电网规划的影响主要体现在以下几个方面[51]。

(1) 电力系统运行方式多样化促进输电网规划考虑多场景。风能资源分布有明显的季节性差异，风速的季节变化直接造成了风电出力的季节性差异，不同日、月的风电出力不同。受白天日照的影响，在离地 30m 以上高空风的变化呈现出夜间风大、白天风小的特点，这造成了风电具有反调峰特性，即日内风电出力曲线的增减趋势与系统负荷曲线的增减趋势基本相反。与此同时，光伏发电随太阳能辐射强度变化而具有较大的波动，仅在白天可以发电，且受到天气的影响，夏季出力大，冬天出力小。由于光伏发电功率调节困难，一般在电网中带基荷运行，不具备调峰能力。

风电、光伏等可再生能源出力具有明显的随机性、间歇性等特点，使电力系统运行形态的分散程度增加，电力系统的运行状态和边界条件更加多样化。在较少可再生能源并网时，由于负荷变化相对有规律，整个电力系统的运行方式相对固定，例如，在电力系统规划时，只需要选取不同季节的典型负荷曲线。而在高比例可再生能源电力系统中，电力系统的边界条件将更加多样化，传统规划中选取季节典型负荷曲线的方法难以指导系统规划和运行，其规划结果往往无法完全保证海量运行场景下电网的正常运行。

(2) 电力电量平衡概率化促进输电网规划概率化。传统的电力电量平衡分析主要是依据给定的预测负荷曲线，结合各类机组的运行条件，逐步安排各发电厂的出力方案、计划检修时间、备用等情况，目的是使电力系统在设计负荷水平年达到电力和电量的全面平衡。

随着电力系统运行方式的多样化，可再生能源的不确定性影响也越来越大，电力电量平衡趋于概率化。以备用为例，长期以来，我国电力系统规划一直采用确定性分析方法来确定装机规模，即根据《电力系统设计技术规程》，系统的总备用容量按系统最大发电负荷的 15%～20% 考虑，低值适用于大系统，高值适用于小系统。在较少可再生能源并网时，可以直接把可再生能源出力视为负的随机负荷，无须为其新增旋转备用，或者只需适当地增加相应的备用容量即可。而在高比例可再生能源电力系统中，若仍仅根据传统方式留取备用，极易造成系统旋转备用不足，峰谷时段需要调节灵活机组进行启停才能满足系统功率平衡需求。因此，有必要结合可再生能源出力的概率特征，深入考虑可再生能源的容量替代效应，准确设置备用。电力电量平衡概率化进一步促使了输电网规划的概率化。

（3）电力系统源-荷界限模糊化促使输电网规划考虑与电源协同。未来可再生能源将逐步从集中式为主的发展方式转变为集中式、分布式并举，电动汽车、分布式储能、需求响应在需求侧不断普及。系统中传统的电能消耗者也可能成为电能的提供者，电力系统将变得更加扁平化，源-荷的界限也更加模糊。

传统输电网规划以满足负荷需求为目标。高比例可再生能源并网的电力系统，包括可再生能源、储能、电动汽车、主动负荷等元素的负荷，既表现出传统的负荷特性，在某些时候也表现出电源特性，并且受众多不确定性因素的强烈影响，具备一定程度的响应能力，为输电网规划问题提供了另一种解决途径。因此，有必要在输电网规划过程中考虑与电源协同，在协同的前提下寻找输电网的最优规划方案。

（4）电网潮流双向化促使输电网规划考虑与配电网相协同。传统电力系统在功能、结构上形成了明显区别的输电网和配电网，输电网表现为电源的主动性，而配电网以负荷特性为主，电网潮流从输电网到配电网单一方向。然而，随着高比例可再生能源逐步渗透于不同电压等级的各级电网，输电网主动性减弱，配电网主动性增强，传统输、配电网间潮流耦合关系发生了变化。在配电网中，可再生能源出力在满足负荷需求的前提下，存在倒送输电网的可能；在输电网中，正常情况下联络线传输功率保持相对恒定，而为了跨区消纳可再生能源，联络线潮流可能也存在双向流动，形成跨区电网互济，即电网潮流呈现双向化。

电网潮流双向化意味着输、配电网都能够通过改变自身状态影响边界上的功率交换和节点电压，因此，输电网和配电网必须同时考虑，才能获得正确的边界功率和节点电压，进而得到全网的潮流状态。从输电网规划的角度来看，传统的输电网节点从纯负荷性质转变为同时具备负荷和电源性质，需要协同实际配电网的运行情况才能获得最优规划方案。

参 考 文 献

[1] 程浩忠, 李隽, 吴耀武, 等. 考虑高比例可再生能源的交直流输电网规划挑战与展望[J]. 电力系统自动化, 2017, 41(9): 19-27.

[2] 田书欣, 程浩忠, 曾平良, 等. 大型集群风电接入输电系统规划研究综述[J]. 中国电机工程学报, 2014, 34(10): 1566-1574.

[3] 张立波, 程浩忠, 曾平良, 等. 基于不确定理论的输电网规划[J]. 电力系统自动化, 2016, 40(16): 159-167.

[4] 洪绍云, 程浩忠, 曾平良, 等. 输电网扩展优化规划研究综述[J]. 电网技术, 2016, 40(10): 3102-3107.

[5] 张衡, 程浩忠, 曾平良, 等. 基于随机优化理论的输电网规划研究综述[J]. 电网技术, 2017, 41(10): 3121-3129.

[6] Garver L L. Transmission network estimation using linear programming[J]. IEEE Transactions on Power Apparatus and Systems, 1970, PAS-89(7): 1688-1697.

[7] Villasana R, Garver L L, Salon S J. Transmission network planning using linear programming[J]. IEEE Transactions on Power Apparatus and Systems, 1985, PAS-104(2): 349-356.

[8] Villasana R. Transmission network planning using linear and linear mixed integer programming[D]. Troy: Rensselaer Polytechnic Institute, 1984.

[9] Bent R, Toole G L, Berscheid A. Transmission network expansion planning with complex power flow models[J]. IEEE Transactions on Power Systems, 2012, 27(2): 904-912.

[10] Rahmani M, Vinasco G, Rider M J, et al. Multistage transmission expansion planning considering fixed series compensation allocation[J]. IEEE Transactions on Power Systems, 2013, 28(4): 3795-3805.

[11] Lotfjou A, Fu Y, Shahidehpour M. Hybrid AC/DC transmission expansion planning[J]. IEEE Transactions on Power Delivery, 2012, 27(3): 1620-1628.

[12] Shu J, Wu L, Li Z, et al. A new method for spatial power network planning in complicated environments[J]. IEEE Transactions on Power Systems, 2012, 27(1): 381-389.

[13] Ergun H, Rawn B, Belmans R, et al. Technology and topology optimization for multizonal transmission systems[J]. IEEE Transactions on Power Systems, 2014, 29(5): 2469-2477.

[14] Li Y, Mccalley J D. Design of a high capacity inter-regional transmission overlay for the US[J]. IEEE Transactions on Power Systems, 2015, 30(1): 513-521.

[15] Romero R, Monticelli A, Garcia A, et al. Test systems and mathematical models for transmission network expansion planning[J]. IEE Proceedings Generation, Transmission and Distribution, 2002, 149(1): 27-36.

[16] Rahmani M, Romero R, Rider M J. Strategies to reduce the number of variables and the combinatorial search space of the multistage transmission expansion planning problem[J]. IEEE Transactions on Power Systems, 2013, 28(3): 2164-2173.

[17] Zhang H, Vittal V, Heydt G T, et al. A mixed-integer linear programming approach for multi-stage security-constrained transmission expansion planning[J]. IEEE Transactions on Power Systems, 2012, 27(2): 1125-1133.

[18] Zhang H, Heydt G T, Vittal V, et al. An improved network model for transmission expansion planning considering reactive power and network losses[J]. IEEE Transactions on Power Systems, 2013, 28(3): 3471-3479.

[19] Taylor J A, Hover F S. Linear relaxations for transmission system planning[J]. IEEE Transactions on Power Systems, 2011, 26(4): 2533-2538.

[20] Taylor J A, Hover F S. Conic AC transmission system planning[J]. IEEE Transactions on Power Systems, 2013, 28(2): 952-959.

[21] Jabr R A. Optimization of AC transmission system planning[J]. IEEE Transactions on Power Systems, 2013, 28(3): 2779-2787.

[22] 熊文, 武鹏, 陈可, 等. 区间负荷下的输电网灵活规划方法[J]. 电网技术, 2012, 36(4): 139-143.

[23] Park H, Baldick R. Transmission planning under uncertainties of wind and load: Sequential approximation approach[J]. IEEE Transactions on Power Systems, 2013, 28(3): 2395-2402.

[24] Jabr R A. Robust transmission network expansion planning with uncertain renewable generation and loads[J]. IEEE Transactions on Power Systems, 2013, 28(4): 4558-4567.

[25] Orfanos G A, Georgilakis P S, Hatziargyriou N D. Transmission expansion planning of systems with increasing wind power integration[J]. IEEE Transactions on Power Systems, 2013, 28(2): 1355-1362.

[26] Arabali A, Ghofrani M, Etezadi-Amoli M, et al. A multi-objective transmission expansion planning framework in deregulated power systems with wind generation[J]. IEEE Transactions on Power Systems, 2014, 29(6): 3003-3011.

[27] Villumsen J C, Bronmo G, Philpott A B. Line capacity expansion and transmission switching in power systems with large-scale wind power[J]. IEEE Transactions on Power Systems, 2013, 28(2): 731-739.

[28] Moreno R, Pudjianto D, Strbac G. Transmission network investment with probabilistic security and corrective control[J]. IEEE Transactions on Power Systems, 2013, 28(4): 3935-3944.

[29] Phan D T, Sun X A. Minimal impact corrective actions in security-constrained optimal power flow via sparsity regularization[J]. IEEE Transactions on Power Systems, 2015, 30(4): 1947-1956.

[30] Romero N, Xu N, Nozick L K, et al. Investment planning for electric power systems under terrorist threat[J]. IEEE Transactions on Power Systems, 2012, 27(1): 108-116.

[31] Romero N R, Nozick L K, Dobson I D, et al. Transmission and generation expansion to mitigate seismic risk[J]. IEEE Transactions on Power Systems, 2013, 28(4): 3692-3701.

[32] 郑秀波, 林勇. 中外输电网规划标准对比研究[J]. 电网技术, 2013, 37(8): 2355-2361.

[33] Arroyo J M. Bilevel programming applied to power system vulnerability analysis under multiple contingencies[J]. IET Generation, Transmission and Distribution, 2010, 4(2): 178.

[34] Moreira A, Street A, Arroyo J M. An adjustable robust optimization approach for contingency-constrained transmission expansion planning [J]. IEEE Transactions on Power Systems, 2015, 30(4): 2013-2022.

[35] Choi J, Mount T D, Thomas R J, et al. Probabilistic reliability criterion for planning transmission system expansions[J]. IEE Proceedings Generation, Transmission and Distribution, 2006, 153(6): 719.

[36] Shortle J, Rebennack S, Glover F W. Transmission-capacity expansion for minimizing blackout probabilities[J]. IEEE Transactions on Power Systems, 2014, 29(1): 43-52.

[37] 瞿海保. 多不确定信息的电网灵活规划模型及算法研究[D]. 上海: 上海交通大学, 2007.

[38] Wang X, Xie S, Wang X, et al. Decision-making model based on conditional risks and conditional costs in power system probabilistic planning[J]. IEEE Transactions on Power Systems, 2013, 28(4): 4080-4088.

[39] 武鹏. 考虑不确定因素的输电网灵活规划方法研究[D]. 上海: 上海交通大学, 2009.

[40] Salazar H, Liu C C, Chu R F. Market-based rate design for recovering merchant transmission investment[J]. IEEE Transactions on Power Systems, 2010, 25(1): 305-312.

[41] 王一. 电力市场环境下的多目标输电网优化规划方法研究[D]. 上海: 上海交通大学, 2008: 45-53.

[42] Shrestha G B, Fonseka P A J. Congestion-driven transmission expansion in competitive power markets[J]. IEEE Transactions on Power Systems, 2004, 19(3): 1658-1665.

[43] Motamedi A, Zareipour H, Buygi M O, et al. A transmission planning framework considering future generation expansions in electricity markets[J]. IEEE Transactions on Power Systems, 2010, 25(4): 1987-1995.

[44] Hesamzadeh M R, Biggar D R, Hosseinzadeh N, et al. Transmission augmentation with mathematical modeling of market power and strategic generation expansion: Part I[J]. IEEE Transactions on Power Systems, 2011, 26(4): 2040-2048.

[45] Hemmati R, Hooshmand R A, Khodabakhshian A. Comprehensive review of generation and transmission expansion planning[J]. IET Generation, Transmission and Distribution, 2013, 7(9): 955-964.

[46] 王锡凡. 电力系统优化规划[M]. 北京: 水利电力出版社, 1990: 275-278.

[47] 聂宏展, 王毕元, 孙金红, 等. 基于混沌人工鱼群算法的输电网规划方法[J]. 电网技术, 2010, 34(12): 109-113.

[48] 黄映, 李杨, 高赐威. 基于非支配排序差分进化算法的多目标电网规划[J]. 电网技术, 2011, 35(3): 85-89.

[49] Choi J, El-Keib A A, Tran T. A fuzzy branch and bound-based transmission system expansion planning for the highest satisfaction level of the decision maker[J]. IEEE Transactions on Power Systems, 2005, 20(1): 476-484.

[50] Benders J F. Partitioning procedures for solving mixed-variables programming problems[J]. Numerische Mathematik, 1962, 4(1): 238-252.

[51] 康重庆, 姚良忠. 高比例可再生能源电力系统的关键科学问题与理论研究框架[J]. 电力系统自动化, 2017, 41(9): 2-11.

第2章 可再生能源发电时序出力建模与模拟

可再生能源发电时序出力建模与模拟是高比例可再生能源并网的输电网规划的基础。据此，本章提出考虑可再生能源时空特性的出力建模与模拟方法。首先，本章分别提出风电和光伏中长期出力随机特性建模方法，并分析两者出力不确定性部分的时空相关性。在此基础上，本章提出一种风电场集群和光伏电站时序出力的模拟方法。该方法能够根据给定的统计指标模拟风电场集群或光伏电站的输出时间序列。风电出力的模拟应用随机微分方程技术生成不同风电场的相关风速，并利用风电输出特性函数进一步得到风电出力大小。模型中考虑风速季节性变化和日变化规律、风机出力特性、风机可靠性和尾流效应。模拟光伏出力则需首先生成未遮挡太阳辐射的光伏出力时间序列和光伏出力遮挡因子。之后进一步考虑太阳能电池板的功率输出特性以及它们的倾斜度和方向角，以此计算光伏出力。本章所提出的方法为高比例可再生能源电力系统的规划提供数据基础。

2.1 风电出力建模方法

风电不确定性的合理建模是进行有关分析与决策的前提，风电场集群的不确定性、间歇性以及不同风电场之间的空间相关关系是决定风电场集群对电力系统影响的关键因素。风电不确定性模型的合理性，将决定有关风电出力分析与决策模型的有效性以及分析结论的可信性。我国风电的发展十分迅速，但配套的风电与气象统计数据积累并不充分，对于风电场集群的出力不确定性的研究并不深入。

目前对风电场集群不确定性分析主要存在以下三方面问题。

(1) 分析停留在实际数据的层面，没有上升到模型与方法的高度。目前已有的对风电不确定性的研究，多是基于收集到的风电历史数据的统计分析，而没有提出广泛适用的模型，当分析对象发生变化时，参考借鉴意义有限。

(2) 缺乏对风电场空间相关性的详细建模。对于风电场集群而言，风电场之间的空间相关性是决定其整体出力特性及其对电力系统影响的重要因素。目前，对于风电场空间相关性的研究仅停留在定性分析及几个简单指标的计算中，并没有成熟的理论支撑与充足的实证分析。

(3) 缺乏完善的风电时序出力模拟模型。许多有关风电的研究中需要使用风速或风电出力的时序数据，但是实际中这些数据往往难以获得：所研究的风电场可能尚未全部投产或未建造测风塔，导致测风数据积累不足；风电场调度运行中可能受到各种因素的影响，其出力不能反映其真实的随机特征。目前缺乏全面考虑风电场各种运行因素的时序出力模拟方法。

为此，以风电不确定模型为切入点，本节将全面分析风电的不确定性特征，建立风电的不确定模型，分析风电出力的随机特性以及空间相关性[1, 2]。本节采用实证分析与数学建模相结合的方式展开研究，由于分析中需要用到的风速时序数据目前在我国积累并不充足，因此本节选取美国国家可再生能源实验室（National Renewable Energy Laboratory，NREL）的风电集成数据库（Wind Integration Datasets）[3]，该数据库包含美国本土与近海 3 万多个测风塔 2004～2006 年小时级的测风数据以及日前与超短期风速预测，与此同时，该数据库还利用 IEC（International Electrotechnical Commission）风电标准功率特性曲线给出了风电场预想出力以及预想预测出力，为大规模风电出力的不确定性分析与建模提供了重要的数据支撑。本节选取美国东海岸海上 10 个测风塔 2004 年对应的时序数据展开实证分析，这 10 个测风塔的地理位置及其坐标序号如表 2-1 所示。需要说明的是，本章虽然采用美国风电数据，但所提出的分析方法同样适用于我国的风电场。

表 2-1　本节采用的美国东海岸测风塔地理位置数据

观测点编号	坐标序号	北纬/(°)	东经/(°)
1	7567	40.37482	−73.8086
2	7925	40.13722	−73.8753
3	8484	39.87326	−73.9756
4	9158	39.25808	−74.1499
5	9868	38.82365	−74.7237
6	10829	38.66567	−74.8922
7	11893	37.50356	−75.3278
8	12795	36.95151	−75.6328
9	13320	36.50559	−75.5464
10	13975	35.69004	−75.2863

2.1.1　风电不确定性分析

风电的不确定性来源于风速的不确定性。大量文献研究表明[1]，风速的分布服从 Weibull 分布：

$$f_{W(s,k)}(v) = \frac{k}{s}\left(\frac{v}{s}\right)^{k-1}\exp\left[-\left(\frac{v}{s}\right)^k\right] \tag{2-1}$$

式中，s 和 k 分别表示 Weibull 分布的尺度参数与形状参数。风速平均值 $\bar{v}$ 与风速标准差 σ 可由式(2-2)与式(2-3)求出：

$$\bar{v} = s\Gamma(1+1/k) \qquad (2\text{-}2)$$

$$\frac{\sigma}{\bar{v}} = \sqrt{\left[\Gamma\left(1+\frac{2}{k}\right)\middle/\Gamma^2\left(1+\frac{1}{k}\right)\right]-1} \qquad (2\text{-}3)$$

式中，Γ 为伽马函数。可见 Γ 风速标准差的标幺值决定了 Weibull 分布的形状参数 k，平均风速与 Weibull 分布中尺度参数 s 成正比。

选取观测点 1(坐标 7567)对应的测风塔的风速数据，利用 Weibull 函数进行拟合，结果如图 2-1 所示。风速平均值为 9.4391m/s，标准差为 4.5925m/s，Weibull 分布参数 $s = 10.53$，$k = 2.315$。由拟合结果可见，风速概率分布与 Weibull 分布十分吻合。

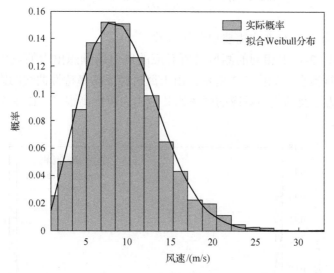

图 2-1　观测点 1(坐标 7567)对应风速的概率分布及其 Weibull 分布拟合
($s = 10.53$, $k = 2.315$)

通过风速平均值与标准差可以近似估计风速的 Weibull 分布参数，首先，可利用式(2-4)近似估计其形状参数 k，进而利用平均风速与式(2-2)估计尺度参数 s。

$$k = (\sigma/\bar{v})^{-1.086} \qquad (2\text{-}4)$$

风电机组出力与风速的关系曲线称为风机的标准功率特性曲线，时刻 t 的实际出力 $P_{\mathrm{W},t}$ 如式(2-5)所示：

$$P_{\mathrm{W},t}(v_t) = \begin{cases} 0, & 0 \leqslant v_t < v_{\mathrm{in}}或v_t > v_{\mathrm{out}} \\ \dfrac{v_t^3 - v_{\mathrm{in}}^3}{v_{\mathrm{rate}}^3 - v_{\mathrm{in}}^3} P_{\mathrm{W}}^{\mathrm{rate}}, & v_{\mathrm{in}} \leqslant v_t \leqslant v_{\mathrm{rate}} \\ P_{\mathrm{W}}^{\mathrm{rate}}, & v_{\mathrm{rate}} \leqslant v_t \leqslant v_{\mathrm{out}} \end{cases} \tag{2-5}$$

式中，v_t 为时刻 t 的风速；v_{in} 为风机切入风速；v_{rate} 为额定风速；v_{out} 为切出风速。风机标准功率特性曲线由 v_{in}、v_{rate} 及 v_{out} 分为 4 段。风电机组出力的概率分布由风速概率分布及风机标准功率特性曲线共同决定。与此同时，风电场出力的概率分布还受到风电机组可靠性的影响以及尾流效应的影响。一般而言，风电场出力的概率分布难以用常用的概率分布拟合，有些文献中将其拟合为 Beta 分布：

$$f_{\mathrm{B}(a,b)}(P_{\mathrm{W},t}) = \frac{\Gamma(a)\Gamma(b)}{\Gamma(a+b)} P_{\mathrm{W},t}^{a-1} (1 - P_{\mathrm{W},t})^{b-1} \tag{2-6}$$

式中，a、b 为 Beta 分布中需要拟合的参数。

分析与图 2-1 中相同的测风塔所对应的风电场预想出力的概率分布并利用 Beta 分布进行拟合，如图 2-2 所示。由于风机标准功率特性曲线的饱和效应，风电场在零出力以及满出力对应的概率比其他出力阶段高很多。Beta 分布的拟合效果并不理想。

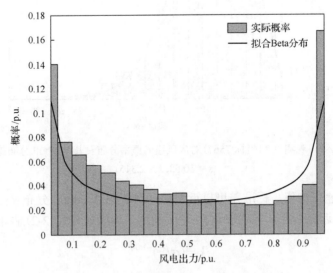

图 2-2　观测点 1 (坐标 7567) 对应风电场出力概率分布及其 Beta 分布拟合
($a = 0.3767$, $b = 0.3817$)

风电的间歇性来自于风速的波动性，表征风速波动性的有效方式是利用自相关函数，自相关函数是指时间序列与自身不同时间位移序列的线性相关系数，所对比时间序列的位移大小记为 t_{lag}。设 v_t 为一时间序列，表示 t 时刻的风速大小，$\bar{v}$ 与 σ^2 分别为其平均值与方差，则 v_t 的自相关函数 $\text{corr}(t_{\text{lag}})$ 为

$$\text{corr}(t_{\text{lag}}) = \frac{1}{T - t_{\text{lag}}} \frac{\sum_{t=1}^{T - t_{\text{lag}}} (v_t - \bar{v})(v_{t+t_{\text{lag}}} - \bar{v})}{\sigma^2}, \quad t_{\text{lag}} = 1, 2, 3, \cdots, T - t_{\text{lag}} \quad (2\text{-}7)$$

式中，t_{lag} 为时间位移的大小；T 为时间序列总长度。自相关函数是时间序列时间相关性的度量，反映时间序列波动性的大小。一般而言，自相关函数的值随时差增加而衰减，时间序列波动越剧烈，自相关函数衰减越快。研究表明，风速的自相关函数在数值上可以由负指数函数表示：

$$\text{corr}(t_{\text{lag}}) = e^{-\theta t_{\text{lag}}}, \quad \theta > 0, \quad t_{\text{lag}} = 1, 2, 3, \cdots, T \quad (2\text{-}8)$$

式中，θ 的大小决定自相关函数衰减的快慢，进而能够反映风速波动的剧烈程度。

选取观测点 1(坐标 7567)对应的测风塔的风速时间序列，数据的时间间隔为 1 小时。利用负指数函数对风速时间序列的自相关函数进行拟合，结果如图 2-3 所示，风速自相关函数衰减系数的拟合值 θ =0.0904。

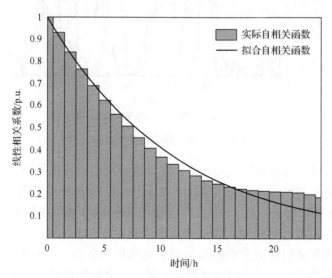

图 2-3　观测点 1(坐标 7567)对应风电场自相关函数及其拟合结果(衰减系数 θ =0.0904)

2.1.2 风速与风电出力空间相关性分析

　　相邻风电场由于地理位置的邻近，风电场所处的气象条件相似，因此相邻风电场的出力在空间上往往具有正的相关性。图 2-4 分别展示了江苏省沿海以及美国沿海多个风电场出力的时序片段，由图 2-4 中可知，风电场出力之间存在明显的空间相关性。

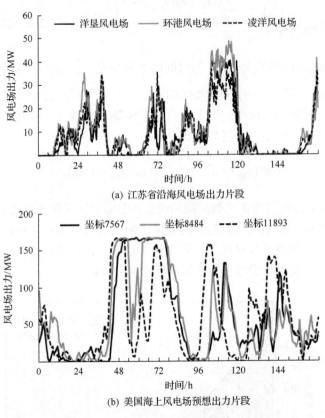

(a) 江苏省沿海风电场出力片段

(b) 美国海上风电场预想出力片段

图 2-4　相邻风电场出力的空间相关性

　　本节将从风速与风电场出力两个角度分析多风电场的空间相关性。分别选取距离不同的几个测风塔，对其风速及风电场出力的 Copula 函数进行建模与分析，并求其 Kendall 秩相关系数（下面简称为秩相关系数）。图 2-5 展示了三组地理位置距离不同的风速和风电场出力联合概率分布对应的 Copula 函数散点图，图 2-5 中同时用柱状图分别展示了 Copula 函数的边缘概率分布。由图 2-5 中可见，风电场之间的相关性随风电场之间距离增加而降低；风速的秩相关系数与风电场出力的秩相关系数基本相同；与此同时，图 2-5 再次说明风电场出力联合概率分布对应的 Copula 函数具有较典型的分布形态，容易利用解析的 Copula 函数表示。

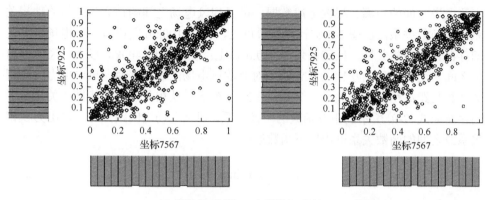

(a) 观测点1(坐标7567)与观测点2(坐标7925)，相距59km，
风速秩相关系数为0.7054，出力秩相关系数为0.7119

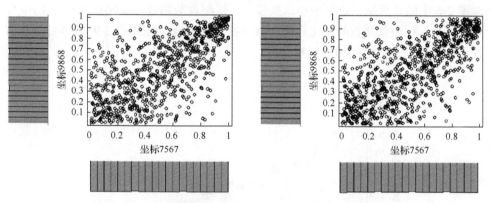

(b) 观测点1(坐标7567)与观测点5(坐标9868)，相距212km，
风速秩相关系数为0.4873，出力秩相关系数为0.4959

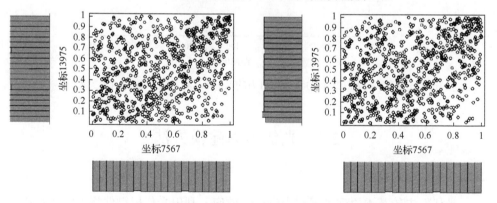

(c) 观测点1(坐标7567)与观测点10(坐标13975)，相距519km，
风速秩相关系数为0.2191，出力秩相关系数为0.2236

图 2-5　风速(左侧)与风电场出力(右侧)的 Copula 函数散点图

分别计算不同测风塔对应风电出力的秩相关系数，结合测风塔地理坐标，求

出测风塔之间的距离。根据上述数据，可得到风电场之间的距离与出力的秩相关系数的函数关系，由图 2-6 的计算结果可见，相距 100km 之内时，风电场出力之间存在较强的相关性，秩相关系数在 0.6 以上；相距超过 400km 以上，风电场出力之间才变得几乎相互独立。文献[4]对北欧风电场的研究表明，风电出力线性相关系数与距离呈负指数关系，又知在正态分布下，秩相关系数与线性相关系数之间存在如式 (2-9) 所示的正弦函数的转换关系，则风电场之间距离与风电出力秩相关系数之间的函数关系可由以下函数近似：

$$\tau_d = \frac{2}{\pi} \arcsin(e^{-K \cdot d}) \tag{2-9}$$

式中，d 为风电场之间的距离；K 为风电场秩相关系数随距离衰减的强度系数。对图 2-6 中的计算结果进行最小二乘拟合，得到衰减系数为 0.00182km^{-1}。由拟合结果可见，秩相关系数的变化趋势与该函数十分吻合，利用式 (2-9) 能够有效地估计不同风电场出力之间的空间相关性。

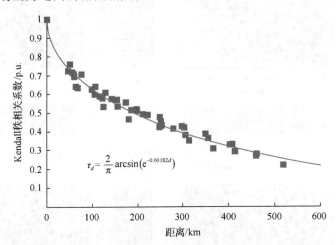

图 2-6　风电场之间的距离与出力的 Kendall 秩相关系数的函数关系

2.2　光伏出力建模方法

2.2.1　光伏出力模型

　　光伏发电的基本原理是根据光生伏打效应，利用光伏板组件将太阳能转化为电能。光伏板 t 时刻的实际出力 $P_{\mathrm{P},t}$ 可以利用式 (2-10) 计算[5]：

$$P_{\mathrm{P},t} = P_{\mathrm{stc}} \frac{R_{r,t}}{R_{\mathrm{stc}}} \left[1 + \alpha_{\mathrm{T}}(T_t - T_{\mathrm{stc}}) \right] \tag{2-10}$$

式中，P_{stc} 为标准条件下（对应太阳辐射强度 $R_{stc} = 1000\text{W/m}^2$；温度 $T_{stc} = 25℃$）光伏板的出力；α_T 是光伏板的功率温度系数；$R_{r,t}$ 为 t 时刻实际的太阳辐射强度；T_t 为 t 时刻光伏板的温度。

从式(2-10)中可以看出，影响光伏板实际出力的因素是太阳辐射强度 $R_{r,t}$ 与温度 T_t。太阳辐射强度 $R_{r,t}$ 受到太阳位置、阴影、云层遮挡、天气变化等众多外界因素的影响，温度 T_t 的影响与光伏板的温度系数 α_T 有关。将式(2-10)进行转化，分离光伏出力中确定性因素与随机因素。定义不考虑遮挡情况以及温度影响时光伏电站的出力 $P_{P,t}^c$ 为

$$P_{P,t}^c = P_{stc} \frac{R_t}{R_{stc}} \tag{2-11}$$

式中，R_t 表示在不考虑任何遮挡情况下，太阳辐射强度能够达到的最大值，该值仅与所在区域的经纬度、海拔、时间有关，其变化规律是确定的，因此可知 $P_{P,t}^c$ 中仅包含光伏发电出力中确定性的部分。

定义光伏出力遮挡因子 η_t 为

$$\eta_t = \frac{P_{P,t}^c - P_{P,t}}{P_{P,t}^c} \tag{2-12}$$

式中，η_t 表征在阴影、云层遮挡、天气变化以及温度等因素的影响下，光伏电站实际出力与其确定性出力 $P_{P,t}^c$ 的相对差值。这些影响因素均具有较强的不确定性，因此 η_t 表征了光伏发电出力中随机性的部分。根据式(2-10)～式(2-12)可知：

$$\eta_t = \frac{R_t - R_{r,t}\left[1 + \alpha_T(T_t - T_{stc})\right]}{R_t} \tag{2-13}$$

由式(2-11)与式(2-13)可见，$P_{P,t}^c$ 确定了光伏出力的外包络线，而实际的光伏出力则会被各种随机性因素削弱，出力遮挡因子 η_t 描述了在光伏出力外包络线的基础上阴影、云层遮挡、天气变化及温度对光伏出力的削弱效应，其物理意义是光伏电站实际出力与确定性出力的相对差值，因此其值一定小于或等于 1。需要说明的是，η_t 与晴空指数的差别在于，前者是直接对光伏出力的描述，是两个出力值的相对差值；而后者则是对太阳辐射的描述，是两个辐射值的比值。

下面将分别对光伏出力的确定性部分以及随机性部分进行建模。同样在NREL 网站上选取了美国西部 8 个光伏出力观测点 2012 年全年的数据用于验证该模型的有效性，光伏出力数据时间间隔为 1h，具体的地理位置如表 2-2 所示。

表 2-2　本节采用的美国西部光伏电站地理位置数据

观测点编号	北纬/(°)	东经/(°)
1	34.0102	−118.428
2	36.16669	−115.258
3	36.16198	−115.052
4	37.25061	−113.422
5	37.61175	−113.291
6	35.61837	−108.381
7	39.18581	−106.218
8	39.11243	−105.161

2.2.2　光伏电站确定性出力模型

根据前面分析,光伏发电的确定性部分 $P_{P,t}^c$ 取决于无任何遮挡情况下的太阳辐射强度 R_t,由于地球自转与公转的规律性,R_t 是关于时间和地理位置的解析函数,又被称为全球太阳辐射强度模型,现推导如下[6]。

太阳直射到地球大气层上的辐射强度 R_0 只与日地之间的相对位置有关[7],可由式(2-14)计算:

$$R_0 = S_0 \left[1 + 0.033\cos\left(\frac{2\pi(N+10)}{365} \right) \right] \tag{2-14}$$

式中,S_0 为太阳常数,表示进入地球大气的太阳辐射在单位面积内的总量,在地球大气层之外,垂直于入射光的平面上测量,其值约为 1367W/m²;N 表示日序,从每年的 1 月 1 日算起。

如果不考虑太阳辐射经过大气层后的变化,那么利用已知点的地理信息(经度、纬度和海拔)及时间信息即可唯一地确定出地面上任意一点的太阳辐射。实际上,太阳辐射在穿越大气层的过程中会受到一定程度的削弱,到达地面的太阳辐射可以分为太阳直射辐射和散射辐射。以上两种太阳辐射之和为到达地面的太阳总辐射。大气的透明度可以用来描述大气对太阳辐射的削弱作用,可表示为地面某点的太阳辐射度与其上方大气层外的太阳辐射度之比。

在不考虑各种随机因素影响的前提下,太阳直射辐射的透明度可由下面的经验公式[8]进行计算:

$$\varsigma_b = 0.56\left(e^{-0.56M_h} + e^{-0.095M_h}\right) \tag{2-15}$$

式中,M_h 为大气质量,是一个随着海拔变化的函数。

根据太阳直射辐射和大气透明度系数的定义,某地太阳直射辐射强度可以表示为

$$R_b = R_0 \varsigma_b \sin \alpha \tag{2-16}$$

式中，α 为当地的太阳高度角，可由式(2-17)计算：

$$\sin \alpha = \sin \phi \sin \delta + \cos \phi \cos \delta \cos \omega \tag{2-17}$$

式中，ϕ 为该地区的纬度；δ 为太阳的赤纬角，与太阳和地球之间的相对位置相关；ω 为太阳的时角，与每天的时间相关。对于固定倾角的光伏板，还需考虑其对地倾角的影响。

散射辐射的作用与多种气象条件有关，实验表明散射辐射的大气透明度系数和直射辐射的大气透明度系数可以近似看作线性关系：

$$\varsigma_d = 0.271 - 0.274\varsigma_b \tag{2-18}$$

根据经验公式，太阳散射辐射强度如式(2-19)所示：

$$R_d = \frac{1}{2} \times \sin \alpha \times \frac{1 - \varsigma_d}{1 - 1.4\ln(\varsigma_d / M_h)} \times k \tag{2-19}$$

式中，k 为与大气质量相关的参数[8]。当大气质量比较浑浊时，k 的取值为[0.60, 0.70]；当大气质量正常时，k 的取值为[0.71,0.8]；当大气质量比较好时，k 的取值为[0.81,0.90]。

综上，在不考虑随机因素的情况下，地球上某地点 t 时刻的太阳总辐射强度为

$$R_t = R_b + R_d \tag{2-20}$$

利用式(2-14)～式(2-20)即可模拟出无任何遮挡情况下地球上任意地点任意时刻的太阳辐射强度 R_t。将 R_t 代入式(2-11)即可得到光伏电站确定性出力 $P_{\mathrm{P},t}^c$。

2.2.3　光伏电站出力不确定性分析

光伏出力遮挡因子 η_t（本节简记为 η）表示光伏发电实际出力与确定性出力的相对差值，代表了光伏电站出力的不确定性部分。该变量数值量化了阴影、云层遮挡、天气变化以及温度对光伏出力的削弱效应。当天气较为晴朗时，空气对于太阳辐射的衰减作用较小，η 的值相对较小，甚至为 0(表示完全无遮挡)，反之当气象条件较差时，η 的值就相对较大。

此外，在夜间以及日出和日落时刻附近，由于太阳辐射强度很低甚至为 0，η 计算值的可信性较差，因此 η 仅在与白天对应的时刻具有研究价值。根据 NREL 的观测数据，以观测点 1 的测量数据为例，图 2-7 为除去了夜间点的 η 序列(一共 4371 个点，每天取的点数和季节相关，夏季最多，大约取 14 个点，冬季最少，大约取 10 个点)。本节将通过实证分析的方法从 η 的概率分布、时间特性及空间特性三个角度分析其随机特性。

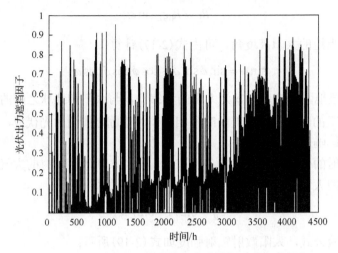

图 2-7　观测点 1 日间光伏出力遮挡因子时序数据

统计光伏出力遮挡因子 η 的概率分布，结果如图 2-8 所示。从图 2-8 中可以看出，随着 η 的增大，其概率几乎是单调减小。η 在[0，0.2]上出现的概率最大，在[0.3，0.7]上的分布相对均匀，而在 1 附近出现的概率非常小。这一现象表明，所观测的地区晴朗天气出现的概率比较高，而阳光完全被遮挡的情况出现的概率比较小。

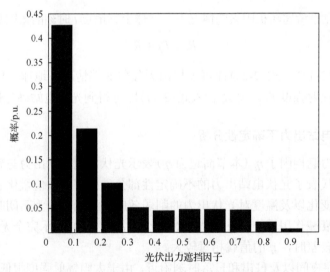

图 2-8　观测点 1 光伏出力遮挡因子概率分布

采用其他观测点的数据统计得到的光伏出力遮挡因子的结果如图 2-9 所示，可以看出这些地区的遮挡因子与观测点 1 相比，整体的变化趋势非常相似，只是各区间段出现的概率略有差异。因此可知，η 的概率分布比较稳定，可以采用一些典型的概率分布(如 Beta 分布)或非参数的方式进行拟合与建模。

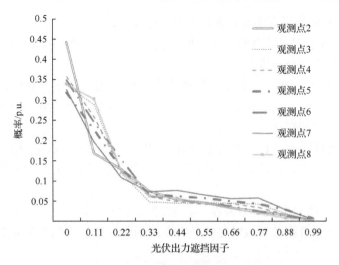

图 2-9　观测点 2~8 光伏出力遮挡因子概率分布

图 2-10 为观测点 1 在 2012 年每日不同时刻光伏出力遮挡因子的散点图，4 幅图分别为每日 10 点、12 点、14 点和 16 点的光伏出力遮挡因子数据。

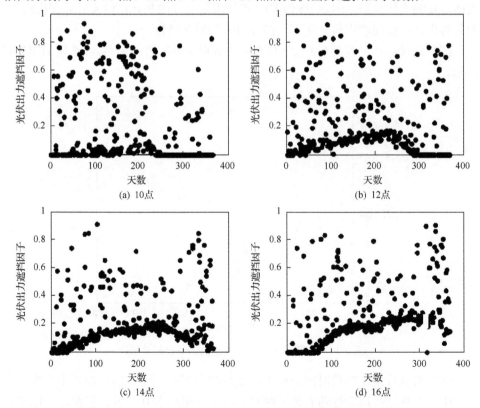

图 2-10　观测点 1 全年每日不同时刻光伏出力遮挡因子散点图

由图 2-10 中可以看出 η 在时序上的一些规律：

(1)对比各子图中散点的分布可见，η 具有一定的日特性，即每天不同时刻 η 的概率分布并不完全一致。

(2)对比同一幅图中不同季节的散点分布情况可知，η 的变化具有明显的季(月)特性，即对于不同的季节(月份)，每天同一时刻的 η 的概率分布会随季节的变化而产生一定的变化。

下面通过计算 η 自相关系数来分析其波动特性。由于实际数据中仅能获取 η 白天对应时刻的值，在计算其波动性时出现了断续，因此采用如下步骤对数据进行前处理。

(1)由于夜间的光伏出力为零，η 在夜间值没有实际意义。但为了保留 η 的时序信息，在计算自相关系数时必须考虑夜间的时间点，因此把夜间的 η 统一规定为零。

(2)由于在日出日落时刻附近，η 的值很可能会失真，因此在计算序列相关系数时应忽略这些点。

(3)进行时间延迟之后得到的序列与原始序列中都不应该包含夜间的点。因为夜间点 η 的变化是固定的(始终为零)，实际需要研究的是 η 在白天时的变化规律，如果考虑 η 在夜间的点将会掩盖一部分白天的时序特性。

按照此过程计算得到观测点 1 的 0～120h 相位差的自相关系数，结果如图 2-11 所示。

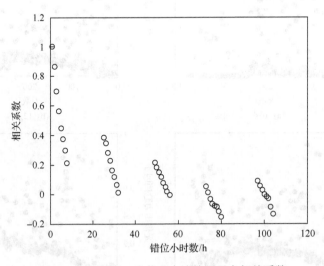

图 2-11　观测点 1 光伏出力遮挡因子自相关系数

可以明显看出，随着时间的延迟，光伏出力遮挡因子 η 的自相关系数成周期性变化，并且这种周期性随着延迟时间的增加逐渐趋于 0 附近。根据这一结果，

可以推测 η 序列自身应该含有一个以日为变化周期的周期性分量,具体应该表现为每天同一时刻的光伏出力遮挡因子值趋于一致或者以一种较为平稳的方式变化或波动。

图 2-12 计算了去除日特性之后(即将原光伏出力数据减去每小时的日平均值) η 序列的自相关系数,并用指数函数进行了拟合,其自相关系数指数衰减系数为 -0.0692,由计算结果可见, η 在 24h 内具有较强的自相关性,在相隔时间超过 3 天以上, η 几乎没有自相关性,这与影响光伏发电的实际天气因素相吻合:太阳能光伏出力受到天气过程的影响,一天之内光伏遮挡因子具有一定的持续性,而一个天气过程持续的时间往往短于 3 天。

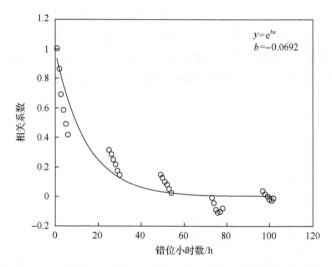

图 2-12　去除日特性之后观测点 1 光伏出力遮挡因子自相关系数

2.2.4　光伏电站出力空间相关性分析

实际观测数据表明,地理位置相近的光伏电站出力具有很高的相似性,其出力的相似程度可以用出力空间相关性来描述。光伏出力由辐射强度决定,因此其出力相关性受到地理位置、天气变化、云层遮挡等多种因素的影响。空间相关性是指不同地区光伏电站出力序列的相似程度。对于不同的地区而言,太阳辐射强度不同,天气变化、云层遮挡等随机因素也有所差异,而这些差异都会随着两地距离的增加而变大。在纬度方向上,随着纬度的增加,太阳辐射强度会逐渐变小;在经度方向上,随着时差的增加,两地光伏出力序列的相位差将逐渐增大,这些因素都会影响光伏出力的空间相关性。

对于光伏出力的确定性部分,空间相关性主要的影响因素是经纬度,其中经度影响光伏出力序列的时差,而纬度影响光伏出力外包络线的高低,即出力的大小。以观测点 1 的位置为基准,在其经度和纬度方向上各增加 1200km 的区域内(经度上大约增加 15°,即 1 个时区;纬度上大约增加 11°),均匀地选择 15×15 个点(包括观测点 1 的位置),利用光伏电站确定性出力模型计算其他各点的年出力序列与观测点 1 的年出力序列的相关系数,结果显示随着经度和纬度方向上距离的增加,两地的光伏年出力序列的相关系数逐渐减小。当经纬度方向上的距离均增加至 1200km 时,相关性最大降低至 0.928。并且相关系数在经度变化时减小的速度大于在纬度变化时减小的速度,这表明时差(主要受经度影响)对于光伏出力空间相关性的影响作用要大于太阳辐射强度(主要受纬度影响)对光伏出力空间相关性的影响作用。

对于光伏出力遮挡因子,经纬度的影响没有明显的规律,因为出力遮挡因子主要描述的是云层遮挡等气象因素,而这些气象因素应该与不同地点的距离直接相关。图 2-13 给出了所选取的 8 个观测点的光伏出力遮挡因子之间的空间相关性,其中两个观测点之间最近的距离为 4km,最远的距离为 1338km。

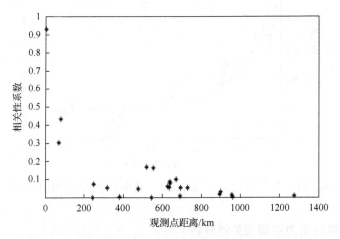

图 2-13　不同观测点光伏电站出力遮挡因子的相关性

从图 2-13 中可以看出,当观测点之间的距离比较近时,其光伏出力遮挡因子的相关性很大,但这种相关性随着距离的增加迅速衰减。当距离为 4km 时,相关系数为 0.9267;当距离增加到 79km 时,相关系数衰减到 0.4323;其中有两个观测点相距 69km(观测点 7 和 8),但相关系数仅为 0.3027,可能是由于海拔的差距造成的影响(两个观测点相差 1000m);当距离增加到 200km 以上时,相关系数都在 0.2 以下。对于随机变量而言,当相关系数小于 0.2 时,对其按独立的随机变量进行建模并不会产生太大误差。因此当两个光伏电站的距离在 200km 以上时,其天气因素可考虑为相互独立。

前面分别从光伏发电确定性因素以及随机性因素入手对光伏发电出力的空间

相关性进行了分析，从图 2-13 可知，当两地距离超过 80km 时，光伏出力遮挡因子(主要代表天气因素)的相关系数就已经小于 0.5；而光伏确定性出力(主要代表太阳辐射昼夜更替变化)即便在经度或纬度方向上相差 1200km，其相关系数仍能达到 0.92 以上。

图 2-14 为 8 个观测点实际光伏出力的空间相关性。从图 2-14 中可以看出，各观测点之间的年出力序列的相关系数都比较大(均在 0.85 以上)，由前面的分析可以推知实际光伏电站出力的空间相关性主要受到其确定性出力的影响，而出力遮挡因子的影响作用相对较小。结果表明，即使在广域分布的光伏电站，其出力仍然具有很强的相关性，出力长时间尺度平滑效应较弱，这是光伏出力与风电出力在长期特性上的显著差异。这也是目前备受关注的高比例光伏并网的电力系统面对的鸭子曲线(duck curve)产生的原因。在高比例光伏接入的电力系统中，光伏发电的出力长时间尺度平滑效应不明显，因此系统将面临较大的调峰与负荷跟踪压力。

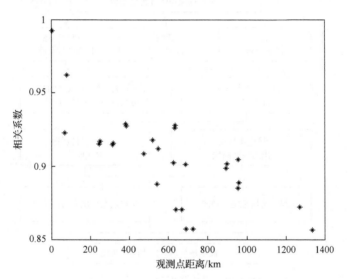

图 2-14　不同观测点光伏电站实际出力的空间相关性

2.3　可再生能源发电时序出力模拟方法

可再生能源发电时序出力模拟的研究思路和步骤如下：首先，基于实际可再生能源电站的多年可再生能源资源历史数据，应用概率理论及数理统计方法分析可再生能源出力的年度、季度、月度和日出力变化特性，提出描述随机特性的关键参数及其计算方法；根据区域多个可再生能源电站实测功率波动曲线，采用相关性分析方法详细分析相邻可再生能源电站出力的相关性，建立不同可再生能源电站之间的空间相关性模型。其次，采用随机微分方程技术，考虑风速或光照的随机性、波动性与空间相关性，生成多个相关的风电场风速/光伏遮挡因子序列。对于风电，考虑风电机组出力特性曲线、风电场尾流效应与风电机组出力可靠性，根据风速生成满足历史出力统计规律的风电出力序列。对于光伏，考虑光伏板类型、温度修正以及逆变器效率等，建立光伏出力模型，根据光伏遮挡因子序列生成光伏电站出力的随机部分，根据光伏电站所在地区坐标以及模拟目标时间生成光伏电站出力的确定性部分。

2.3.1　风电场时序出力模拟方法

本节提出基于随机微分方程的风电场时序出力模拟模型。其框架如图 2-15 所示。

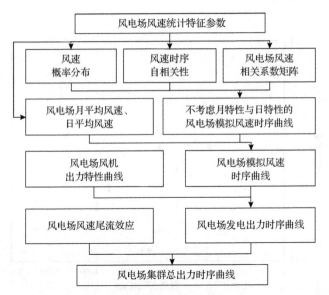

图 2-15　风电场时序出力模拟框架

本节涉及变量定义如下所示。

i：风电场序号。

$K_{i,m}$：风电场风速季节因子，$m=1,2,\cdots,12$。

$K_{i,t}$：风速日特性因子，$t=1,2,\cdots,24$。

$v_{i,t}^{*}$：修正后风电场 t 时刻模拟风速。

$\tilde{v}_{i,t}^{*}$：风电场 t 时刻模拟风速。

$n_{i,t}$：风电场内风电机组可用台数。

ω_i：风电场尾流效应系数。

s_i, k_i：风电场 i 风速 Weibull 分布尺度参数、形状参数。

θ_i：风电场风速序列自相关系数。

$\boldsymbol{\Xi}$：风电场风速相关系数矩阵。

$G_i(x)$：风电机组出力特性曲线。

$P_{\mathrm{W},i,t}$：风电场 t 时刻模拟出力。

随机微分方程方法生成风电场时序出力简要思路如下所示。

对于单个风电场，如果概率密度函数 $f(x)$ 在其定义域 (l,u) 中非负、连续且方差有限，其数学期望 $E(x)=\mu$，随机过程 X_t 满足如下随机微分方程：

$$\mathrm{d}X_t = -\theta(X_t - \mu)\mathrm{d}t + \sqrt{\upsilon(X_t)}\mathrm{d}B_t, \quad t \geqslant 0 \qquad (2\text{-}21)$$

式中，$\theta \geqslant 0$；B_t 为标准布朗运动；$\upsilon(X_t)$ 为定义在 (l,u) 上的非负函数：

$$\upsilon(x) = \frac{2\theta}{f(x)} \int_l^x (\mu - y)f(y)\mathrm{d}y, \quad x \in (l,u) \qquad (2\text{-}22)$$

则有如下结论：

随机过程 X 是各态经历的 (ergodic，即给定足够采样次数后，产生的随机过程序列能够在统计意义上代表整个风电出力的状态空间) 且概率密度函数为 $f(x)$。

随机过程 X 是均值回归的 (mean-reverting) 且其自相关函数符合：

$$\mathrm{corr}(X_{s+t}, X_s) = \mathrm{e}^{-\theta t}, \quad s,t \geqslant 0 \qquad (2\text{-}23)$$

利用该方法模拟风速的时间序列，设风速符合尺度参数与形状参数分别为 s 和 k 的 Weibull 分布，表达式同式 (2-1)。则平均风速 $\bar{v}$ 为

$$\bar{v} = E(X) = s\Gamma\left(\frac{1}{k}+1\right) \qquad (2\text{-}24)$$

$$
\begin{aligned}
\upsilon(x) &= \frac{2\theta}{f(x)} \int_l^x (\mu - y)f(y)\mathrm{d}y \\
&= \frac{2\theta}{f(x)} \left(\mu F(x) - \int_l^x yf(y)\mathrm{d}y \right) \\
&= \frac{2\theta}{f(x)} \left\{ s\Gamma\left(\frac{1}{k}+1\right)\left\{ 1 - \exp\left[-\left(\frac{x}{s}\right)^k \right] \right\} - s\Gamma\left[\left(\frac{x}{s}\right)^k, \frac{1}{k}+1 \right] \right\}
\end{aligned}
\qquad (2\text{-}25)
$$

式中，$F(x)$ 为 $f(x)$ 对应的累积概率分布函数；$\Gamma(\cdot)$ 为伽马函数。

$$\Gamma(a) = \int_0^{+\infty} y^{a-1}e^{-y}dy \tag{2-26}$$

$\Gamma(x,a), x \geqslant 0$ 为不完全伽马函数：

$$\Gamma(x,a) = \int_0^x y^{a-1}e^{-y}dy \tag{2-27}$$

综上，单风电场风速时序序列可由式(2-28)迭代计算生成：

$$\tilde{v}_{i,t}^* = \tilde{v}_{i,t-1}^* + dX_t \tag{2-28}$$

风电场风速序列并非完全随机过程，由于气候原因，不同季节风电场所在地区风速水平不同，且具有一定规律(如冬天小、夏天大)，在日内，由于风电场所在地区地表温度的不同而引起日内不同时刻平均风速不同(如晚上大，白天小)，为考虑风电场风速的季节性与日内的规律性，对随机生成的风速序列 $\tilde{v}_{i,t}^*$ 进行如下修正：

$$v_{i,t}^* = K_{i,t}K_{i,m}\tilde{v}_{i,t}^* \tag{2-29}$$

利用修正后风速序列 $v_{i,t}^*$，考虑风电机组出力特性曲线、风电场尾流效应与风电场风电机组出力可靠性，风电场时序出力曲线由式(2-30)生成：

$$P_{i,t} = n_{i,t}(1-\omega_i)G_i(v_{i,t}^*) \tag{2-30}$$

式中，G_i 为风电机组出力特性曲线，具体可见式(2-5)；ω_i 为风电场尾流效应系数，表示风电场因尾流效应而损失的出力，通常取 5%~10%；$n_{i,t}$ 为风电场可用机组台数，为一个随机变量，代表风电场内机组可靠性水平。若假设风电场内机组故障服从独立的指数分布，则对于任一时间 t，风电场可用机组台数服从伯努利分布。

若生成多个风速相关的风电场风速，则需首先生成多维相关的布朗运动 B_t，B_t 各维均为标准布朗运动，各维之间相关系数矩阵等于风电场风速相关系数矩阵。之后，再利用 B_t 各维分量生成各风电场风速序列。具体说明如下。

集群风电场运行模拟的关键是生成包含空间相关性的风速序列。根据文献[9]中利用多个随机微分方程生成多个随机过程的定理及其性质容易证明：当 $f(x)$ 为正态分布，B_t 为非独立的多个布朗运动时，其建立的多维正态随机过程各时刻状态对应的各维度边缘概率分布仍然满足对于单个风电场叙述中的两个条件。与此同时，该多维正态随机过程各时刻状态对应的联合概率分布的线性相关系数矩阵与

dB_t 之间的线性相关系数矩阵相同。利用上述结论能够设计与单个风电场节原理相似的集群风电场运行模拟模型。集群风电场风速序列 $X_t = [X_t^{(1)}, X_t^{(2)}, \cdots, X_t^{(i)}, \cdots]$（上标为风电场的序号），可由如下多个随机微分方程生成：

$$X_t^{(1)} = -\theta^{(1)}(X_t^{(1)} - \mu^{(1)})\mathrm{d}t + \sqrt{\upsilon^{(1)}(X_t^{(1)})}\mathrm{d}B_t^{(1)}$$

$$X_t^{(2)} = -\theta^{(2)}(X_t^{(2)} - \mu^{(2)})\mathrm{d}t + \sqrt{\upsilon^{(2)}(X_t^{(2)})}\mathrm{d}B_t^{(2)}$$

$$\vdots \tag{2-31}$$

$$X_t^{(i)} = -\theta^{(i)}(X_t^{(i)} - \mu^{(i)})\mathrm{d}t + \sqrt{\upsilon^{(i)}(X_t^{(i)})}\mathrm{d}B_t^{(i)}$$

$$\vdots$$

式中，$\theta^{(1)}, \theta^{(2)}, \cdots, \theta^{(i)}$ 表示各风电场风速自相关函数衰减系数；$\mu^{(1)}, \mu^{(2)}, \cdots, \mu^{(i)}$ 表示各风电场平均风速；函数 $\upsilon^{(1)}(X_t^{(1)}), \upsilon^{(2)}(X_t^{(2)}), \cdots, \upsilon^{(i)}(X_t^{(i)})$ 分别由各风电场风速参数通过式(2-25)确定。$B_t^{(1)}, B_t^{(2)}, \cdots, B_t^{(i)}$ 均为 1 维布朗运动，其在单位时间内的增量 $\mathrm{d}B_t^{(1)}, \mathrm{d}B_t^{(2)}, \cdots, \mathrm{d}B_t^{(i)}$ 的线性相关系数为 Ξ。Ξ 可以根据风电场之间的距离，按照式(2-9)或其他拟合函数进行计算。事实上，对于 Weibull 分布而言，该结论并不严格成立。但是，由于 Weibull 分布的形态与正态分布相似，因此可以推断，拟合得到的实际数据的 Ξ' 在数值上近似等于设定的 Ξ。本节实际算例表明，式(2-31)生成风速对应的线性相关系数矩阵 Ξ' 与 Ξ 十分近似[10, 11]。

2.3.2　光伏电站时序出力模拟方法

根据 2.2.1 节中对光伏出力模型的介绍，光伏发电的基本原理是根据光生伏打效应，利用太阳能电池板将太阳能转化为电能。研究表明，t 时刻太阳能电池板的出力 $P_{\mathrm{P},t}$ 可以进一步利用如下公式进行求解：

$$P_{\mathrm{P},t} = P_{\mathrm{stc}}\frac{R(u_t, h_t, R_0)}{R_{\mathrm{stc}}}\left[1 + \alpha_{\mathrm{T}}(T_t - T_{\mathrm{stc}})\right] \tag{2-32}$$

式中，P_{stc} 为太阳能电池板的额定出力，其定义为标准条件下太阳能电池板的出力(标准条件下的太阳辐射强度 $R_{\mathrm{stc}} = 1000\mathrm{W/m}^2$，温度 $T_{\mathrm{stc}} = 25℃$)，由太阳能电池板额定出力的定义可知，当实际的太阳辐射强度大于标准条件下的太阳辐射强度时，太阳能电池板的出力会大于其额定出力；R_0 代表在不考虑大气层对阳光的散射作用以及云层遮挡等随机因素对太阳辐照强度的削弱作用的情况下，大气层外平面太阳辐照，仅与太阳与地球的相对位置变化有关，与式(2-14)中的 R_0 含义相同。h_t 为晴空指数，定义为地表平面总辐射 R_t 与大气层外平面太阳辐射强度 R_0 之间的比值：$h_t = R_t / R_0$，其中，R_t 为第 t 时段地表平面的辐照强度(包括直射和散射)。h_t 主要受到云层遮挡、天气变化及海拔等因素的影响。u_t 表示第 t 时段倾斜面上的太阳辐射强度与地表平面的总辐照强度的比值，其数值约等于太阳在斜面上的入射角的余弦值以及地面平面太阳入射角的余弦值之比，其变化规律与光伏板放置倾斜角度、光伏板追踪方式(固定式、水平追踪、倾斜轴追踪或双轴追踪)有关；$R(u_t, h_t, R_0)$ 表示考虑太阳辐照(直射、散射及反射)、晴空指数及光伏板跟踪类型等因素后光伏板上的总辐照。T_t 代表大气温度，α_T 是太阳能电池板的功率温度系数。

式(2-32)中，P_{stc}、R_{stc}、T_{stc} 及 α_T 是常量，实际影响太阳能电池板出力的因素是 R_0、h_t、u_t 和 T_t。光伏电站时序出力模拟框架如图 2-16 所示。

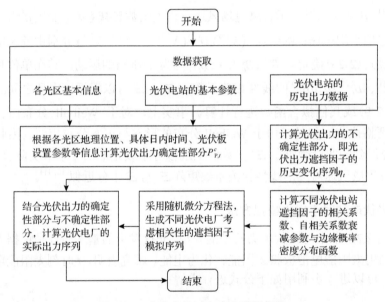

图 2-16   光伏电站时序出力模拟框架

数据获取过程得到光伏电站的历史出力数据、各光区基本信息(如光区的地理信息)、光伏电站的基本参数等。首先根据各光区地理位置、具体日内时间、光伏板设置参数等信息计算 η_t，根据 2.2.1 节中介绍的方法计算光伏出力确定性部分。

利用光伏电站的历史出力数据计算光伏出力的不确定性部分，即光伏出力遮挡因子的历史变化序列 η_t。在此基础上进一步计算不同光伏电站遮挡因子的相关系数、自相关系数衰减参数与边缘概率密度分布函数。采用 2.3.1 节中风电时序出力模拟用到的随机微分方程方法生成考虑不同光伏电站间相关性及各电站自相关性的多个非独立正态分布时间序列。该序列表示光伏出力遮挡因子变化的随机过程。

结合光伏出力的确定性部分与不确定性部分，利用式(2-12)即可计算最终得到光伏电厂的模拟出力序列。

2.4　应用结果与分析

2.4.1　风电场时序出力模拟

本节以三个风电场组成的风电场集群的简单算例说明本节提出的风电场集群时序出力模拟模型的有效性。三个风电场的参数如表 2-3 所示，n_W 表示风电场内风电机组的台数，模拟中不考虑风电机组的随机停运。在相同的风电场参数下，分别模拟风电场风速强相关与弱相关的情形，前者风电场间相关性系数为 0.7，后者为 0.1。

表 2-3　模拟风电场参数

风电场	s/p.u.	k/p.u.	θ /h^{-1}	n_W /p.u.	P_{rate} /MW	v_{in} /(m/s)	v_{rate} /(m/s)	v_{out} /(m/s)	ω /p.u.
风电场 1	10.9	2.4	0.04	50	2	3	12	25	0.98
风电场 2	9.5	2.0	0.05	50	2	3	12	25	0.98
风电场 3	8.7	1.7	0.06	50	2	3	12	25	0.98

根据上述数据，利用本节提出的模型对三个风电场强相关与弱相关情形分别进行模拟。图 2-17 统计了三个风电场时序出力模拟出力的概率分布，对比图 2-17 与图 2-1，模拟结果与北美海上风电出力概率分布相似。同时，可以观察到由于三个风电场风速尺度参数 s 逐渐递减，风电场最大出力对应的概率也逐渐下降。图 2-18 对比了三个风电场模拟风速的概率分布以及自相关函数与设定参数之间的关系，表 2-4 计算了模拟风速的秩相关系数，由这些风速模拟结果的统计指标可见，风速模拟结果与设定基本吻合。

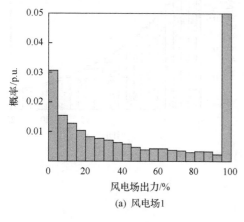

(a) 风电场1

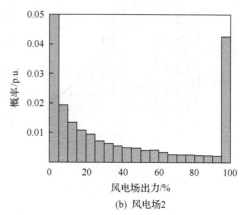

(b) 风电场2

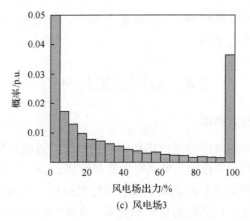

(c) 风电场3

图 2-17 风电场出力概率分布

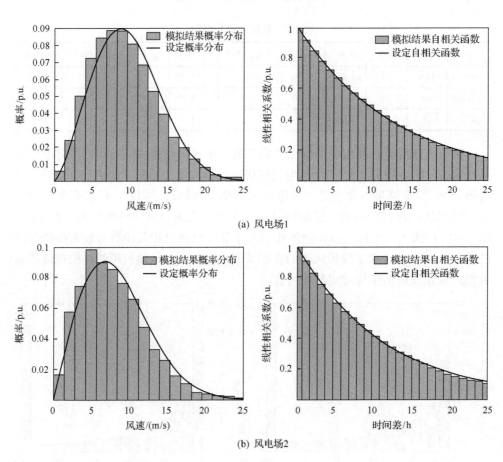

(a) 风电场1

(b) 风电场2

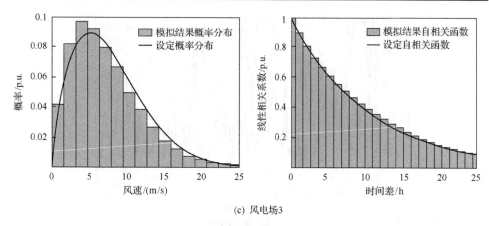

(c) 风电场3

图 2-18　风速概率分布(左图)及其自相关函数(右图)模拟结果与设定参数对比

表 2-4　模拟风速秩相关系数

(a)　强相关情形

区域	风电场 1	风电场 2	风电场 3
风电场 1	1.0000	0.7129	0.6728
风电场 2	0.7129	1.0000	0.7010
风电场 3	0.6728	0.7010	1.0000

(b)　弱相关情形

区域	风电场 1	风电场 2	风电场 3
风电场 1	1.0000	0.0906	0.0805
风电场 2	0.0906	1.0000	0.1018
风电场 3	0.0805	0.1018	1.0000

图 2-19 分别给出两种情形下风电场时序出力的片段,从中能够看出不同风电场出力的相关性的强弱。图 2-20 对比了强相关情形与弱相关情形三个风电场出力

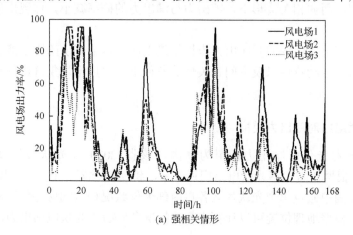

(a) 强相关情形

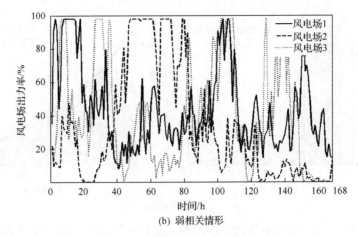

(b) 弱相关情形

图 2-19　风电场时序出力片段

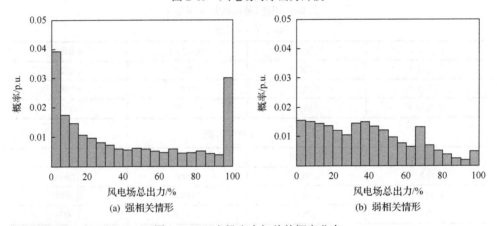

(a) 强相关情形　　　　　　　　　　　　(b) 弱相关情形

图 2-20　风电场出力加总的概率分布

加总的概率分布，强相关情形下，风电场加总的概率分布与单个风电场出力的概率分布相似，而弱相关情形下，零出力与满出力的概率减小，体现出风电出力的平滑效应。

上述对三个风电场的时序出力模拟结果表明，本节提出的模型能够在满足风速概率分布、波动特性以及空间相关性等条件下，对风电场集群进行有效的时序出力模拟。

2.4.2　光伏电站时序出力模拟

选择某省光伏时序出力模拟为算例，该省 2020 年光伏装机规模预期为 1957MW。根据该省电网光伏电站规划方案，将光伏分为 6 个光区，以光区 1～6 表示。本算例中假设每个光伏片区各自内部天气状况（光伏遮挡因子）在同一时刻基本相同。根据地理位置可以计算出理论情况（晴天）下光伏电站出力，利用随机差分方程模拟光伏遮挡因子时，对于每个时段，同时生成考虑相关性的 6 个光伏遮挡因子。根据该省光伏电站的地理位置以及光区参数设置如表 2-5 所示，不同光区之间的遮挡因子相关系数设置如表 2-6 所示，光伏电站参数设定如表 2-7 所示。

表 2-5　某省光伏电站各区域地理分布

光区编号	经度/(°)	纬度/(°)	海拔/m
1	102.42	25.04	1895
2	102.32	24.22	1630
3	101.32	25.01	1773
4	100.13	25.34	2090
5	99.1	25.08	1800
6	103.09	23.21	1080

表 2-6　某省光伏电站各区域遮挡因子相关系数

光区编号	1	2	3	4	5	6
1	1	0.4	0.2	0.2	0.2	0.2
2	0.4	1	0.2	0.2	0.2	0.2
3	0.2	0.2	1	0.4	0.2	0.2
4	0.2	0.2	0.4	1	0.4	0.2
5	0.2	0.2	0.2	0.4	1	0.2
6	0.2	0.2	0.2	0.2	0.2	1

表 2-7　某省光伏电站参数设定

类别		光伏电站
光伏阵列类型选择		固定倾角
光伏阵列倾斜角度/(°)	1、3	24
	2、5	26
	4	27
	6	22
光伏阵列方向角/(°)		0
光伏板可用率/%		1
预测绝对误差占装机容量百分比/%		15

由于光伏出力遮挡因子 η_t 主要受到云层遮挡、天气变化以及海拔等因素的影响，具有很强的间歇性与随机性，是光伏出力不确定性的主要来源，需要采用随机模拟实现，利用光区的正态分布时间序列，最后集合确定性部分计算出各光区的光伏电站出力。

光伏时序出力模拟结果的统计特性如表 2-8 所示，某省电网 2020 年光伏时序出力模拟总出力时序曲线与持续曲线如图 2-21 所示。

表 2-8　某省 2020 年光伏时序出力模拟结果的特性统计

月份	光伏总容量 /MW	平均 出力/MW	保证 出力/MW	置信度 95%时最高 出力/MW	平均 出力率/%	保证 出力率/%	置信度 95%时最高 出力率/%	出力 同时率/%	利用 小时数
全年	1957	294	0	1427	15	0	73	86	1318
1 月	1957	243	0	1000	12	0	51	87	92
2 月	1957	272	0	1075	14	0	55	86	94
3 月	1957	304	0	1176	16	0	60	88	117
4 月	1957	331	0	1235	17	0	63	89	122
5 月	1957	330	0	1194	17	0	61	87	124
6 月	1957	323	0	1163	17	0	59	88	119
7 月	1957	320	0	1160	16	0	59	88	121
8 月	1957	327	0	1202	17	0	61	88	125
9 月	1957	321	0	1205	16	0	62	88	118
10 月	1957	288	0	1141	15	0	58	88	110
11 月	1957	246	0	1006	13	0	51	87	91
12 月	1957	232	0	961	12	0	49	87	87

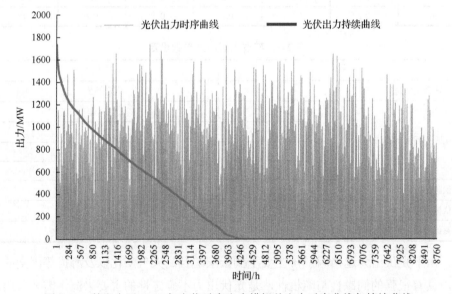

图 2-21　某省电网 2020 年光伏时序出力模拟总出力时序曲线与持续曲线

　　从模拟结果可以看出：某省光伏时序出力模拟的平均出力为 294MW，利用小时数为 1318h，置信度取 95%下的最大出力为 1427MW，最小出力为 0MW。某省

电网光伏时序出力模拟总出力月特性曲线如图 2-22 所示，某省电网光伏时序出力
模拟总出力日特性曲线如图 2-23 所示。

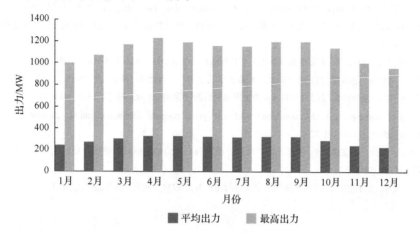

图 2-22　某省电网光伏时序出力模拟总出力月特性曲线

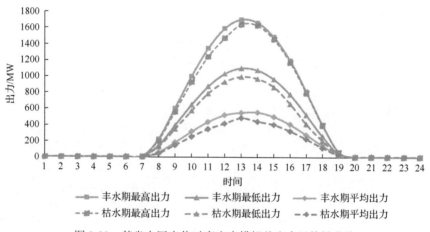

图 2-23　某省电网光伏时序出力模拟总出力日特性曲线

从模拟结果可以看出：某省光伏雨季出力较低，4 月、8 月、9 月出力较高；
光伏日特性较为明显，早晨 7 点左右开始出力逐渐增加，中午 13 点左右达到最大，
而后开始降低，至傍晚 19 点左右下降为 0。

参 考 文 献

[1] Karki R, Hu P, Billinton R. A simplified wind power generation model for reliability evaluation[J]. IEEE Transactions on Energy Conversion, 2006, 21 (2): 533-540.

[2] Zhang N, Kang C, Duan C, et al. Simulation methodology of multiple wind farms operation considering wind speed correlation[J]. International Journal of Power and Energy Systems, 2010, 30 (4): 164-173.

[3] National Renewable Energy Laboratory (NERL). Wind integration datasets[EB/OL]. [2011-04-20]. http://www. nrel.gov/wind/integrationdatasets.

[4] Hannele H. Hourly wind power variations in the Nordic countries[J]. Wind Energy, 2005, 8 (2): 173-195.

[5] 徐林, 阮新波, 张步涵, 等. 风光蓄互补发电系统容量的改进优化配置方法[J]. 中国电机工程学报, 2012, 32 (25): 88-98.

[6] 张曦, 康重庆, 张宁, 等. 太阳能光伏发电的中长期随机特性分析[J]. 电力系统自动化, 2014, 38 (6): 6-13.

[7] 苏忠贤, 周建军, 潘玉良. 固定式太阳能光伏板输出功率的若干问题[J]. 机电工程, 2008, 25 (12): 31-34.

[8] 杨婧, 刘志璋, 孟斌, 等. 基于 MATLAB 的太阳辐射资源计算[J]. 能源工程, 2011 (1): 35-39.

[9] Bibby B M, Sorensen S M. Diffusion-type models with given marginal distribution and autocorrelation function[J]. Bernoulli, 2005, 11 (2): 191-220.

[10] 程浩忠, 李隽, 吴耀武, 等. 考虑高比例可再生能源的交直流输电网规划挑战与展望[J]. 电力系统自动化, 2017, 41 (9): 19-27.

[11] 鞠平, 吴峰, 金宇清, 等. 可再生能源发电系统的建模与控制[M]. 北京: 科学出版社, 2014.

第3章 考虑高比例可再生能源、多源互补及网源协调的电力系统运行模拟

可再生能源出力存在较强的不确定性，高比例可再生能源的接入将给电力系统运行模拟带来巨大影响。近年来我国部分地区发生出现了严重的弃风弃光问题，在高比例可再生能源并网的电力系统中，如何统筹调度各类发电资源，在保证系统安全可靠的前提下，提升可再生能源的消纳空间，成为一个亟待解决的问题。本章计及可再生能源集群出力特性，充分考虑电力系统各类电站的技术经济特性，建立多种类型电源运行模拟模型。提出考虑高比例可再生能源、多类型能源互补特性及网源协调的新型电力系统运行模拟模型，能够快速完成发输电系统时序运行模拟计算，提高高比例可再生能源消纳评估的准确性。

3.1 多种类型电源运行模拟模型

电力系统运行模拟是电力系统规划的基础，其基本任务是从电力系统整体和实际出发，充分地考虑电力系统中各类电站(包括风电、光伏、水电、火电、核电及抽水蓄能电站等)的特点，模拟系统全年逐月典型日的运行方式，确定各电站在系统逐月典型日 24h 负荷曲线上的工作位置和工作容量，以校验系统的装机容量是否满足系统负荷的需求并计算相关经济技术指标。高比例可再生能源并网将带来复杂、多维度、不确定性的电力系统运行形态，电力系统将出现电力电量平衡概率化、电力系统运行方式多样化、电力系统灵活资源稀缺化等特征[1-6]，已有学者从成本效益[7]、风电出力与负荷耦合关系[8]、需求侧响应[9]、储能[10-12]方面展开研究，本节充分地考虑电力系统各类电站的技术经济特征，建立多种类型电源运行模拟模型。

现将本章部分下标符号的含义说明如下：下标 c、h、n、w、v 和 s 分别代表火电机组、水电机组、核电机组、可再生能源电站、光热机组和储能电站；下标 m、i 和 t 分别代表月、日和小时；下标 z 和 j 分别代表分区和电站；下标 a 代表弃电；下标 M 代表机组检修。

3.1.1 火电机组运行模拟模型

1)建模基本原则

(1)充分考虑不同类型火电机组的能源消耗特性、污染物排放特性，以及在供

热期间的燃料综合利用效率。

(2)充分考虑火电机组燃料供应保证率高、持续发电能力强、可调度性强的特点。

(3)按照不同类型火电机组年发电利用小时数下限和电力系统调峰需要优化其在电力系统日负荷曲线上的工作位置与备用容量。

(4)按盈亏控制月份系统电力盈余最大的原则优化各机组检修计划。

2)目标函数

火电机组运行模拟模型的目标函数,就是根据各类火电机组的技术经济特性,按照各机组负载优先序位安排各电站在系统或分区全年逐日负荷曲线上的工作位置和工作出力,在保证系统或分区电力电量和调峰平衡的基础上,使总发电成本(以发电系统运行经济性为目标)或一次能源消耗量(以节能为主、减排为辅为目标)或污染物排放量(以减排为主、节能为辅为目标)或电网购电成本(以电网运行经济性为目标)最小,即

$$\min\left\{C(P_{c,j,m,i,t})\Big|\max\left(\min_m(\Delta P_{z,m})\right)\bigcap\min\left(\max_m(\Delta W_{z,m})\right)\right\} \tag{3-1}$$

$$\begin{cases}\Delta P_{z,m}=\min\left(\sum_{j\in z}(n_{cj,m,\max}-n_{cj,m,i})N_j-P_{TSz,m,i}-P_{c,m,i}\right)\ (i=1,2,\cdots,N_m)\\[2mm]\Delta W_{z,m}=W_{c,z,m}-\Delta t\sum_{i=1}^{N_m}\sum_{t=1}^{24}\sum_{j\in z}P_{c,j,m,i,t}\end{cases} \tag{3-2}$$

式中,$C(P_{c,j,m,i,t})$为水平年火电总发电成本(一次能源消耗量、污染物排放量、电网购电成本);$P_{c,j,m,i,t}$为火电站 j 水平年 m 月 i 日第 t 时段发电出力;Δt 为时段长度,取 1h;$\Delta P_{z,m}$、$\Delta W_{z,m}$ 分别为系统或分区 z 水平年 m 月的日电力盈余的最小值和月电量不足;$\min_m(\Delta P_{z,m})$ 为全年电力盈余的最小值,$\max_m(\Delta W_{z,m})$ 为各月电量不足的最大值;$\max\left(\min_m\Delta P_{z,m}\right)$ 为全年最小月电力盈余最大化,$\min\left(\max_m\Delta W_{z,m}\right)$ 为全年最大月电量不足最小化;$\bigcap$ 为并列关系;$W_{c,z,m}$ 为系统或分区 z 水平年 m 月火电需要发电量;$n_{cj,m,\max}$ 为火电站 j 水平年 m 月可用开机台数;$n_{cj,m,i}$ 为火电站 j 水平年 m 月第 i 天的开机台数;$P_{c,m,i}$ 为水平年 m 月 i 日火电开机容量需求;N_j 为电站 j 的单机容量;$P_{TSz,m,i}$ 为系统或分区 z 水平年 m 月 i 日火电停机备用需求;N_m 为水平年 m 月的天数。

3) 约束条件

(1) 火电站日开机约束:

$$
\begin{cases}
n_{cj,m,\min} \leqslant n_{cj,m,i} \leqslant n_{cj,m,\max} \\
\sum_{j \in z} n_{cj,m,i} N_j + \sum_{j \in z} n_{nj,m,i} N_j \geqslant N_{z,\min}
\end{cases}
\tag{3-3}
$$

(2) 火电站日出力上下限约束:

$$
n_{cj,m,i} N_j K_{j,\min} \leqslant P_{c,j,m,i,t} \leqslant n_{cj,m,i} N_j
\tag{3-4}
$$

或调峰类(启停、联合循环、燃油及燃气等)火电机组启停调峰时,有

$$
0 \leqslant P_{c,j,m,i,t} \leqslant n_{cj,m,i} N_j
\tag{3-5}
$$

(3) 火电站承担负荷及事故旋转备用(简称热备用)约束:

$$
\begin{cases}
0 \leqslant P_{TRj,m,i} \leqslant \min\left\{ n_{cj,m,i} N_j - P_{TXj,m,i}, K_{Rj,\max} n_{cj,m,i} N_j \right\} \\
\sum_{j \in z} P_{TRj,m,i} = P_{Rz,m,i} - \sum_{j \in z} P_{Rhj,m,i} - \sum_{j \in z} P_{Rsj,m,i} \geqslant K_{Tz,\min} P_{Rz,m,i}
\end{cases}
\tag{3-6}
$$

(4) 火电站承担事故停机备用(简称冷备用)约束:

$$
\begin{cases}
0 \leqslant P_{TSj,m,i} \leqslant (n_{cj,m,\max} - n_{cj,m,i}) N_j \\
\sum_{j \in z} P_{TSj,m,i} = P_{RSz,m,i} + P_{Rz,m,i} - \sum_{j \in z} P_{Rhj,m,i} - \sum_{j \in z} P_{Rsj,m,i} - \sum_{j \in z} P_{TRj,m,i} - \sum_{j \in z} P_{Rnj,m,i}
\end{cases}
\tag{3-7}
$$

(5) 火电站年利用小时数:

$$
\begin{cases}
T_{c,j} = \Delta t \sum_{m=1}^{12} \sum_{i=1}^{N_m} \sum_{t=1}^{24} P_{c,j,m,i,t} \bigg/ (n_{c,j} N_j) \\
T_{c,j,\min} \leqslant T_{c,j} \leqslant T_{c,j,\max}
\end{cases}
\tag{3-8}
$$

(6) 火电站机组检修场地约束:

$$
n_{Mj,m} \leqslant n_{Mj,\max}
\tag{3-9}
$$

式(3-3)～式(3-9)中, $n_{cj,m,\min}$ 为水平年 m 月每日火电站 j 最少开机台数,对于热电站一般由供热负荷确定,其他类火电站一般为0; $n_{nj,m,i}$ 为核电站 j 水平年 m 月

i 日开机台数；$N_{z,\min}$ 为系统或分区 z 水平年保安开机容量；$K_{j,\min}$ 为电站 j 的最小技术出力率；$P_{TXj,m,i}$ 为火电站 j 水平年 m 月 i 日最大发电出力；$P_{TRj,m,i}$、$P_{TSj,m,i}$ 分别为火电站 j 水平年 m 月 i 日承担热备用容量和冷备用容量；$K_{Rj,\max}$ 为电站 j 水平年承担系统及分区备用容量比例上限；$K_{Tz,\min}$ 为火电机组承担系统或分区 z 旋转备用最低比例；$P_{Rz,m,i}$ 与 $P_{RSz,m,i}$ 分别为系统或分区 z 在 m 月 i 日负荷热备用容量与冷备用容量需求；$P_{Rhj,m,i}$ 与 $P_{Rsj,m,i}$ 分别为水电站和含抽水蓄能的储能电站在 m 月 i 日承担热备用容量；$P_{Rnj,m,i}$ 为核电站 j 水平年 m 月 i 日承担的冷备用容量；$n_{c,j}$ 为火电站 j 的台数；$P_{RTz,\min}$ 为火电机组承担系统或分区 z 旋转备用最低比例；$T_{c,j}$、$T_{c,j,\max}$ 和 $T_{c,j,\min}$ 分别为火电站 j 水平年发电利用小时数及其上、下限；$n_{Mj,\max}$、$n_{Mj,m}$ 分别为电站 j 在 m 月同时安排检修机组台数上限和实际检修机组台数。

3.1.2　水电机组运行模拟模型

1) 建模基本原则

(1) 充分考虑不同水文条件对水电机组发电能力的影响。

(2) 在保证充分利用其有限、低碳、可再生的清洁廉价能源的前提下，尽可能地将水电站安排在尖峰位置运行。

(3) 充分考虑有调节库容的水电站可调度性好、响应速度快的特点。

(4) 充分发挥水电站的电量效益和调峰能力，补偿风电、太阳能等新能源机组随机性、可调度性低的发电出力的影响。

(5) 按盈亏控制月份系统电力盈余最大的原则优化各机组检修计划。

2) 目标函数

水电机组以电站为单位参与系统运行。水电站运行模拟模型的目标函数是在充分地利用水电站容量效益的前提下充分地发挥水电站电量效益，即

$$\min\left\{W_{h,a,j}\left|\max_{m}\left[\sum_{i=1}^{N_m}(P_{h,j,m,i,\max}+P_{Rhj,m,i})\right]\right.\right\} \tag{3-10}$$

$$W_{h,a,j}=\Delta t\sum_{m=1}^{12}\sum_{i=1}^{N_m}\sum_{t=1}^{24}P_{h,a,m,j,i,t} \tag{3-11}$$

式中，$W_{h,a,j}$ 为水电站 j 的年弃水电量；$P_{h,j,m,i,\max}$、$P_{h,a,m,j,i,t}$ 分别为水电站 j 水平年 m 月 i 日的最大发电出力和第 t 时段的弃水电力(根据系统或分区的调峰要求确定)；Δt 为时段长度，取 1 小时；$P_{Rhj,m,i}$ 为水电站 j 水平年 m 月 i 日承担的备用容量；N_m 为水平年 m 月的天数。

3)约束条件

(1)水电站日出力上下限约束：

$$\begin{cases} P_{\mathrm{h},j,m,i,t} + P_{\mathrm{R}hj,m,i,t} \leqslant P_{\mathrm{HX}j,m,i} \\ P_{\mathrm{h},j,m,i,t} + P_{\mathrm{h,a},m,j,i,t} \geqslant P_{\mathrm{HN}j,m,i} \end{cases} \tag{3-12}$$

(2)水电站承担系统及分区备用容量约束：

$$\begin{cases} P_{\mathrm{RH}j,m,i,\min} \leqslant P_{\mathrm{R}hj,m,i} \leqslant K_{\mathrm{R}j,\max} P_{\mathrm{HX}j,m,i} \\ \sum\limits_{j\in z} P_{\mathrm{R}hj,m,i} + \sum\limits_{j\in z} P_{\mathrm{R}sj,m,i} \leqslant K_{\mathrm{H}z,\max}(P_{\mathrm{R}z,m,i} + P_{\mathrm{RS}z,m,i}) \end{cases} \tag{3-13}$$

(3)水电站电量平衡约束：

$$\Delta t \sum_{t=1}^{24}(P_{\mathrm{h},j,m,i,t} + P_{\mathrm{h,a},m,j,i,t}) = 24 P_{\mathrm{HAV}j,m,i} \tag{3-14}$$

(4)水电站机组检修场地约束：

$$n_{\mathrm{M}j,m} \leqslant n_{\mathrm{M}j,\max} \tag{3-15}$$

式中，$P_{\mathrm{h},j,m,i,t}$、$P_{\mathrm{R}hj,m,i,t}$ 分别为水电站 j 水平年 m 月 i 日 t 时段的出力与承担的备用容量；$P_{\mathrm{HX}j,m,i}$、$P_{\mathrm{HAV}j,m,i}$、$P_{\mathrm{HN}j,m,i}$ 分别为水电站 j 的日预想出力、平均出力和强迫出力；$K_{\mathrm{R}j,\max}$ 为电站 j 允许承担备用容量比例上限(下同)；$P_{\mathrm{RH}j,m,i,\min}$ 为水电站 j 水平年 m 月 i 日预留备用容量；$P_{\mathrm{R}z,m,i}$、$P_{\mathrm{RS}z,m,i}$ 分别为系统或分区 z 水平年 m 月 i 日旋转、停机备用容量；$P_{\mathrm{R}sj,m,i}$ 为含抽水蓄能的储能电站 j 水平年 m 月 i 日承担的备用容量；$K_{\mathrm{H}z,\max}$ 为系统或分区 z 水电和储能电站总备用上限；$n_{\mathrm{M}j,\max}$、$n_{\mathrm{M}j,m}$ 分别为电站 j 在 m 月同时安排检修机组台数上限和实际检修机组台数。

3.1.3　核电机组运行模拟模型

1)建模基本原则

(1)充分考虑核电机组发电成本低，清洁、低碳、环境污染小、持续发电能力强的特点。

(2)尽可能地避免核电机组频繁改变发电出力，安排核电站承担日负荷曲线的基本负荷位置运行。

(3)允许核电机组承担部分接近于基荷的腰荷，以缓解系统调峰压力。

(4)充分利用核电站的电量效益和容量效益，减少火电开机容量和发电量。

2) 模型目标函数

核电站运行模拟模型的目标函数是基于核电站年期望发电利用小时数、承担日基本负荷及事故停机备用，兼顾核电站的调峰能力，最大化核电站容量效益和电量效益，即

$$\max_{m}\left\{\sum_{i=1}^{N_m}\sum_{t=1}^{24}(P_{n,j,m,i,t}+P_{Rn,j,m,i,t})\Big|T_j=T_{E,j}\right\} \tag{3-16}$$

式中，$P_{n,j,m,i,t}$、$P_{Rn,j,m,i,t}$ 分别为核电站 j 水平年 m 月 i 日 t 时段的发电出力和事故停机备用容量；T_j、$T_{E,j}$ 分别为电站 j 的年利用小时数与年期望利用小时数；N_m 为水平年 m 月的天数。

3) 模型约束条件

(1) 核电站出力约束：

$$\begin{cases} n_{nj,m,i,\max}N_jK_{j,\min} \leqslant P_{n,j,m,i,t}=n_{nj,m,i,\max}N_j \\ \Delta t\sum_{m=1}^{12}\sum_{i=1}^{N_m}\sum_{t=1}^{24}P_{n,j,m,i,t}=n_{nj,m,i,\max}N_jT_{E,j} \end{cases} \tag{3-17}$$

(2) 核电站承担事故停机备用容量约束：

$$\begin{cases} P_{Rn,j,m,i,t} \leqslant \min\left\{n_{nj,m,i,\max}N_j-P_{n,j,m,i,t},K_{Rj,\max}n_{nj,m,i,\max}N_j\right\} \\ \sum_{j\in z}P_{Rn,j,m,i,t}+\sum_{j\in z}P_{TSj,m,i,t}=P_{RSz,m,i,t} \end{cases} \tag{3-18}$$

(3) 核电站机组检修场地约束：

$$n_{Mj,m} \leqslant n_{Mj,\max} \tag{3-19}$$

式中，N_j 为电站 j 的单机容量；Δt 为时段长度，取 1h；$K_{j,\min}$ 为机组最小技术出力率(下同)；$n_{nj,m,i,\max}$ 为核电站电站 j 水平年 m 月 i 日的最大开机台数；$P_{TSj,m,i,t}$ 为火电站 j 水平年 m 月 i 日 t 时刻承担的事故停机备用容量；$K_{Rj,\max}$ 为电站 j 允许承担备用的最大比例；$n_{Mj,\max}$、$n_{Mj,m}$ 分别为电站 j 在 m 月同时安排检修机组台数上限和实际检修机组台数。

3.1.4 可再生能源电站运行模拟模型

1) 建模基本原则

基于风力、光伏出力特点，可再生能源发电模拟建模的基本原则如下：

(1) 以可再生能源发电电量利用率最高为目标，充分发挥可再生能源资源节能

低碳与减排效益。

(2) 合理计及可再生能源发电的容量替代效益,保证发电系统可靠性水平。

(3) 适当考虑可再生能源双向调峰特性,保证发电系统调峰平衡。

(4) 正确模拟可再生能源出力的随机性和波动性特点。

(5) 充分考虑可再生能源发电可调度性低特点。

(6) 符合电力系统中长期规划设计工程实际。

2) 目标函数

系统可再生能源发电量利用率最大或弃电量最小。

$$\min W_{\mathrm{w,a}} = \sum_{j=1}^{N_{\mathrm{w}}} N_{\mathrm{cw},j} T_{\mathrm{E},j} - \Delta t \sum_{j=1}^{N_{\mathrm{w}}} \sum_{t=1}^{8760} P_{\mathrm{w},j,t} \tag{3-20}$$

式中, $W_{\mathrm{w,a}}$ 为可再生能源电站的弃电量; N_{w} 为可再生能源电站总数; $N_{\mathrm{cw},j}$ 和 $P_{\mathrm{w},j,t}$ 分别为电站 j 的装机规模和 t 时段的实际发电功率; Δt 为时段长度,取 1 小时; $T_{\mathrm{E},j}$ 为电站 j 的年期望利用小时数。

3) 约束条件

(1) 功率平衡约束

$$P_{\mathrm{w,a},j,t} = P_{j,t} - P_{\mathrm{w},j,t} \tag{3-21}$$

$$N_{\mathrm{cw},j} T_{\mathrm{E},j} = \Delta t \sum_{t=1}^{8760} P_{j,t} \tag{3-22}$$

式中, $P_{\mathrm{w,a},j,t}$ 为可再生能源电站 j 在 t 时段的弃电功率; $P_{j,t}$ 为电站 j 在 t 时刻内可用发电功率。

(2) 运行约束

$$P_{\mathrm{w},j,t} \leqslant P_{j,t} \leqslant N_{\mathrm{cw},j} \tag{3-23}$$

3.1.5　光热机组运行模拟模型

1) 建模基本原则

(1) 以光热机组发电电量利用率最高为目标,充分发挥可再生能源资源节能低碳与减排效益。

(2) 合理计及光热发电的容量替代效益,保证发电系统可靠性水平。

(3) 考虑光热机组可调度性低的特点。

2) 目标函数

光热出力建模的目标为最大化光热电站的容量替代效益,同时最小化水电、风电、光伏调峰未利用电量。

$$\max_{m}\left\{\sum_{i=1}^{N_m}(P_{v,j,m,i,\max}+P_{Rvj,m,i})\Big|\min(W_{w,a,m}+W_{h,a,m})\right\} \tag{3-24}$$

式中，$P_{v,j,m,i,\max}$、$P_{Rvj,m,i}$ 分别为光热电站 j 水平年 m 月 i 日的最大发电出力和承担的备用容量；$W_{w,a,m}$、$W_{h,a,m}$ 分别为可再生能源电站和水电站水平年 m 月的弃电量；N_m 为水平年 m 月的天数。

3）约束条件

（1）电站储能状态方程：

$$W_{v,t}=(1-\gamma\Delta t)W_{v,t-1}+(P_{v,ch,t-1}-P_{v,di,t-1})\Delta t \tag{3-25}$$

（2）电站运行约束方程：

$$P_{v,t}+P_{v,UP,t}\leqslant P_{v,\max} \tag{3-26}$$

$$P_{v,t}-P_{v,DOWN,t}\geqslant P_{v,\min} \tag{3-27}$$

$$x_{v,t}-x_{v,t-1}\leqslant x_{v,\tau},\quad\forall\tau\in\left[t+1,\min(t+T_{v,minon}-1,T)\right] \tag{3-28}$$

$$x_{v,t-1}-x_{v,t}\leqslant 1-x_{v,\tau},\quad\forall\tau\in\left[t+1,\min(t+T_{v,minoff}-1,T)\right] \tag{3-29}$$

$$x_{v,t}-x_{v,t-1}\leqslant u_{v,t} \tag{3-30}$$

$$x_{v,t-1}-x_{v,t}\leqslant v_{v,t} \tag{3-31}$$

$$-P_{v,RD}\leqslant P_{v,t}-P_{v,t-1}\leqslant P_{v,RU} \tag{3-32}$$

光热电站通过汽轮机组发电，因此也具备与常规汽轮机组类似的运行约束。式中，$W_{v,t}$ 为光热电站在 t 时刻储存的能量；$P_{v,ch,t-1}$ 与 $P_{v,di,t-1}$ 分别为光热电站在 $t-1$ 时段的充电功率与放电功率；γ 为耗散系数；Δt 为时间间隔；$P_{v,UP,t}$、$P_{v,DOWN,t}$ 分别为机组的上/下备用；$P_{v,\max}$、$P_{v,\min}$ 分别为最大/最小技术出力；$x_{v,t}$ 为机组在 t 时刻的工作状态变量，1 为开启；$T_{v,minon}$ 与 $T_{v,minoff}$ 分别为机组的最小开机时间与最小关机时间；$u_{v,t}$ 与 $v_{v,t}$ 分别为机组的启动/停机变量，1 表示机组在 t 时刻启动/停机；$P_{v,RD}$ 与 $P_{v,RU}$ 分别为机组的最大上、下爬坡能力。

（3）储热装置最小储能限制：

$$W_{v,\min}\leqslant W_{v,t}\leqslant\rho_v P_{v,\max} \tag{3-33}$$

式中，$W_{v,min}$ 为最小储能量；ρ_v 为以满负荷小时数为单位描述的储热装置最大储能量。

(4)储能充/放热功率约束：

$$0 \leqslant P_{v,ch,t} \leqslant P_{v,ch,max} \tag{3-34}$$

$$0 \leqslant P_{v,di,t} \leqslant P_{v,di,max} \tag{3-35}$$

$$P_{v,ch,t}P_{v,di,t} = 0 \tag{3-36}$$

式中，$P_{v,ch,max}$ 与 $P_{v,di,max}$ 分别表示储能装置的最大充/放热功率，且储能装置充热与放热过程不能同时进行。

(5)其他变量约束：

$$\begin{cases} P_{v,UP,t} \geqslant 0 \\ P_{v,DOWN,t} \geqslant 0 \end{cases} \tag{3-37}$$

式中，$P_{v,UP,t}$ 与 $P_{v,DOWN,t}$ 分别为常规机组的上、下备用。

3.1.6　储能电站运行模拟模型

1)建模基本原则

(1)充分考虑储能电站充放电效率、储能容量等经济技术特性。

(2)充分考虑储能电站负荷响应速度快、持续供电能力弱的特点。

(3)充分利用储能电站的调峰效益,将系统低谷负荷时段的剩余电力电量转移到高峰负荷时段,从而改善系统中其他电源(火电、核电等)的运行条件。

(4)作为快速响应事故备用电源。

2)目标函数

储能电站(含抽水蓄能电站)运行模拟模型的目标函数是基于系统或分区调峰需求,最大化储能电站的容量替代效益和系统整体节能减排效益,同时最小化水电、可再生能源调峰未利用电量,即

$$\max_{m} \left\{ \sum_{i=1}^{N_m} (P_{s,j,m,i,max} + P_{Rsj,m,i}) \Big| \min(W_{w,a,m} + W_{h,a,m}) \right\} \tag{3-38}$$

式中，$P_{s,j,m,i,max}$、$P_{Rsj,m,i}$ 分别为储能电站 j 水平年 m 月 i 日的最大发电出力和承担的备用容量；$W_{w,a,m}$、$W_{h,a,m}$ 分别为可再生能源电站和水电站水平年 m 月的弃电量；N_m 为水平年 m 月的天数。

3) 约束条件

(1) 储能电站发电出力约束:

$$P_{s,j,m,i,t} + P_{Rsj,m,i,t} \leqslant n_{sj,m,\max} N_j \tag{3-39}$$

(2) 储能电站承担系统及分区备用容量约束:

$$\begin{cases} P_{Rsj,m,i,\min} \leqslant P_{Rsj,m,i} \leqslant K_{Rj,\max} n_{sj,m,\max} N_j \\ \sum\limits_{j \in z} P_{Rhj,m,i} + \sum\limits_{j \in z} P_{Rsj,m,i} \leqslant K_{Hz,\max}(P_{Rz,m,i} + P_{RSz,m,i}) \end{cases} \tag{3-40}$$

(3) 储能电站储能约束:

$$\begin{cases} 0 \leqslant W_{s,j,m,i,t} \leqslant n_{sj,m,\max} N_j \\ W_{s,j,m,i,t} = W_{s,j,m,i,t-1} + \eta_{sc} P_{s,in,j,m,i,t} - \eta_{sd} P_{s,j,m,i,t} \\ P_{s,in,j,m,i,t} P_{s,j,m,i,t} = 0 \end{cases} \tag{3-41}$$

(4) 储能电站检修场地约束:

$$n_{Mj,m} \leqslant n_{Mj,\max} \tag{3-42}$$

式中, $P_{s,j,m,i,t}$、$P_{Rsj,m,i,t}$ 分别为储能电站 j 水平年 m 月 i 日 t 时段的出力和承担的备用; $n_{sj,m,\max}$ 为储能装置最大运行台数; N_j 为电站 j 的单机容量; $P_{Rsj,m,i,\min}$ 为储能电站 j 水平年 m 月 i 日预留备用容量; $P_{Rhj,m,i}$ 为水电站 j 水平年 m 月 i 日承担的备用容量; $W_{s,j,m,i,t}$ 为储能电站在 j 水平年 m 月 i 日 t 时段储存的电量; η_{sc}、η_{sd} 分别为充放电效率; $K_{Hz,\max}$ 为系统或分区 z 水电和储能电站总备用上限; $P_{Rz,m,i}$、$P_{RSz,m,i}$ 分别为系统或分区 z 水平年 m 月 i 日旋转、停机备用容量; $P_{s,in,j,m,i,t}$ 为储能电站 j 水平年 m 月 i 日 t 时段的充电功率; $n_{Mj,\max}$、$n_{Mj,m}$ 分别为电站 j 在 m 月同时安排检修机组台数上限和实际检修机组台数。

3.2　考虑高比例可再生能源、多源互补及网源协调的运行模拟模型

3.2.1　目标函数

各类发电机组不同的运行及技术经济特点, 对实现电力系统整体最佳目标的贡献各不相同, 应根据各自的运行及技术经济特点区别对待。其中:

(1)风电、太阳能发电等可再生能源机组发电清洁、低碳、可再生、发电成本低廉，但风电、太阳能发电机组出力具有随机性、波动性、地域性、双向调峰性、可调度性低等特点，对系统中其他发电机组发电调度方式的影响较大。因此，应从充分利用其电量出发，优先安排风电、太阳能等可再生能源机组发电。

(2)光热电站将光能聚集起来对特定的介质加热，介质传递热能制造蒸汽驱动汽轮机组生产电力。光热电站的运行机理使得其具有完全不同于一般可再生能源的调度特性，首先，有大容量的储能装置作为缓冲，光热电站能够灵活地利用光能；其次，光热电站中的汽轮机组有良好的快速调节能力，可以为系统提供备用和爬坡支撑。光热电站的调节速度要明显快于普通火电机组，与燃气机组的性能相近，因此可以被用于响应其他可再生能源发电的快速波动。

(3)水力发电机组同样具有清洁、低碳、可再生、发电成本低廉的优点，应予以充分利用。同时，有调节库容水电站可调度性好，承担变动负荷时几乎不会引起额外损耗，而且响应速度快。因此，应在保证充分利用其有限能源的前提下，尽可能地安排水电站在系统或分区日负荷的尖峰位置运行，发挥其调节性能好、成本低的特点。一方面充分发挥水电站的电量效益和调峰能力，补偿风电、太阳能等可再生能源机组随机性、可调度性低的出力影响，改善电力系统中火电机组运行条件，提高火电机组运行技术经济性；另一方面能够充分利用水电站的容量效益，减少火电机组开机容量，进一步提高火电机组运行技术经济性，进而达到减少系统装机规模，减少系统电源建设投资，实现国民经济整体最佳的目标。

(4)核电机组发电成本低，清洁、低碳、环境污染小、持续发电能力强，但由于发生核泄漏时放射性污染的灾难性后果，核电运行的安全性一直是全社会公众关注的热点。因此，从核电运行的安全性考虑，应尽可能地避免核电机组频繁改变发电出力，安排核电站承担日负荷曲线的基本负荷。从国外多年的运行实践来看，当系统调峰容量不足时，核电站可以在其调节速度允许的范围内承担部分变动负荷，即允许核电机组承担部分接近于基荷的腰荷，以缓解系统调峰压力。但由于核燃料棒具有固定的使用周期，一般核电调峰运行会降低发电经济性，增加发电成本。基于核电站运行的经济性、安全性及调节能力，应充分利用核电站的电量效益和容量效益，减少火电开机容量和发电量，实现电力系统运行模拟总体目标。

(5)储能电站(含抽水蓄能电站)具有与常规水电机组同样优越的运行特性，快速启动带负荷、使用寿命长、运行维护简单、费用低、事故率低、具有双倍调峰容量效益，是电力系统中的最佳调峰电源。储能电站在系统中的作用主要表现为一是将系统低谷负荷时段的剩余电力电量转移到高峰负荷时段，从而改善系统中其他电源(火电、核电等)的运行条件，提高其设备利用率和系统整体运行的技术经济性；二是可作为运行成本低的快速响应事故备用电源；此外，储能电站还可以承担系统的调频、调相和黑启动任务。但是，从低谷储能到高峰发电带负荷，储能电站本身存在约 25%的能量损失，储能电站的效益主要体现在改善系统中其他电源(火电、核电等)的运行条件，提高其设备利用率和系统整体运行的技术经济性上。因此，应在充分利用储能电站容量效益、调峰效益的基础上，从电力系统整体技术经济性入手，优化储能电站在电力系统日负荷曲线上的工作位置和备用容量，进而优化储能电站的年发电利用小时数。

(6)火电机组具有一定的调节能力和负荷响应速度，燃料供应保障率高，持续发电能力强，是当前我国电力系统的主力电源。但火电机组发电需要消耗大量不可再生资源，需向大气中排放大量 CO_2、SO_2、NO_x 及粉尘等污染物，且发电成本相对较高。因此，应根据各类火电机组技术经济特点、系统及分区电力电量平衡需要以及电力系统整体最佳目标优化其开机及工作位置、备用容量。火电机组包括燃油机组、燃气机组、联合循环机组、供热机组和常规燃煤机组等不同类型，各种类型的机组中：

①燃油、燃气机组启停迅速，负荷响应速率高，发电单耗低，但我国油、气资源匮乏，发电成本较高。因此，燃油、燃气机组在我国电力系统中主要用于调峰，在充分利用燃油、燃气机组容量效益的基础上，按其年发电利用小时数下限和电力系统调峰需要优化其在电力系统日负荷曲线上的工作位置和备用容量。

②联合循环机组启停迅速，负荷响应速率高，发电效率较高。在充分利用联合循环机组容量效益的基础上，按其年发电利用小时数下限和电力系统调峰需要优化其在电力系统日负荷曲线上的工作位置和备用容量。

③热电机组同时承担发电和供热任务，供热期间的燃料综合利用效率高。应在满足供热负荷需要的基础上，与常规煤电一起，根据电力电量平衡要求优化其发电位置和备用容量。

④常规煤电机组是电力系统的主力电源，根据电力电量平衡要求，按优化协调目标函数确定负载运行序位，优化其在电力系统日负荷曲线上的工作位置和备用容量。

(7)发电机组检修计划直接影响电力系统可调度开机和各月的电力平衡，进而影响优化协调目标函数。因此，应按盈亏控制月份系统电力盈余最大的原则优化各机组检修计划，主要包括：

①按检修弃风电量最小原则优化风电、太阳能等可再生能源机组的检修计划。

②按检修水电站弃水电量及空闲容量最小原则优化水电机组在枯水期检修。

③兼顾电力系统调峰平衡和电力平衡要求优化抽水蓄能机组检修计划。

④核电、火电机组统一按单机容量从大到小的序位，兼顾系统调峰平衡要求，按盈亏控制月份电力盈余最大原则优化核电、火电机组检修计划。

考虑高比例可再生能源、多源互补及发输电协调运行模拟模型，以系统电力不足与可再生能源弃电量最小、总发电成本最小、水电站与储能电站容量效益最

大为目标函数，为多目标问题的联合协调优化。目标函数可表示为

$$\min C(P_{\mathrm{g}}) = \min(W_{\mathrm{w,a}} + W_{\mathrm{p,a}})$$

$$\bigcap \min\left\{ W_{\mathrm{h,a}} \middle| \max\left(\sum_{i=1}^{N_m}(P_{\mathrm{h},m,i,\max} + P_{\mathrm{Rh},m,i}) \right), m=1,2,\cdots,12 \right\}$$

$$\bigcap \min\left\{ W_{\mathrm{v,a}} \middle| \max\left(\sum_{i=1}^{N_m} P_{\mathrm{v},m,i,\max} \right), m=1,2,\cdots,12 \right\}$$

$$\bigcap \max\left\{ \sum_{i=1}^{N_m}(P_{\mathrm{s},m,i,\max} + P_{\mathrm{Rs},m,i}) \middle| T=T_{\mathrm{E}}, m=1,2,\cdots,12 \right\} \qquad (3\text{-}43)$$

$$\bigcap \max\left\{ \sum_{i=1}^{N_m}(P_{\mathrm{n},m,i} + P_{\mathrm{Rn},m,i}) \middle| T=T_{\mathrm{E}}, m=1,2,\cdots,12 \right\}$$

$$\bigcap \min\left\{ C(P_{\mathrm{c}}) \middle| \max\left(\min_m(\Delta P_{z,m}) \right) \bigcap \min\left(\max_m(\Delta W_{z,m}) \right) \right\}$$

式中，$\bigcap$ 表示并列关系；$C(P_{\mathrm{g}})$、$C(P_{\mathrm{c}})$ 分别为水平年电力系统和火电站总发电成本；P_{g}、P_{c} 分别为电站及火电站发电出力；$W_{\mathrm{w,a}}$、$W_{\mathrm{p,a}}$、$W_{\mathrm{h,a}}$、$W_{\mathrm{v,a}}$ 分别为风电、光伏、水电和光热电站弃电量；$P_{\mathrm{h},m,i,\max}$、$P_{\mathrm{s},m,i,\max}$、$P_{\mathrm{v},m,i,\max}$ 分别为水平年 m 月 i 日水电、储能、光热电站最大发电出力；$P_{\mathrm{n},m,i}$ 为水平年 m 月 i 日核电站出力；$P_{\mathrm{Rh},m,i}$、$P_{\mathrm{Rs},m,i}$、$P_{\mathrm{Rn},m,i}$ 分别为水平年 m 月 i 日水电、储能和核电站承担备用容量；T_{E} 为电站期望年发电利用小时数；$\min\limits_m(\Delta P_{z,m})$ 为全年电力盈余的最小值，$\max\limits_m(\Delta W_{z,m})$ 为各月电量不足的最大值；N_m 为水平年 m 月的天数。

3.2.2　约束条件

考虑高比例可再生能源、多源互补及发输电协调运行模拟模型约束条件包括网侧约束条件及源侧约束条件两大部分。

1) 网侧约束条件

(1) 电力平衡约束：

$$\sum_{j \in z} P_{j,m,t} + \sum_{l \in z} P_{\mathrm{Ll},m,t} = d_{z,m,t} \qquad (3\text{-}44)$$

$$\sum_{z \neq 0} d_{z,m,t} = d_{0,m,t} \qquad (3\text{-}45)$$

式中，$d_{z,m,t}$ 为系统或分区 z 水平年 m 月 t 时段负荷($z=0$ 表示系统)；$P_{j,m,t}$ 为电

站 j 水平年 m 月 t 时段发电出力；$P_{Ll,m,t}$ 为各类分区间线路(包括联络线及输电线) l 水平年 m 月 t 时段送入系统或分区 z 电力(送入为正，送出为负)。

(2)直流潮流约束：

$$P_G - P_d = -B\theta \tag{3-46}$$

式中，P_G 和 P_d 分别为除平衡节以外其他各个节点发电机有功功率和负荷有功功率所组成的向量；θ 为除平衡节点以外其他各节点的电压相位所组成的向量。

(3)电量平衡约束：

$$\sum_{j\in z}W_{j,m,i} + \sum_{l\in z}W_{Ll,m,i} = W_{z,m,i} \bigcap \sum_{z\neq 0}W_{z,m,i} = W_{0,m,i} \tag{3-47}$$

式中，$W_{z,m,i}$ 为系统或分区 z 水平年 m 月 i 日预测负荷电量；$W_{j,m,i}$ 为电站 j 水平年 m 月 i 日发电量；$W_{Ll,m,i}$ 为各类分区间线路(包括联络线及输电线) l 水平年 m 月 i 日送入系统或分区 z 电量。

(4)交流线路最大输电容量约束：

$$P_{Ll,\max 1} \leqslant P_{Ll,t} + P_{LRl,t} + P_{LSl,t} \leqslant P_{Ll,\max 2} \tag{3-48}$$

式中，$P_{Ll,\max 2}$、$P_{Ll,\max 1}$ 分别为交流线路 l 水平年第 t 时段正向、反向最大输电容量；$P_{LRl,t}$、$P_{LSl,t}$ 分别为交流线路 l 水平年第 t 时段输送的热备用与冷备用容量。

(5)直流线路最大输电容量约束：

$$P_{Lk,\min} \leqslant P_{Lk,t} + P_{LRk,t} + P_{LSk,t} \leqslant P_{Lk,\max} \tag{3-49}$$

式中，$P_{Lk,\min}$、$P_{Lk,\max}$ 分别为直流线路 k 水平年正向最小输电量与最大输电量；$P_{LRk,t}$、$P_{LSk,t}$ 分别为直流线路 k 水平年第 t 时段输送的热备用与冷备用容量。

2)源侧约束条件

(1)负荷及事故备用约束：

$$\begin{cases} \sum_{j\in z}P_{RR,j,m,i} + \sum_{l\in z}P_{RLRl,m,i} = P_{Rz,m,i} \geqslant P_{RNz,m,i} \\ \sum_{j\in z}P_{RSj,m,i} + \sum_{l\in z}P_{RLSl,m,i} = P_{RSz,m,i} \end{cases} \tag{3-50}$$

式中，$P_{Rz,m,i}$、$P_{RSz,m,i}$ 分别为系统或分区 z 水平年 m 月 i 日热(负荷及事故旋转)备用及冷(事故停机)备用容量；$P_{RNz,m,i}$ 为系统或分区 z 水平年 m 月 i 日热备用容量下限；$P_{RR,j,m,i}$、$P_{RSj,m,i}$ 分别为电站 j 水平年 m 月 i 日承担系统或分区 z 热备用及冷备用容量；$P_{\mathrm{RLR}l,m,i}$、$P_{\mathrm{RLS}l,m,i}$ 分别为各类分区间线路(包括联络线及输电线)l 水平年 m 月 i 日送入系统或分区 z 热备用及冷备用容量。

(2) 调峰平衡约束：

$$\sum_{j \in z} \Delta P_{j,m,i} + \sum_{l \in z} \Delta P_{\mathrm{L}l,m,i} \geqslant \Delta L_{z,m,i} + P_{Rz,m,i} \tag{3-51}$$

式中，$\Delta P_{j,m,i}$、$\Delta P_{\mathrm{L}l,m,i}$ 分别为水平年 m 月 i 日电站 j 或各类分区间线路(包括联络线及输电线)l 调峰容量；$\Delta L_{z,m,i}$ 为系统或分区 z 水平年 m 月 i 日负荷峰谷差。

(3) 电站发电出力上、下限约束：

$$P_{j,m,i,\min} \leqslant P_{j,m,i,t} \leqslant P_{j,m,i,\max} \tag{3-52}$$

式中，$P_{j,m,i,\max}$、$P_{j,m,i,\min}$ 分别为水平年 m 月 i 日电站 j 发电出力上、下限。

(4) 电站承担备用容量上限约束：

$$0 \leqslant P_{Rj,m,i} \leqslant P_{Rj,i,\max} \tag{3-53}$$

式中，$P_{Rj,m,i}$、$P_{Rj,i,\max}$ 分别为水平年 m 月 i 日电站 j 水平年承担备用容量及其上限。

(5) 电站检修场地约束：

$$n_{\mathrm{M}j,m} \leqslant n_{\mathrm{M}j,\max} \tag{3-54}$$

式中，$n_{\mathrm{M}j,\max}$、$n_{\mathrm{M}j,m}$ 分别为电站 j 在 m 月同时安排检修机组台数上限和实际检修台数。

(6) 水电站电量平衡约束：

$$\Delta t \sum_{t=1}^{24} (P_{\mathrm{h},j,m,i,t} + P_{\mathrm{h,a},m,j,i,t}) = 24 P_{\mathrm{HAV}j,m,i} \tag{3-55}$$

式中，Δt 为时段长度，取 1 小时；$P_{\mathrm{HAV}j,m,i}$、$P_{\mathrm{h},j,m,i,t}$、$P_{\mathrm{h,a},m,j,i,t}$ 分别为水电站 j 水平年 m 月 i 日平均出力、t 时段发电出力和调峰弃水电力。

(7) 储能电站日电量平衡约束：

$$\begin{cases} 0 \leqslant W_{\mathrm{s},j,m,i,t} \leqslant n_{sj,m,\max} N_j \\ W_{\mathrm{s},j,m,i,t} = W_{\mathrm{s},j,m,i,t-1} + \eta_{\mathrm{sc}} P_{\mathrm{s,in},j,m,i,t} - \eta_{\mathrm{sd}} P_{\mathrm{s},j,m,i,t} \\ P_{\mathrm{s,in},j,m,i,t} P_{\mathrm{s},j,m,i,t} = 0 \end{cases} \tag{3-56}$$

式中，$P_{\mathrm{s},j,m,i,t}$、$P_{\mathrm{s,in},j,m,i,t}$ 分别为储能电站 j 水平年 m 月 i 日 t 时段的出力和充电

功率；$n_{sj,m,max}$ 为储能装置最大运行台数；$W_{s,j,m,i,t}$ 为储能电站在 j 水平年 m 月 i 日 t 时段储存的电量；η_{sc}、η_{sd} 分别为充放电效率。

（8）火电站日开机台数约束：

$$n_{cj,m,min} \leqslant n_{cj,m,i} \leqslant n_{cj,m,max} \tag{3-57}$$

式中，$n_{j,m,max}$、$n_{j,m,min}$ 分别为火电站 j 水平年 m 月开机台数上、下限。

（9）火电站启停调峰运行时最短开机、停机时间约束：

$$t_{Rj,m,i} \geqslant t_{Rj,min} \bigcap t_{Sj,m,i} \geqslant t_{Sj,min} \tag{3-58}$$

式中，$t_{Rj,m,i}$、$t_{Sj,m,i}$ 分别为火电站 j 水平年 m 月 i 日启停调峰运行时连续开机小时数和连续停机小时数；$t_{Rj,min}$、$t_{Sj,min}$ 分别为火电站 j 启停调峰运行时连续开机小时数和连续停机小时数下限。

（10）火电站年发电能耗上、下限约束，通常用电站年发电利用小时数表示：

$$T_{c,j,min} \leqslant T_{c,j} \leqslant T_{c,j,max} \tag{3-59}$$

式中，$T_{c,j}$、$T_{c,j,max}$、$T_{c,j,min}$ 分别为电站 j 年发电利用小时数及其上、下限。

（11）保安开机约束：

$$\sum_{j \in z} n_{cj,m,i} N_j + \sum_{j \in z} n_{nj,m,i} N_j \geqslant N_{z,min} \tag{3-60}$$

式中，$n_{cj,m,i}$、$n_{nj,m,i}$ 分别为火电站及核电站 j 水平年 m 月开机台数；N_j 为电站 j 的单机容量；保安开机容量为火电机组与核电机组为保证系统安全运行的最小开机容量之和，$N_{z,min}$ 为系统或分区 z 水平年保安开机容量。

（12）火电旋转备用容量下限约束：

$$\sum_{j \in z} P_{RTRj,m} \geqslant P_{RTz,min} P_{RRz,m}$$
$$\sum_{j \in z} P_{TRj,m,i} \geqslant K_{Tz,min} P_{Rz,m,i} \tag{3-61}$$

式中，$P_{TRj,m,i}$ 为火电站 j 水平年 m 月 i 日承担热备用容量；$K_{Tz,min}$ 为火电机组承担系统或分区 z 旋转备用最低比例。

（13）水电、储能电站备用容量上限约束：

$$\sum_{j \in z} P_{Rhj,m,j} + \sum_{j \in z} P_{Rsj,m,j} \leqslant K_{Hz,max}(P_{Rz,m,i} + P_{RSz,m,i}) \tag{3-62}$$

式中，$P_{\mathrm{R}hj,m,j}$、$P_{\mathrm{R}sj,m,j}$ 分别为水电、储能电站 j 水平年 m 月 i 日承担系统及分区 z 备用容量；$K_{\mathrm{Hz,max}}$ 为系统或分区 z 水电和储能电站承担系统或分区总备用的最大比例。

(14) 系统及分区火电机组检修能力约束：

$$K_{\mathrm{RMz,min}}N_{\mathrm{c},z} \leqslant \sum_{j \in z} n_{\mathrm{M}j,m,i}N_j \leqslant K_{\mathrm{RMz,max}}N_{\mathrm{c},z} \tag{3-63}$$

式中，$K_{\mathrm{RMz,max}}$、$K_{\mathrm{RMz,min}}$ 分别为系统或分区 z 火电检修能力上、下限；$N_{\mathrm{c},z}$ 为系统或分区 z 火电总装机容量；$n_{\mathrm{M}j,m,i}$ 为火电站 j 水平年 m 月 i 日计划检修机组台数。

(15) 电站爬坡约束

$$\Delta P_{\mathrm{down},j} \leqslant P_{j,m,t} - P_{j,m,t-1} \leqslant \Delta P_{\mathrm{up},j} \tag{3-64}$$

式中，$\Delta P_{\mathrm{down},j}$、$\Delta P_{\mathrm{up},j}$ 为电站 j 的最大向下、向上爬坡能力。

3.3　考虑高比例可再生能源、多源互补及网源协调的运行模拟方法

考虑高比例可再生能源、多源互补及网源协调的运行模拟，由多区域发电系统运行模拟和网源协调运行模拟两个部分构成，模拟框架如图 3-1 所示。

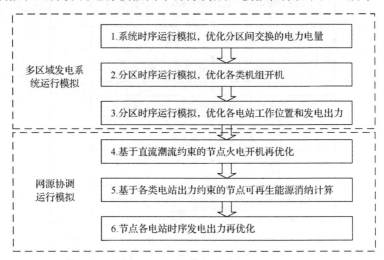

图 3-1　考虑高比例可再生能源、多源互补及网源协调的运行模拟原理框图

多区域发电系统运行模拟：不考虑电网输电能力约束，仅对系统及各分区进行时序运行模拟，首先优化分区间交换的电力电量，然后优化分区内各类机组开

机，最后优化各电站工作位置和发电出力，得到不考虑电网输电能力约束下系统内各电站/机组 8760h 的发电出力和分区间联络线 8760h 交换功率的优化值。

网源协调运行模拟：基于多区域发电系统运行模拟的优化结果，首先，基于直流潮流约束对系统内各节点火电开机容量进行再优化；然后，计及各类电站运行约束，最大化各节点可再生能源消纳能力；最后，再优化各电站时序发电出力并输出计算结果。

步骤 1：系统时序运行模拟，优化分区间交换的电力电量。

系统时序运行模拟，优化分区间交换的电力电量的步骤如图 3-2 所示，首先生成水平年系统 8760h 时序负荷曲线，按 12 个月逐月优化，确定风电光伏出力，从原始负荷曲线减去风电、光伏出力，再优化无调节能力的径流式水电站和日调节水电站的发电出力。其次优化储能电站、光热电站、周以上调节能力水电站的发电出力。最后优化核电站与火电站的发电出力，并确定联络线的交换功率。

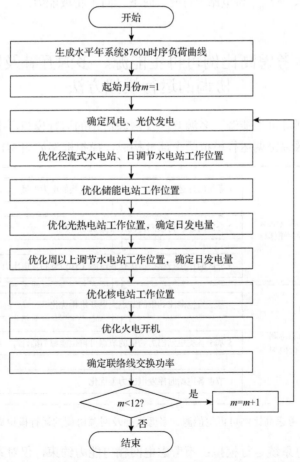

图 3-2　系统时序运行模拟-优化分区间交换的电力电量流程图

步骤 2：分区时序运行模拟，优化各类机组开机。

分区时序运行模拟，优化各类机组开机的步骤如图 3-3 所示，首先读入联络线及输电线交换电力电量数据，并以此修正分区逐日负荷曲线。其次优化储能电站、光热电站、周以上调节能力水电站的工作位置。然后按年期望发电利用小时数优化核电机组工作位置，并根据各分区电力平衡需求优化火电开机容量。最后根据分区电力不足和调峰不足需求确定分区间的电力支援和调峰支援，输出水平年逐日火电机组优化开停机计划。

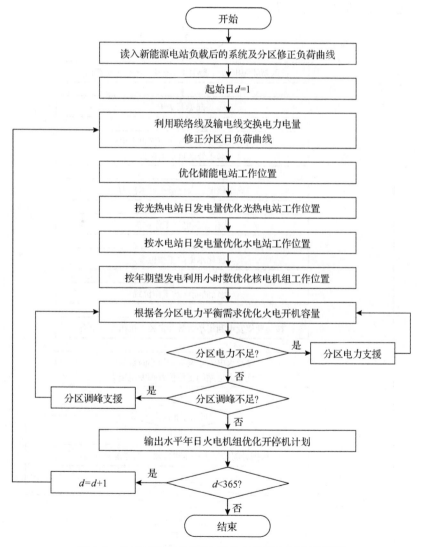

图 3-3 分区时序运行模拟-优化各类机组开机流程图

步骤3：分区时序运行模拟，优化各电站工作位置和发电出力。

分区时序运行模拟，优化各电站工作位置和发电出力的步骤如图 3-4 所示，首先读入可再生能源电站负载后的系统及分区修正负荷曲线，并利用联络线及输电线交换电力电量修正分区日负荷曲线。其次，确定核电、火电最低技术出力，并依此优化光热电站、水电站、储能电站的工作位置。接着，按期望年发电利用小时数确定核电站出力，计及火电站的年发电利用小时数约束优化火电站的工作位置和发电出力。最后根据分区调峰不足电力，按照给定弃电调峰分配原则安排水电弃电、可再生能源弃电调峰。

图 3-4 分区时序运行模拟-优化各电站工作位置和发电出力流程图

步骤 4：基于直流潮流约束的节点火电开机再优化。

基于直流潮流约束的节点火电开机再优化的步骤如图 3-5 所示，首先利用电站工作位置和发电出力优化结果，基于层次法确定直流线路初始潮流，并基于直流潮流法进行潮流计算。其次，基于层次优先级法增加越限线路受端节点群火电出力和开机、减少送端节点群火电出力和开机，根据线路潮流越限量进行调整直至所有线路潮流约束均能够被满足。

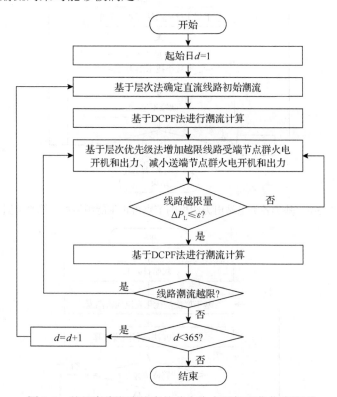

图 3-5　基于直流潮流约束的节点火电开机再优化流程图

步骤 5：基于各类电站出力约束的节点可再生能源消纳计算。

基于各类电站出力约束的节点可再生能源消纳计算步骤如图 3-6 所示，首先读入基于直流潮流约束的节点火电开机再优化的结果，对系统逐日校验节点火电最小技术出力是否满足调峰要求，若不满足要求则基于层次优先级法弃水弃电。

步骤 6：节点各电站时序发电出力再优化。

节点各电站时序发电出力再优化的步骤如图 3-7 所示，首先读入基于各类电站出力约束的节点可再生能源消纳计算结果，然后基于直流潮流法进行潮流计算，接着判断线路潮流是否越限，如果线路发生越限，则优化节点火电出力并切负荷，最后输出优化结果。

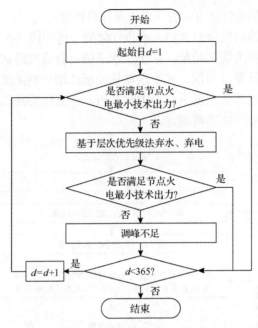

图 3-6　基于各类电站出力约束的节点可再生能源消纳计算流程图

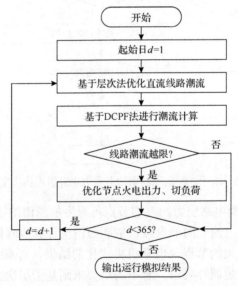

图 3-7　节点各电站时序发电出力再优化流程图

3.4　应用结果与分析

本节对附录 2 中电网的 2030 年规划方案进行 8760h 运行模拟计算, 以验证本章模型的有效性与实用性。为促进可再生能源消纳,设置系统可再生能源的弃电率上限为 5%。年电力不足小时数上限取 0.5h,火电检修容量占总装机容量比例上限为 70%,标煤单价取 700 元/t,重油单价取 2600 元/t,轻油单价取 3000 元/t,天然气单价取 2400 元/t,负荷备用取 3%,事故旋转备用与事故停机备用各取 5%。

系统水平年各类型电源年发电量如表 3-1 所示,非水可再生能源发电量占比在传统运行模拟和网源协调运行模拟两种方案中分别达到了 29.34% 与 28.74%。在网源协调运行模拟中,由于考虑了输电网络的约束,非水可再生能源的外送受到限制,导致其发电量降低,非水可再生能源发电量由 540603GW·h 降至 524207GW·h,可再生能源弃电率由 2.02% 增至 5.00%。最大负荷日非水可再生能源出力情况如表 3-2 所示,D2 区域非水可再生能源日内出力波动较小,而 D3 区域可再生能源日内出力波动较大,对系统调峰能力有较高要求。

表 3-1　各类型电源年发电量汇总表

方案	出力情况				
	火电发电量/(GW·h)	水电发电量/(GW·h)	可再生能源发电量/(GW·h)	可再生能源弃电量/(GW·h)	可再生能源弃电率/%
传统运行模拟	1055607	245773	540603	11140	2.02
网源协调运行模拟	1054660	244739	524207	27536	4.99

表 3-2　最大负荷日非水可再生能源出力情况统计表

出力情况	地区				
	D1	D2	D3	D4	D5
最小出力/MW	7330	11908	527	0	158
最大出力/MW	30330	33644	39252	22901	23668

各分区域非水可再生能源出力情况如表 3-3 所示,各区域弃电率均在 10% 以内,D1 与 D3 区域非水可再生能源弃电率相对较高,分别为 7.97% 与 8.42%,而 D4 与 D5 区域弃电率仅为 0.33% 与 1.74%,可再生能源消纳空间较大,可考虑在 D4 与 D5 区域增加可再生能源装机容量。

表 3-3　各分区域非水可再生能源年发电量汇总表

出力情况	地区				
	D1	D2	D3	D4	D5
发电量/(GW·h)	182960	131647	96315	55565	57720
弃电量/(GW·h)	15851	1617	8861	185	1022
弃电率/%	7.97	1.21	8.42	0.33	1.74

线路年利用小时数如表 3-4 所示,由表 3-4 可知,线路的年利用小时数均在

5000h 以内，其中年利用小时数在 2001～3000h 内的线路占比达到 38.34%，年利用小时数在 1000～4000h 内的线路占比为 95.78%。

表 3-4　线路年利用小时数统计表

年利用小时数/h	0～1000	1001～2000	2001～3000	3001～4000	4001～5000
线路占比/%	2.20	29.35	38.34	28.09	2.02

系统各类型电站的年利用小时数如表 3-5 所示，从表 3-5 中可以看出，风电的年利用小时数均在 1900h 以上，其中 D1 区域年利用小时数达到了 2432h；光伏的年利用小时数均在 1500h 以上，充分地发挥了非水可再生能源的容量替代效益。各区域的运行费用如表 3-6 所示，系统总计算费用由系统运行费用、可再生能源弃电费用、切负荷费用构成，其中运行费用为 2299 亿元，占总费用的 98.24%，由于可再生能源弃电率较低，可再生能源弃电费用仅为 28 亿元，充分地发挥了可再生能源的容量替代效益。

表 3-5　系统各类型电站年利用小时数统计表

电站类型	地区				
	D1	D2	D3	D4	D5
火电站/h	3463	4398	1989	5309	5407
水电站/h	3970	3610	3690	3321	0
风电机组/h	2432	2180	1943	2167	2053
光伏电站/h	1508	1642	1588	1632	1598

表 3-6　系统年运行费用统计表

运行费用/亿元	可再生能源弃电费用/亿元	切负荷费用/亿元	系统总计算费用/亿元
2299	28	13	2340

本节的应用结果分析表明，在高比例可再生能源接入系统的情况下，本章提出的网源协调运行模拟方法能有效地利用风电和光伏资源，实现多源互补，提升可再生能源的消纳空间，确定各类电站在日负荷曲线的工作位置进而最小化社会总成本。相较于传统运行模拟模型，本章所提方法综合考虑了网侧的约束条件，可再生能源弃电率较传统方法有所增加，但本章所提方法更贴合工程实际，具有较强的应用实践意义。

参 考 文 献

[1] 舒印彪, 张智刚, 郭剑波, 等. 新能源消纳关键因素分析及解决措施研究[J]. 中国电机工程学报, 2017, 37 (1): 1-9.

[2] Kim H, Singh C, Sprintson A. Simulation and estimation of reliability in a wind farm considering the wake effect[J]. IEEE Transactions on Sustainable Energy, 2012, 3 (2): 274-282.

[3] 侯婷婷, 娄素华, 吴耀武, 等. 含大型风电场的电力系统调峰运行特性分析[J]. 电工技术学报, 2013, 28(5): 105-111.

[4] 康重庆, 姚良忠. 高比例可再生能源电力系统的关键科学问题与理论研究框架[J]. 电力系统自动化, 2017, 41(9): 2-11.

[5] 程浩忠, 李隽, 吴耀武, 等. 考虑高比例可再生能源的交直流输电网规划挑战与展望[J]. 电力系统自动化, 2017, 41(9): 19-27.

[6] Zhang H, Cheng H Z, Liu L, et al. Coordination of generation transmission and reactive power sources expansion planning with high penetration of wind power[J]. International Journal of Electrical Power and Energy Systems, 2019, 108: 191-203.

[7] 吕梦璇, 娄素华, 刘建琴, 等. 含高比例风电的虚拟电厂多类型备用协调优化[J]. 中国电机工程学报, 2018, 38(10): 2874-2882, 3138.

[8] 吴耀武, 汪昌霜, 娄素华, 等. 计及风电—负荷耦合关系的含大规模风电系统调峰运行优化[J]. 电力系统自动化, 2017, 41(21): 163-169.

[9] 邓婷婷, 娄素华, 田旭, 等. 计及需求响应与火电深度调峰的含风电系统优化调度[J]. 电力系统自动化, 2019, 43(15): 37-59.

[10] 车泉辉, 娄素华, 吴耀武, 等. 计及条件风险价值的含储热光热电站与风电电力系统经济调度[J]. 电工技术学报, 2019, 34(10): 2047-2055.

[11] 车泉辉, 吴耀武, 祝志刚, 等. 基于碳交易的含大规模光伏发电系统复合储能优化调度[J]. 电力系统自动化, 2019, 43(3): 76-83, 154.

[12] 杨天蒙, 宋卓然, 娄素华, 等. 用于提高风电渗透率的复合储能容量优化研究[J]. 电网技术, 2018, 42(5): 1488-1494.

第 4 章　高比例可再生能源并网的输电网
随机规划方法

再生能源发电自身固有的不确定性将对高比例可再生能源并网的电力系统规划带来巨大的挑战。供给侧与需求侧的强不确定性将给电力系统运行带来潮流运行概率化、能量传输双向化、运行场景多样化等特点。因此输电网规划中考虑可再生能源发电的不确定性对电网运行的经济性与安全性至关重要。本章提出考虑高比例可再生能源出力多场景的输电网随机规划方法。首先提出基于多场景的可再生能源出力不确定性建模方法，并提出基于多场景的输电网随机规划模型。由于海量的运行场景将带来巨大的计算负担，甚至导致输电网规划优化问题无法求解，本章提出基于 Benders 分解与内嵌场景削减的输电网随机规划模型求解方法。

4.1　输电网随机规划方法

4.1.1　基于多场景的可再生能源不确定性建模方法

高比例可再生能源并网背景下，电力系统呈现运行方式多样化的特征。在较少可再生能源并网时，由于负荷变化相对有规律，整个电力系统的运行方式相对固定，例如，在电力系统规划时，只需要选取不同季节的典型负荷曲线；而在高比例可再生能源电力系统中，由于在源端和荷端存在较大的不确定性，电力系统的边界条件将更加多样化，传统规划中选取季节典型负荷曲线的方法难以指导系统规划和运行，因此需要研究可再生能源典型与极端出力场景选取方法。由于广域接入的高比例可再生能源存在广泛的时空相关性，因此在选取可再生能源典型与极端出力场景时，也需要考虑可再生能源的时空相关性。本章在第 2 章的基础上提出考虑可再生能源出力时空分布的典型与极端出力场景选取方法。

可再生能源出力具有明显的随机性与波动性，当前对于可再生能源出力不确定性建模方法主要包括基于概率统计分布的模型[1-3](如正态分布、Beta 分布、混合概率分布模型等)和基于时间序列的模型[4,5](如 ARMA 模型与随机过程模型等)。由于模型多以复杂非线性含积分微分的函数表达形式存在，很多情况下无法在电力系统规划与运行的决策问题中直接使用。因此，将概率模型离散化，通过抽样得到海量场景集合以近似刻画可再生能源时序出力不确定性的场景建模方法得到了广泛的关注和应用[6]。基于多场景的随机规划方法的结果很大程度上取决于场景集的选择。如何利用当前可用数据预先判断出系统未来可能出现的场景，并从其中选择出应考虑的合理的场景集合是随机优化研究所面临的一个关键性问题。然而，根据海量场景进行随机优化往往造成巨大的计算量，为了降低计算量且尽量不损失结果的准确性，需要将海量场景集合削减到仅含有少数几个典型、极端的高价值场景。

多场景法是基于场景分析法得到的。根据历史数据的概率统计以及预测分析，为环境中多种不确定性因素赋予确定的数值，由此得到一个确定性的场景。此外，还应根据场景中各不确定性因素等于当前数值的可能性为各个确定性场景赋予发生的概率。场景的发生概率越大，对最终方案的影响也越大。可以说，多场景法的实质就是通过组合多个确定性场景问题来处理随机问题，避免建立十分复杂的随机规划模型，降低了建模和求解的难度。多场景法包括场景生成、场景聚类以及典型与极端出力的场景选取三步。

1) 场景生成

可再生能源时序出力场景生成方法包括统计法与物理模型法[7, 8]。统计法具体原理是对风电与光伏出力分布预设概率分布类型，如正态分布、Weibull 分布或经验分布等，通过历史数据获得分布特征参数，再利用蒙特卡罗法进行时序出力模拟，或通过马尔可夫链、ARMA、随机微分方程、Gaussian Copula 模型生成时序出力[9,10]物理模型法的原理是对于风电出力，根据气象数据，通过大气运动物理模型计算各地区各时刻风机轮毂处风速，然后根据风机功率特性曲线得到风电出力；对于太阳能光伏出力，根据全球太阳辐照模型以及大气运动物理模型，得到光伏板接收到的辐照度，然后根据光伏板效率公式得到光伏板时序出力。本章中采用统计法进行场景生成。

可再生能源场景生成中，出力时序特性对于电力系统运行至关重要。本书中采用的随机微分方程模型能够模拟生成服从给定的边缘分布且自相关函数服从指数衰减的随机过程，其具体过程与步骤已在本书第 2 章中进行了详细介绍，在此不作赘述。利用随机微分方程能够建立一个随机过程模型，该随机过程各时刻状态的对应概率分布服从指定的分布，且其自相关函数服从指数衰减。该随机过程生成的固定时间间隔的样本作为随机变量(风速、辐照)时间序列。结合可再生能源机组功率特性曲线、可靠性模型以及季节、日期等外部因素，即可实现对可再生能源时序出力的模拟。

2) 场景聚类

传统的场景削减可以划分为两步：场景聚类和代表场景选择。对于场景聚类，当前研究者提出了若干在随机优化中进行场景聚类的技术[11-13]，按其思想方法可以划分为两类：①按因聚类，其数学原理可以简单地理解为通过比较不同场景之间的距离，从而合并相近的场景。该方法在数学上有相对完备的理论依据，但是没有充分地利用随机优化问题本身的性质特点，因而变成了相对独立于随机优化求解的过程。②按果聚类，该方法利用优化问题的信息对场景进行削减，如基于单场景问题的目标函数优化值进行场景削减，通过衡量各种场景对于目标函数值的影响，在随机优化问题下削减获得具有代表性的场景。相较于按因聚类方法的严格数学推导，按果聚类的场景削减方法更好地利用了原问题的信息，但是缺乏坚实的理论依据，属于一种经验式、启发性的方法。k-均值、k-中心、层次聚类和模糊聚类等均是主流聚类方法[14, 15]。

　　3）典型与极端出力的场景选取

　　对于代表场景选择，需要研究是选择概率最高的已有场景，还是将所有方案合成一个最具代表性的场景。典型场景的选取主要思路是选择概率最大的场景。然而仅考虑大概率的典型场景，小概率极端事件可能会被排除在外，这一问题需要在实际聚类中予以特殊考虑，适当地保留极端场景，由此得到的方案才会更加鲁棒。

　　极端场景选择的基本原理是分别计算典型日所属月份原始负荷曲线以及原始负荷减去可再生能源时序出力得到的净负荷曲线。对两个曲线的峰谷差进行分析。根据两个曲线的峰谷差，可将极端场景分为正调峰与反调峰两种情况。正调峰是指可再生能源日内出力增减趋势与系统负荷基本相同，且可再生能源出力峰谷差小于系统负荷峰谷差，可再生能源接入以后系统净负荷曲线峰谷差减小；反调峰是指可再生能源的日内出力增加趋势与系统负荷曲线相反，可再生能源接入以后系统净负荷曲线峰谷差减小[16]。

　　若净负荷峰谷差大于原始负荷曲线峰谷差，则说明在该典型日可再生能源呈现反调峰特性；增加幅度最大的，为极端反调峰出力。若净负荷峰谷差小于原始负荷曲线峰谷差，则说明该日可再生能源出力呈现正调峰特性；增加幅度最大的，为极端正调峰出力。

4.1.2　输电网随机规划模型

　　高比例可再生能源接入下，由于集中式和分布式能源的大量接入，电力系统在源端和荷端均存在较大的不确定性，电力系统的边界条件将更加多样化，未来的电网结构形态需要具有更大的可行域以满足整个系统的安全性。因此针对电力系统运行方式的多样化，在电网规划中需要考虑可再生能源出力场景的多样性。

　　基于多场景技术的随机输电网规划基本模型如下：

$$\min \sum_{l \in \Omega_{LN}} c_l x_l + \sum_{s \in \Omega_S} \alpha_s \sum_{g \in \Omega_G} \sum_{t \in T} c_g P_{g,s,t} + \sum_{s \in \Omega_S} \alpha_s \sum_{n \in \Omega_N} \sum_{t \in T} c_r r_{n,s,t} \qquad (4\text{-}1)$$

$$\text{s.t.} \sum_{g\in\Omega_G(n)} P_{g,s,t} + \sum_{re\in\Omega_{RE}(n)} P_{e,s,t} - \sum_{l\in\Omega_{L1}(n)} f_{l,s,t} + \sum_{l\in\Omega_{L2}(n)} f_{l,s,t} = d_{n,s,t} - r_{n,s,t}, \quad \forall n, \forall t, \forall s$$

$$(4\text{-}2)$$

$$f_{l,s,t} = (\theta_{l+,s,t} - \theta_{l-,s,t})b_l, \quad \forall l\in\Omega_{LE}, \forall t, \forall s \tag{4-3}$$

$$(x_l-1)M \leqslant f_{l,s,t} - (\theta_{l+,s,t} - \theta_{l-,s,t})b_l \leqslant (1-x_l)M, \quad \forall l\in\Omega_{LN}, \forall t, \forall s \tag{4-4}$$

$$0 \leqslant r_{n,s,t} \leqslant d_{n,s,t}, \quad \forall n, \forall t, \forall s \tag{4-5}$$

$$-f_{l,\max} \leqslant f_{l,s,t} \leqslant f_{l,\max}, \quad \forall l\in\Omega_{LE}, \forall t, \forall s \tag{4-6}$$

$$-x_l f_{l,\max} \leqslant f_{l,s,t} \leqslant x_l f_{l,\max}, \quad \forall l\in\Omega_{LN}, \forall t, \forall s \tag{4-7}$$

$$P_{g,\min} \leqslant P_{g,s,t} \leqslant P_{g,\max}, \quad \forall g, \forall t, \forall s \tag{4-8}$$

$$0 \leqslant P_{e,s,t} \leqslant P_{e,s,t,\max}, \quad \forall e, \forall t, \forall s \tag{4-9}$$

$$x_l \in \{0,1\}, \quad \forall l\in\Omega_{LN} \tag{4-10}$$

式中，下标 l 代表线路编号；g 代表常规机组编号；e 代表可再生能源机组编号；n 代表节点编号；t 代表时段编号；s 代表场景编号；Ω_{LE} 表示已有线路集合，Ω_{LN} 表示新建线路集合；Ω_L 表示线路集合，包括待建线路和已建线路，即 $\Omega_L = \{\Omega_{LE}, \Omega_{LN}\}$；$\Omega_{L1}(n)$ 表示线路首节点为 n 的线路集合；$\Omega_{L2}(n)$ 表示线路尾节点为 n 的线路集合；Ω_G 表示常规机组集合，$\Omega_G(n)$ 表示节点 n 上常规机组集合；Ω_{RE} 表示可再生能源机组集合，$\Omega_{RE}(n)$ 表示节点 n 上可再生能源机组集合；c_l 为待建线路 l 的投资成本；c_g 表示常规机组单位发电成本；c_r 表示单位切负荷成本；x_l 为线路 l 投建与否决策变量；$P_{g,s,t}$ 代表常规机组出力，$P_{e,s,t}$ 代表可再生能源机组出力；$d_{n,s,t}$ 代表节点 n 的负荷；$f_{l,s,t}$ 代表线路潮流；$\theta_{l+,s,t}$、$\theta_{l-,s,t}$ 分别代表线路 l 的首端和末端节点相角；b_l 为线路电纳；M 为一个固定的极大值；$f_{l,\max}$ 表示线路的潮流上限；$P_{g,\min}$、$P_{g,\max}$ 代表机组出力上、下限；$P_{e,s,t,\max}$ 代表可再生能源在场景 s 的时刻 t 下的最大出力；α_s 表示场景 s 出现的年电量贡献率概率。此处定义所有与投资建设相关的变量为投资决策变量，即所有整数变量；与各个场景下电力系统运行相关的变量为运行变量，即所有连续变量包括所有的机组出力、线路潮流、节点相角等。

式(4-1)为输电网规划模型的目标函数，表示系统在规划水平年内的总成本。式(4-1)中第一项为年化线路投资成本，第二项为发电出力运行成本，第三项为切负荷惩罚成本。上述模型的约束条件中式(4-2)表示节点功率平衡约束；式(4-3)

表示电力系统已建线路功率潮流表达式；式(4-4)表示电力系统待建线路功率潮流表达式；式(4-5)表示电力系统节点切负荷大小约束；式(4-6)表示电力系统已建线路功率潮流容量约束；式(4-7)表示电力系统待建线路功率潮流容量约束；式(4-8)表示电力系统中常规发电机组的输出功率上、下限约束；式(4-9)表示可再生能源发电机组的输出功率上、下限约束；式(4-10)表示决策变量的整数约束。

上述模型为一大规模混合整数规划问题。随机规划模型框架如图 4-1 所示。

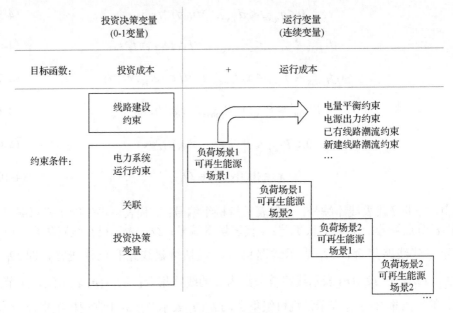

图 4-1　随机规划模型框架

由于该模型涉及多个可再生能源出力场景，而且存在线路决策的 0-1 变量，因此整个模型的结构将比较复杂，是一个大规模整数规划问题。尤其在可再生能源接入比例较高时，需要考虑海量系统运行场景，以保证电网在任意场景下的安全运行。模型规模极为庞大，利用商业求解器直接求解通常会花费极长的计算时间且对计算资源的要求较高，因此需要研究特殊的求解方法进行求解。

4.2　Benders 分解法

Benders 分解法 1962 年由 Benders[17]提出，是一项专门用于求解包含块状结构大规模混合整数规划问题的分解加速技术。由前面可知，随机电网规划框架是一种块状结构。各个可再生能源出力场景的运行模拟彼此互不影响，仅由线路投资决策变量将所有场景串联起来。一旦线路投资决策确定下来，不同场景下运行优化子问题便可进行独立求解。基于这个思想，Benders 分解法将电网规划问题分解为投资规划主问题和多个场景的运行模拟子问题，通过迭代得到最优解。本节将对 Benders 分解法的基本原理与应用步骤进行简单介绍[17]。

根据约束条件和目标函数的构建，原模型可被写为

$$
\begin{cases}
\min\limits_{X,Y} f(x)+h(y) \\
\text{s.t.} \quad F(x) \leqslant 0 \\
\qquad H(x,y) \leqslant 0 \\
\qquad x \in Z^n, y \in R^m
\end{cases}
\tag{4-11}
$$

式中，$f(x)$ 为投资成本函数；$h(y)$ 为运行成本函数；$F(x)$ 为仅包含投资决策变量的约束；$H(x,y)$ 为运行约束；x 为投资决策变量；y 为运行变量。

当固定 x 的值时，$h(y)$ 是与 y 有关的运行子问题，而当我们给定满足投资约束条件的不同的 x 值时，$h(y)$ 的最优值是不一样的，因此我们可以把运行子问题看作一个关于 x 的函数，记为 $g(x)$，即有

$$
\begin{cases}
g(x) = \min\limits_{Y} h(y) \\
\text{s.t.} \quad H(x,y) \leqslant 0 \\
\qquad y \in R^m
\end{cases}
\tag{4-12}
$$

将子问题表达式 (4-12) 代入原模型 (4-11)，引入松弛变量 ψ，则有如下投资主问题的等价形式：

$$
\begin{cases}
\min\limits_{x,\psi} f(x)+\psi \\
\text{s.t.} \quad g(x) \leqslant \psi \\
\qquad F(x) \leqslant 0 \\
\qquad x \in Z^n
\end{cases}
\tag{4-13}
$$

式中，$g(x) \leqslant \psi$ 称作一个 Benders 割。考虑到投资决策变量 x 的维度为 $N^{LN} \times 1$，ψ 是一个一维连续变量，式 (4-13) 是一个维度很低的混合整数规划问题，可以利用 CPLEX 工具包求解。因此，只需要得到 $g(x)$ 的具体表达式，便可以通过求解式 (4-13) 得到关于投资决策变量 x 的一个可行解。

考察式 (4-12)，当固定 x 为 x^k 时，它可以被分解为多个独立的线性规划。

对于一个线性规划子问题：

$$
\begin{cases}
\min\limits_{y} c^{\mathrm{T}} y \\
\text{s.t.} \quad Ay \geqslant b \\
\qquad y \in R^m
\end{cases}
\tag{4-14}
$$

式中，c 为目标函数的参数向量；A 为规划问题的约束参数矩阵，假设维度为 $d_1 \times d_2$；b 为不等式右侧的参数向量。可以通过求解其对偶问题得到最优值 $g(x^k)$ 和原问题中对应约束灵敏度系数 δ_k。式(4-14)对应的对偶问题形式如下：

$$\begin{cases} \max_{u} b^{\mathrm{T}} u \\ \text{s.t.} \quad A^{\mathrm{T}} u = c^{\mathrm{T}} \\ \quad u \geqslant 0 \end{cases} \tag{4-15}$$

根据泰勒展开，可以得到 $g(x)$ 在 x^k 附近的函数表达式：

$$g(x) = g(x^k) + (x - x^k)^{\mathrm{T}} \delta_k \tag{4-16}$$

在这里灵敏度系数 δ_k 的维度是投资决策变量个数，代入式(4-13)最终的投资主问题为

$$\begin{cases} \min_{x, \alpha} f(x) + \psi \\ \text{s.t.} \quad g(x^k) + (x - x^k)^{\mathrm{T}} \delta_k \leqslant \psi \\ \quad F(x) \leqslant 0 \\ \quad x \in Z^n \end{cases} \tag{4-17}$$

可以求解出一个可行解 x^{k+1} 的值，但它不一定是最优解，为了得到整体的最优解，我们需要引入迭代的过程。Benders 分解法的核心在于将投资和运行优化分解，在中间通过 Benders 割进行信息交流。根据前面所阐述的模型结构，在求解运行子问题时我们可以独立求解每一个计算单元(即指定典型负荷日块)，将每一个计算单元求得的最优值和灵敏度系数叠加便可以得到总的最优值和灵敏度系数。

算法流程的步骤详细表示如下所示。

步骤 1：设定初始投资方案 x^0，将其赋值给 x^k。

步骤 2：将 x^k 代入运行子问题，求得运行子问题的对偶问题的最优值 $g(x^k)$ 和最优解。该最优解即对应原运行子问题的灵敏度系数 δ_k。最优值为原问题的一个上界 UB。

步骤 3：写出 $g(x)$ 的线性化表达式，得到 Benders 割 $g(x) \leqslant \psi$。

步骤 4：将 Benders 割添加到投资主问题中，得到式(4-17)的形式，求得投资主问题可行解 x^{k+1}，该主问题的最优值是原问题松弛后的最优解，因此为原问题的一个下界 LB。

步骤 5：比较上下界之间的相对误差，判断是否收敛。表达式为

$$\frac{\text{UB} - \text{LB}}{\text{UB}} \leqslant \vartheta \tag{4-18}$$

式中，ϑ 为预先设定的精度系数。若该相对误差小于预先设定的精度系数，则迭代不收敛，将 x^{k+1} 赋值给 x^k，返回步骤 2。若两者相同，退出迭代，得到最优解 x^k。

以上计算方法适用于运行子问题必然有解的情况，Benders 割收紧投资决策主问题，令主问题的计算结果更加接近最优解，因此也称为最优割。一般来说，由于切负荷变量的存在，且对切负荷量没有任何限制，因此运行子问题必然有解。但当投资方案不合理时，运行子问题最优解往往包含大量切负荷值，运行成本极高，此时这类 Benders 割对运行成本的估计与实际运行成本偏差教大，对主问题空间的优化程度很小，算法收敛很慢。

当切负荷容量有限制或因数值问题导致的子问题无解时，仅包含最优割的算法将无法直接应用。传统方法是在式(4-14)子问题中加入松弛变量，求解使松弛变量绝对值最小的修正子问题，向主问题返回一条割。其本质仍是一种修正的最优割表示方法，应用结果显示该方法不能很好地解决上述问题。为此可以引入可行割，应对运行子问题无解的情况，使主问题求解结果更加趋向可行。将运行子问题(4-14)改写为矩阵形式(4-19)，注意此时式中的 x^k 为第 k 次迭代求解主问题得到的固定投资变量值，将原不等式右侧的参数向量 b 中与 x^k 相关的部分单独写出来，其改写后的原问题与对偶子问题为

$$\begin{cases} \min \ g(x) = c^{\mathrm{T}} y \\ \text{s.t.} \ \ Ay \geqslant b' - Dx^k \\ \ \ \ \ \ y \in \mathrm{R} \end{cases} \tag{4-19}$$

$$\begin{cases} \max \ (b' - Dx^k)u \\ \text{s.t.} \ \ A^{\mathrm{T}} u \leqslant c^{\mathrm{T}} \\ \ \ \ \ \ u \geqslant 0 \end{cases} \tag{4-20}$$

式中，b' 为 b 剥除与 x^k 相关的部分后的剩余部分；D 为 x^k 与不等式右侧的参数向量的关联矩阵。根据线性规划理论的相关知识，若上述子问题(4-19)无解，则对偶问题(4-20)无界，此时可求解如下修正对偶子问题，求解对偶问题的极方向：

$$\begin{cases} \max \ 0 \\ \text{s.t.} \ \ A^{\mathrm{T}} u \leqslant 0 \\ \ \ \ \ \ (b' - Dx)u = \beta \\ \ \ \ \ \ u \geqslant 0 \end{cases} \tag{4-21}$$

式中，β 可为任意正数，通常取全 1 的向量即可，其求解结果为可行域的一个方向 $\hat{u}$，于是 Benders 可行割写成如下形式：

$$0 \geqslant (b' - Dx)\hat{u} \tag{4-22}$$

将 Benders 可行割返回主问题能够加快不可行解的剔除，最大限度地优化主问题的解空间。严格的 Benders 割解释与数学证明可以参考文献[18]。

4.3　内嵌场景削减的输电网随机规划模型求解方法

本节中称一个子问题为一个计算单元。采用多场景建模的方式在规划模型中考虑可再生能源不确定性，能精确模拟可再生能源的出力变化，抓住大量可再生能源整体的出力信息，利用不同场景出力的变化来有效地表达可再生能源出力的不确定性。但在随机电网规划中，模型整体的计算单元与可再生能源场景数成正比。如果把一年 365 个可再生能源出力典型日场景全部加入模型中，整体规模会非常大。由于每个运行子问题本质上为小时级的电网经济调度问题，即使利用 Benders 分解法和分块矩阵思想，一次迭代仍需要计算 8760 个子问题。数量巨大的计算单元带来大量的计算负担且运算效率十分低下[19]。因此我们需要考虑场景削减技术，降低计算负担。本节建立了基于海量场景及内嵌场景削减(embedded scenario reduction，ESR)的输电网随机规划模型求解方法，解决了输电网随机规划中考虑海量可再生能源出力场景计算难度过大的问题。

本质上，提前进行场景削减的过程是牺牲一定的模型精度来换取求解的高效性。对电网规划问题而言，多场景电网规划模型的优势在于精细地模拟不同运行情景，平衡规划方案的风险与经济性，实现各类资源的最优配置。因此，我们需要寻求新的场景削减和降低模型复杂度的思路，保证尽可能地考虑更多的可再生能源场景，减少信息损失，同时能实现模型求解的高效性[20]。

考察整个运行子问题的计算过程，在第 k 次迭代中，N^{CalUnit} 计算单元仅对 Benders 割贡献自己的灵敏度系数，进而影响主问题对投资决策的确定。总体的灵敏度系数 δ_k 和最优值 C_k 的求解如下：

$$\delta_k = \sum_{n=1}^{N^{\text{CalUnit}}} \delta_k^n \tag{4-23}$$

$$C_k = \sum_{n=1}^{N^{\text{CalUnit}}} C_k^n \tag{4-24}$$

式中，δ_k^n、C_k^n 分别表示第 n 个计算单元的对偶问题求得的灵敏度系数和最优值。

用于构造 Benders 割的总体的灵敏度系数 δ_k 和最优值 C_k 是所有计算单元最优值和灵敏度系数的叠加。当场景间差别足够小，距离足够接近时，不同场景返回的灵敏度系数实际上是非常相近甚至相同的。重复计算这一类场景的运行子问题，将带来大量不必要的计算负担。

考虑到希望达到的两个目标：①避免优化求解所有子问题，利用少量场景计算结果逼近整体。②充分地利用不同场景和负荷日的组合信息。相比于传统的将聚类削减结果作为随机电网规划问题输入的方法，在 Bender 分解法的迭代过程中进行场景的聚类判断能够更好地保有海量场景提供的不确定信息，保证解的最优性。

如何判断两个场景是否足够相似以至于能提供相同的灵敏度系数是我们首先需要回答的问题。在 Bender 分解法的迭代过程中，求解运行子问题时，线路的投资决策变量已经确定下来，各个子问题的不同在于节点的负荷水平和可再生能源机组出力参数不同。因此，我们在算法流程中引入多参数规划求解。多参数规划研究参数变化对最优解的影响。假设已得到某一运行场景子问题的最优解，通过多参数规划我们便可划定该运行子问题对应的等值空间。

数学上这个空间是一个高维空间的多面体凸包，在这个空间内的任意场景其对应的灵敏度系数完全相同。因此一个等值空间仅需进行一个场景的优化问题求解，其余场景的灵敏度系数即可直接得到。将运行子问题中节点功率约束的负荷水平和可再生能源出力这两类变化参数单独列写出，可以得到多参数规划的标准表达形式：

$$\begin{cases} \min\ g(x) = c^{\mathrm{T}} y \\ \text{s.t.}\ \ Ay \geqslant b_0 - B\zeta \\ \ \ \ \ y \in \mathbf{R}^m \end{cases} \tag{4-25}$$

式中，b_0 为将场景间变化参数剔除之后剩余的右手项向量；ζ 为不确定变量在各个场景中的具体实现；B 为 ζ 与 b_0 之间的关联矩阵。由于求解子问题期望得到的是其关于 x 的灵敏度系数，因此将式(4-25)进行对偶变换的对偶形式如下：

$$\begin{cases} \max\ (b_0 - B\zeta)^{\mathrm{T}} \delta \\ \text{s.t.}\ \ A^{\mathrm{T}} \delta = c \\ \ \ \ \ \delta \geqslant 0 \\ \ \ \ \ \delta \in \mathbf{R}^m \end{cases} \tag{4-26}$$

假设已求解某一运行子问题，得到其最优解 δ^*，根据对应变量是否为最优基变量，参数矩阵 A 可以自然被划分为最优基矩阵 A_B 和非最优基矩阵 A_N：

$$A^{\mathrm{T}} = [A_B^{\mathrm{T}}, A_N^{\mathrm{T}}] \tag{4-27}$$

同理，目标函数的系数向量也可以进行同样的划分：

$$b_0 + \boldsymbol{B}\zeta = \begin{bmatrix} b_B \\ b_N \end{bmatrix} = \begin{bmatrix} b_0^B + B_B\zeta \\ b_0^N + B_N\zeta \end{bmatrix} \tag{4-28}$$

多个运行子问题在对偶问题中仅目标函数的参数不同。因此只需保证最优基矩阵相同，问题的最优解则不会改变。更进一步，最优基矩阵相同的充要条件在于原基变量对应判别数的符号均为正，数学表达式如下：

$$A_N A_B^{-1} b_B - b_N \geqslant 0 \tag{4-29}$$

将 b_N 和 b_B 的表达式代入式(4-29)可得保持最优解不变的 ζ 变化范围，即等值空间的数学表达式：

$$\varPsi = \left\{ \zeta \mid (A_N A_B^{-1} \boldsymbol{B}_B - \boldsymbol{B}_N)\zeta > b_0^N - A_N A_B^{-1} b_0^B \right\} \tag{4-30}$$

得到上述等值空间的表达式后，只要是落在这个空间中的场景便不需要重新计算优化问题，直接取已求解场景的计算结果即可。图 4-2 给出了等值空间在二维情况的示意图。

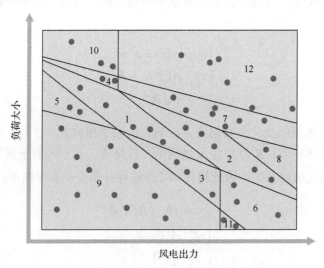

图 4-2　内嵌场景削减二维等值空间示意图

通常在不确定参数 ζ 维度较高时，高维空间中的等值空间数量会高速增长，在判断场景所属等值空间与等值空间定义的过程中将花费大量的时间。在数量众多的等值空间中包含相当部分较为细小的空间，如图 4-2 中的空间 4 与空间 11。由于其中包含的场景数较少，确定新场景所属等值空间时检查这类等值空间将花费大量无效的时间。为了减少这一部分无效时间的耗费，此处应用了一种等值空间近似的方法。一般毗连的等值空间其灵敏度系数也是相对近似的，因此可以通过允许等值空间边界松弛的方法合并较小场景。由于 Benders 割由大量场景灵敏度系数相加而得，少量场景的误差对 Benders 割的整体影响较小。此时，近似后的等值空间的数学表达式为

$$\Psi = \left\{ \zeta \,|\, (\boldsymbol{A}_N \boldsymbol{A}_B^{-1} \boldsymbol{B}_B - \boldsymbol{B}_N) \zeta > (b_0^N - \boldsymbol{A}_N \boldsymbol{A}_B^{-1} b_0^B) - \gamma \boldsymbol{E}(j) \right\}, \qquad \forall j, j \in [1, d_1 - d_2] \quad (4\text{-}31)$$

式中，$\boldsymbol{E}(j)$ 为第 j 个元素为 1 的单位向量；d_1、d_2 为矩阵 $\boldsymbol{A}$ 的维度；正参数 γ 用于控制边界松弛的程度，称为越限系数，当其值为 0 时，式(4-31)退化为无松弛的等值空间表达式。

相比传统的 Benders 分解法，新的计算方法只需要在迭代流程中添加内部场景聚类的过程，具体的内部场景聚类流程步骤如下所示。

步骤 1：遍历已有等值空间集合，利用式(4-31)判断场景是否属于其中之一。若是，则对应等值空间的灵敏度系数为最优解则转步骤 3；若否，说明落在新的等值空间内，则转步骤 2。

步骤 2：对该场景对应的优化子问题进行求解，得到其最优解与最优基矩阵并存储，利用式(4-31)得到新的等值空间表达式，加入等值空间集合。

步骤 3：记录子问题对应最优解，并将其代入其目标函数得到对应场景下最优目标函数值。

步骤 4：判断是否已遍历所有场景，若无，取下一个场景重复步骤 1；若是则构造本次迭代的 Benders 割。

整体算法框架如图 4-3 所示。

与复杂的聚类算法相比，内嵌场景削减的 Benders 算法根据场景对目标函数的影响进行聚类，流程简单、目的明确、计算效率高。一方面在一定程度上保证了对总体刻画的有效性，在迭代过程中并不舍弃任何一个场景，真正意义上保留了总体场景信息，消除固有误差，不会遗漏关键性的场景和负荷日的组合，保证了解的鲁棒性。另一方面保证了计算的高效性，等值空间的存在使得算法不用计算每一个运行子问题，合理的样本规模会极大地简化计算过程，在短时间内得到一个最优解。降低了内存存储的规模，每次迭代参与计算的内存资源只是样本部分，可以通过改进程序结构，使得每次迭代只将筛选出的计算单元读入内存，从而让整个计算资源得到优化，避免内存溢出等问题，这样更加适合大规模建模和计算。

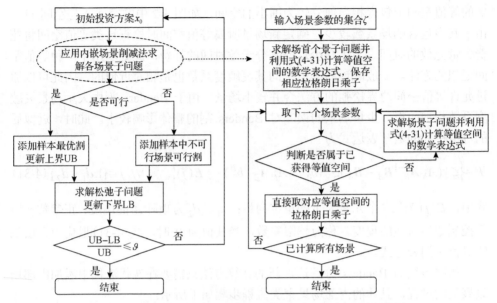

图 4-3　内嵌场景削减的 Benders 法求解电网规划问题流程图

但是,该算法仍然存在一定的局限,具有改进空间:目前该算法无法考虑时序约束,如爬坡约束、储能建模、直流线路建模等,虽然目前电网规划中一般均不考虑时序约束,但这一定程度上阻碍了内部场景削减方法的推广应用;不确定性参数高维度时,会导致高维空间内的等值空间数量过多,进而在确定场景所属空间和子空间定义的过程中消耗大量的计算时间。

4.4　应用结果与分析

本节对附录 1 中的 Garver-6 节点系统,以及附录 2 中的 HRP-38 节点系统进行了测试,以验证本章模型的有效性与实用性。在考虑所有 8760 个小时级场景时,由于问题规模过大,电网规划模型不能由商业求解器(如 CPLEX)直接求解。因此,本节将所提出的内嵌场景削减的 Benders 分解方法与传统的 Benders 分解算法(traditional Benders decomposition,TBD)进行了比较。与 TBD 方法相比,本方法在输电网规划问题中引入了内嵌随机场景削减,并在考虑大规模场景时解决了计算负担。算例分析基于 MATLAB 语言在一台标准工作站上实现,该工作站配有 Intel Core i7-8550u@1.80 GHz CPU 和 16.0 GB RAM。算例利用 CPLEX 12.6 求解等值空间中的首个子问题。

1) Garver-6 节点系统

算例参数详见附录 1,本章算例在附录 1 基础上进行了一些修改,算例具体设置与规划方案计算结果如图 4-4 所示。上下界之间的相对误差小于 0.01% 时认为求解算法收敛得到最终的规划结果。计算结果与消耗时间如表 4-1 所示。由于本测试系统较小，越限系数 γ 仅设置为零，即不允许等值空间合并。

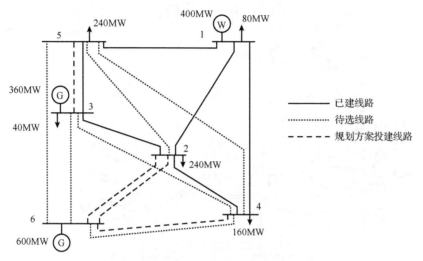

图 4-4 Garver-6 节点系统规划方案图

表 4-1 Garver-6 节点系统计算结果

方法	计算时间/s	投资决策	CPLEX 调用次数
TBD	258.74		543120
ESR $\gamma=0$	15.56	2-6(2),3-5,4-6(2)	553

两种方法给出了相同的最优投资决策结果，证明了本章提出方法的正确性。最优投资决策中选择了四条候选线路与节点 6 相连，以充分地利用 6 号节点上的火电机组容量。负荷较高的 2 号节点和 4 号节点都有两条线路连接到 6 号节点。计算时间方面，如表 4-1 所示，本章提出方法与 TBD 方法在给出相同的投资决策的前提下，所提出的方法仅消耗 TBD 方法所需计算时间的 6%。主要原因是减少了实际需要求解的运行子问题的数量。在 TBD 方法中，98% 的计算时间用于求解运行子问题。本章提出 ESR 方法只需在一个等值空间中求解一个操作子问题，大大缩短了求解操作子问题的计算时间。

2) HRP-38 节点系统

算例参数详见附录 2。出于简化模型的目的，本算例将连接于同一节点机组上的同一类型的机组合并作为同一种机组，同时将同杆双回的两条线路合并为一条。算例共选取了 14 条待选线路进行测试。在原始数据的基础上，本算例测试等比例地增加了系统中的可再生能源装机容量，调整后的测试系统非水可再生能源渗透率达到了 40%。算例具体设置与规划结果如图 4-5 所示，测试结果如表 4-2 所示：

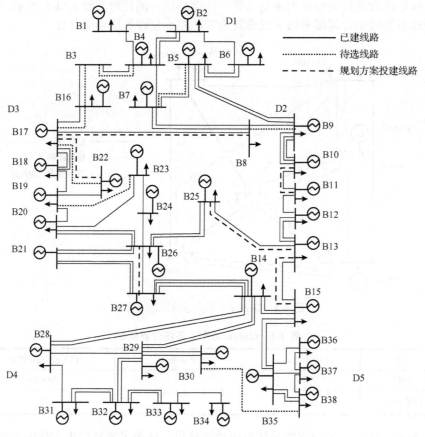

图 4-5　HRP-38 节点系统规划方案图

表 4-2　HRP-38 节点系统计算结果

方法	计算时间/s	投资决策	CPLEX 调用次数/次
TBD	2608.91		1652963
ESR $\gamma=0$	1005.65	13-15,11-10,17-8,25-13, 27-26,22-17	110843
ESR $\gamma=4000$	500.44		48490

　　同样地，TBD 和 ESR 方法给出了相同的线路建设决策。如表 4-2 所示，ESR 方法的计算时间较低，越限系数设置为 4000 时，计算时间缩短为 TBD 的 19.2%，CPLEX 实际调用次数减小原来的 3%。越限系数没有具体的量纲，物理意义不明确。此处越限系数大小较 IEEE RTS-79 大两个数量级，主要是两个系统规模差距造成的。前者为百亿元级，后者为亿元级，因此越限系数设置有所差距。本算例测试结果再次验证了 ESR 方法的正确性与有效性。

参 考 文 献

[1] Dong Z, Wong K P, Meng K, et al. Wind power impact on system operations and planning[C]. IEEE Power and Energy Society General Meeting, Minneapolis, 2010.

[2] Zhang X, Yuan Y, Wu B, et al. A novel algorithm for power system planning associated with large-scale wind farms in deregulated environment[C]. International Conference on Electric Utility Deregulation and Restructuring and Power Technologies, Jinan, 2011.

[3] 吴义纯. 含风电场的电力系统可靠性与规划问题的研究[D]. 合肥: 合肥工业大学, 2006.

[4] 张宁, 康重庆, 肖晋宇, 等. 风电容量可信度研究综述与展望[J]. 中国电机工程学报, 2015, 35(1): 82-94.

[5] 潘雄, 王莉莉, 徐玉琴, 等. 基于混合 Copula 函数的风电场出力建模方法[J]. 电力系统自动化, 2014, 38(14): 17-22.

[6] 王俊, 蔡兴国, 季峰, 等. 考虑新能源发电不确定性的可用输电能力风险效益评估[J]. 电力系统自动化, 2012, 36(14): 108-112.

[7] 王群, 董文略, 杨莉. 基于 Wasserstein 距离和改进 K-medoids 聚类的风电/光伏经典场景集生成算法[J]. 中国电机工程学报, 2015, 35(11): 2654-2661.

[8] 刘斌, 刘锋, 王程, 等. 考虑风电场灵活性及出力不确定性的机组组合[J]. 电网技术, 2015, 39(3): 730-736.

[9] 谢敏, 熊靖, 刘明波, 等. 基于 Copula 的多风电场出力相关性建模及其在电网经济调度中的应用[J]. 电网技术, 2016, 40(4): 1100-1106.

[10] 罗钢, 石东源, 陈金富, 等. 风光发电功率时间序列模拟的 MCMC 方法[J]. 电网技术, 2014, 38(2): 321-327.

[11] 陈璨, 吴文传, 张伯明, 等. 基于多场景技术的有源配电网可靠性评估[J]. 中国电机工程学报, 2012, 32(34): 67-73.

[12] 徐芮, 刘俊勇, 刘友波, 等. 考虑负荷聚类分区与分布式发电接入的配电网主次网架规划方法[J]. 电力自动化设备, 2016, 36(6): 48-55.

[13] 俞国勤, 杨雪纯, 王蓓蓓. 风电功率预测信息对电力系统日前调度的影响及其适应性研究[J]. 华东电力, 2014, 42(8): 1622-1628.

[14] 李昀昊, 王建学, 王秀丽. 基于混合聚类分析的电力系统网损评估方法[J]. 电力系统自动化, 2016, 40(1): 60-65.

[15] 乔梁, 卢继平, 黄蕙, 等. 含风电场的电力系统电压控制分区方法[J]. 电网技术, 2010(10): 163-168.

[16] 张宁, 周天睿, 段长刚, 等. 大规模风电场接入对电力系统调峰的影响[J]. 电网技术, 2010, 34(1): 152-158.

[17] Benders J F. Partitioning procedures for solving mixed-variables programming problems[J]. Numerische Mathematik, 1962, 4(1): 238-252.

[18] Conejo A J, Castillo E, Mínguez R, et al. Decomposition Techniques in Mathematical Programming[M]. Berlin: Springer, 2006.

[19] 程浩忠, 李隽, 吴耀武, 等. 考虑高比例可再生能源的交直流输电网规划挑战与展望[J]. 电力系统自动化, 2017, 41(9): 19-27.

[20] Zhuo Z, Du E, Zhang N, et al. Incorporating massive scenarios in transmission expansion planning with high renewable energy penetration [J]. IEEE Transactions on Power Systems, 2020, 35(2): 1061-1074.

第5章　高比例可再生能源并网的输电网鲁棒规划方法

为应对可再生能源出力的不确定性[1]基于随机优化的输电网规划方法一般需要提前获取可再生能源出力的精准概率分布信息，再通过精准概率分布信息随机抽取海量场景表征可再生能源出力的不确定性，而精准概率分布信息在实际可再生能源运行中往往难以准确获得。此外，输电网规划模型本身属于一个大规模复杂的数学优化问题，在模型中嵌入海量的可再生能源出力场景会急剧地加大模型的求解规模和求解难度。鲁棒优化方法是另一种处理可再生能源出力不确定性的有效方法，它的核心思想是[2-8]：已知不确定参数可能取值的集合，寻找一个在不确定参数所有可能取值下均可行且优化结果较好的解。由于鲁棒优化求得的解对可再生能源出力不确定性具有极强的适应性，因而成了国际上输电网规划研究的一个新方向[9-15]。本章首先建立传统的 min-max-min 三层输电网鲁棒规划模型；然后提出可再生能源出力极限场景的物理概念，构建基于可再生能源出力极限场景的两阶段输电网鲁棒规划模型，并提出基于 Benders 分解的两阶段算法以有效地求解所建模型；为了降低保守性，还构造混合概率不确定集，提出一种基于概率驱动的输电网鲁棒规划模型，以应对场景概率最恶劣的波动情况。

5.1　传统三层输电网鲁棒规划方法

5.1.1　目标函数

高比例可再生能源并网的传统三层输电网鲁棒规划模型的目标是在满足系统未来可再生能源接入与负荷需求的前提下，通过合理地扩展输电线路，使得系统在所有可能可再生能源出力场景下都能安全运行，并使规划方案的投资运行总成本最低。在该模型中，目标函数包括输电线路投资成本和运行成本，投资成本包括待选线路的投资费用及相应线路的运行维护管理费用；运行成本包括发电机组发电费用、发电污染排放物的处理费用以及系统的弃可再生能源和切负荷成本。输电网鲁棒规划模型的目标函数可表示为

$$\begin{cases} \min C = C_I + \sigma C_O \\ C_O = \max\limits_{P_W \in \Theta} \min\limits_{y \in Y}(C_G + C_R) \end{cases} \tag{5-1}$$

式中，C_I、C_O 分别为规划线路的投资成本和运行成本；σ 为运行成本的等年值系数；C_G 为发电机组的发电费用；C_R 为输电系统的弃可再生能源和切负荷成本；$P_W = (\cdots, P_{i,w}, \cdots), w \in W_i, i \in N$ 为可再生能源出力向量；Θ 为可再生能源出力不确定集合；y 是系统运行变量向量，包括传统发电机出力、切负荷功率、弃可再生能源出力、电压相角以及线路潮流功率等；Y 是给定线路投资方案和可再生能源出力下的系统运行约束集合。

规划线路的投资成本即待选新建线路的投资费用可表示为

$$C_I = \sum_{(i,j) \in \Omega} \sum_{k \in K_{ij}^+} \varsigma c_{I,ij,k} x_{ij,k} \tag{5-2}$$

式中，Ω 为输电网络线路走廊的集合；K_{ij}[①]、K_{ij}^+ 分别为节点 i、j 走廊通道已存线路和待选线路的集合；$c_{I,ij,k}$ 为节点 i、j 间第 k 回线路的投资费用；$x_{ij,k}$ 为节点 i、j 间第 k 回线路投建决策的布尔变量，若 $x_{ij,k} = 1$，则输电线路投建，否则输电线路不投建；ς 为线路资金回收系数，可以计算如下：

$$\varsigma = \frac{\sigma(1+\sigma)^T}{(1+\sigma)^T - 1} \tag{5-3}$$

式中，T 为新建线路的运行寿命年数，即线路回收周期；σ 为资金折现率。

发电机组的发电费用可表示为

$$C_G = \sum_{i=1}^{N} \sum_{g=1}^{G_i} c_{i,g} P_{i,g} \tag{5-4}$$

式中，N 为输电网节点的集合；G_i 为与节点 i 连接的发电机组的集合；$c_{i,g}$ 为与节点 i 连接的发电机组 g 的发电成本系数；$P_{i,g}$ 为节点 i 连接的发电机组 g 的发电功率。

弃可再生能源成本和切负荷成本可表示为

$$C_R = \sum_{i=1}^{N} c_{i,r} P_{i,r} + \sum_{i=1}^{N} c_{i,a} P_{i,a} \tag{5-5}$$

式中，$c_{i,r}$、$c_{i,a}$ 分别为节点 i 的切负荷惩罚成本系数和弃可再生能源成本系数；$P_{i,r}$、$P_{i,a}$ 分别为节点 i 的切负荷功率和弃可再生能源出力。

5.1.2　可再生能源出力不确定集

不确定集合(uncertainty set，US)的构建是鲁棒优化的核心和关键，它是一个用

---

① K_{ij} 在此处出现，是为了更好地区分 K_{ij} 和式(5-2)中的 K_{ij}^+。

于描述不确定因素随机波动范围的确定性、有界集合。US 的不同构造方法对应着鲁棒优化策略的不同保守度。US 构造考虑的因素越细致，规划结果经济性越好；US 构造考虑的因素越粗广，规划结果鲁棒性越强。传统输电网鲁棒规划方法采用不确定集来刻画系统中的不确定变量，因而只需要知道不确定变量的取值区间，而不要求知道不确定变量具体概率分布信息。高比例可再生能源并网下的输电网中不确定因素主要来自可再生能源的出力，因此构建可再生能源出力的不确定集，如下所示：

$$
\Theta = \left\{
\begin{array}{l}
P_W \mid P_{i,w} = P_{i,w}^0 + z_{i,w} h_{i,w}, \\
|z_{i,w}| \leqslant 1, i \in N, w \in W_i, \\
\sum\limits_{i \in N} \sum\limits_{w \in W_i} |z_{i,w}| \leqslant \Gamma
\end{array}
\right\}
\tag{5-6}
$$

$$
h_{i,w} = 0.5(P_{i,w,u} - P_{i,w,l})
\tag{5-7}
$$

式中，$P_{i,w}$、$P_{i,w}^0$ 分别为位于节点 i 的可再生能源发电机组 w 的实际出力和预测出力；$z_{i,w}$ 代表位于节点 i 的可再生能源发电机组 w 实际出力相对于预测值的波动程度；$P_{i,w,u}$ 和 $P_{i,w,l}$ 分别为节点 i 的可再生能源发电机组 w 出力的鲁棒边界上界和下界，且 $P_{i,w}^0 = 0.5(P_{i,w,u} + P_{i,w,l})$；$\Gamma$ 为不确定集合的不确定预算；$h_{i,w}$ 为节点 i 的可再生能源发电机组 w 实际出力相对于预测出力的最大波动幅值。

不确定预算 Γ 的取值决定着不确定集合的不确定程度。当 $\Gamma = 0$ 时，可再生能源出力的波动范围为 0，此时可再生能源出力变成确定型变量；随着不确定预算的增大，不确定集合的不确定程度逐渐增大，不确定集合考虑的可再生能源出力场景的波动范围越大，该不确定集合用于输电网规划得到的解鲁棒性越强；当 $\Gamma = J$（J 为不确定集合中不确定变量的个数）时，不确定预算取值达到最大，此时不确定集合考虑的可再生能源出力场景的波动范围达到最大，输电网规划得到的解鲁棒性也最强，最保守，但往往经济性比较差。为了平衡输电网规划所得解的经济性和鲁棒性，需要选择合适的不确定预算值。

5.1.3　约束条件

第一阶段为输电网架的线路投资决策约束，第二阶段为给定输电线路决策状态下的运行约束。

1. 投资决策约束

输电线路投资扩展的决策约束主要包括以下几方面。

(1)在实际线路建设中，电网的输电线路投资费用具有一定的预算限制，满足建设总预算约束：

$$\sum_{(i,j)\in\Omega}\sum_{k\in K^{+}}c_{I,ij,k}x_{ij,k}\leqslant C_{\max} \tag{5-8}$$

式中，$C_{\max}$ 为电网建设输电线路的总预算。

(2)对于端点相同输电线路，满足序列建设回路约束：

$$x_{ij,k+1}\leqslant x_{ij,k}\,,\ k=1,\cdots,n_{ij}-1,k\in K_{ij}^{+},\forall(i,j)\in\Omega \tag{5-9}$$

$$\begin{cases}x_{ij,k}=1,k\in K_{ij},\forall(i,j)\in\Omega\\ x_{ij,k}\in\{0,1\},k\in K_{ij}^{+},\forall(i,j)\in\Omega\end{cases} \tag{5-10}$$

式中，n_{ij} 为节点 i、j 走廊通道待选线路数量。式(5-9)表明，若第 k 回线路不投建时，第 $k+1$ 至 n_{ij} 回线路均不投建，仅当第 k 回线路投建时，第 $k+1$ 回线路才有可能投建。

(3)由于每条线路走廊通道所允许的建设线路条数是有限的,需满足走廊通道线路数量约束：

$$n_{ij,\min}\leqslant\sum_{k\in K_{ij}}x_{ij,k}\leqslant n_{ij,\max}\,,(i,j)\in\Omega \tag{5-11}$$

式中，$n_{ij,\min}$、$n_{ij,\max}$ 分别为节点 i、j 走廊通道所允许建设线路的最小值和最大值。

2. 运行约束

输电系统的运行状态约束主要包括以下几方面。

(1)对于已建线路，满足已建线路的潮流方程约束：

$$f_{ij,k}=b_{ij,k}(\theta_{i}-\theta_{j}),\qquad(i,j)\in\Omega,\ k\in K_{ij} \tag{5-12}$$

式中，$f_{ij,k}$ 为节点 i、j 第 k 回线路的支路潮流；$b_{ij,k}$ 为节点 i、j 第 k 回线路的电纳；θ_{i}、θ_{j} 分别为节点 i、j 的电压相角。

(2)对于待选线路，若线路投建，则满足潮流约束，若线路不投建，则该线路潮流传输为零，满足待选线路的潮流方程约束：

$$f_{ij,k}=x_{ij,k}b_{ij,k}(\theta_{i}-\theta_{j}),\qquad(i,j)\in\Omega,\ k\in K_{ij}^{+} \tag{5-13}$$

(3)已建线路的潮流容量约束：

$$-f_{ij,\max}\leqslant f_{ij,k}\leqslant f_{ij,\max}\,,\qquad\forall(i,j)\in\Omega,k\in K_{ij} \tag{5-14}$$

式中，$f_{ij,\max}$ 为线路 ij 的最大有功传输功率。

(4)待选线路的潮流容量约束：

$$-f_{ij,\max}x_{ij,k} \leqslant f_{ij,k} \leqslant f_{ij,\max}x_{ij,k}, \qquad \forall\,(i,j)\in\Omega,\ k\in K_{ij}^{+} \tag{5-15}$$

若待选线路投建，则其传输功率不能超过线路潮流容量限值；若待选线路不投建，则传输功率被限定为零。

(5)节点功率平衡约束：

$$\sum_{g\in G_i}P_{i,g} + \sum_{w\in W_i}P_{i,w} - P_{a,i} + \sum_{j\in\Omega_r(i)}\sum_{k\in(K_{ji}\cup K_{ji}^{+})}f_{ji,k} = \sum_{j\in D_i}d_{i,j} - P_{r,i} + \sum_{j\in\Omega_u(i)}\sum_{k\in(K_{ij}\cup K_{ij}^{+})}f_{ij,k} \tag{5-16}$$

式中，$P_{i,g}$ 和 $P_{i,w}$ 分别为与节点 i 连接的传统发电机组 g 的输出功率和可再生能源机组 w 的输出功率；$d_{i,j}$ 为负荷 j 的大小；G_i、W_i 和 D_i 分别为与节点 i 连接的传统发电机组、可再生能源机组和负荷集合；$\Omega_u(i)$、$\Omega_r(i)$ 分别为以节点 i 为功率送端和接收端的线路集合。

(6)发电机组出力上下限约束：

$$P_{i,g,\min} \leqslant P_{i,g} \leqslant P_{i,g,\max}, \qquad i\in N, g\in G_i \tag{5-17}$$

式中，$P_{i,g,\min}$、$P_{i,g,\max}$ 分别为发电机组 g 输出功率的最小值和最大值。

(7)在某些情况下，适当地切负荷有利于系统安全经济运行，但电网公司具有社会服务属性，不仅只考虑经济因素，还需尽可能地满足社会用电需求而尽量少地切负荷，满足节点切负荷约束：

$$0 \leqslant P_{r,i} \leqslant r_{r,i,\max}\sum_{j\in D_i}d_{i,j}, \quad i\in N \tag{5-18}$$

式中，$r_{r,i,\max}$ 为节点 i 所允许的切负荷比例最大值。

(8)为促进可再生能源的消纳，满足节点弃可再生能源约束：

$$0 \leqslant P_{a,i} \leqslant r_{a,i,\max}\sum_{d\in A_i}P_{i,w}, \quad i\in N \tag{5-19}$$

式中，$r_{a,i,\max}$ 为节点 i 所允许的弃可再生能源比例最大值。

5.1.4　双线性项的线性化方法

由于第 k 回线路投建决策的布尔变量 $x_{ij,k}$ 与节点电压相角 θ_i、θ_j 均为决策变量，因此待选线路潮流模型(5-13)为非线性方程。令式 $m_{ij,k}=b_{ij,k}(\theta_i-\theta_j)$，则 $f_{ij,k}=I_{ij,k}m_{ij,k}$。为了将模型化为线性规划问题，本节引入辅助松弛变量 $e_{ij,k}$，则非线性潮流方程约束(5-13)可以松弛化为

$$f_{ij,k}=m_{ij,k}-e_{ij,k}, \qquad (i,j)\in\Omega, \ k\in K_{ij}^+ \tag{5-20}$$

$$-f_{ij,\max}x_{ij,k}\leqslant f_{ij,k}\leqslant f_{ij,\max}x_{ij,k}, \qquad (i,j)\in\Omega, \ k\in K_{ij}^+ \tag{5-21}$$

$$-f_{ij,\max}(1-x_{ij,k})\leqslant e_{ij,k}\leqslant f_{ij,\max}(1-x_{ij,k}), \qquad (i,j)\in\Omega, \ k\in K_{ij}^+ \tag{5-22}$$

$$x_{ij,k}\in\{0,1\}, \qquad (i,j)\in\Omega, \ k\in K_{ij}^+ \tag{5-23}$$

若第 k 回线路 ij 被投建，即 $x_{ij,k}=1$，由式(5-22)可得 $e_{ij,k}=0$，约束式(5-20)~约束式(5-23)等价为已建线路潮流方程约束；若第 k 回线路 ij 没有投建，即 $x_{ij,k}=0$，由式(5-21)可得 $f_{ij,k}=0$，即线路传输功率被限定为零。因此，原非线性潮流模型可以通过引入辅助松弛变量 $e_{ij,k}$ 松弛等价为式(5-20)~式(5-23)的线性混合整数问题。进而传统输电网鲁棒规划模型可松弛转化为由式(5-1)~式(5-12)和式(5-14)~式(5-23)组成的线性混合整数规划模型。

5.2 基于极限场景的输电网鲁棒规划模型

5.1 节建立的传统输电网鲁棒规划模型是一个 min-max-min 三层鲁棒优化模型[13,14]，可以有效地应对最严重的可再生能源波动场景，但由于其单纯地针对发生概率较低的最严重场景进行优化，因而规划结果往往极具保守性。且由于模型中间层存在不确定集变量，使得在求解过程尤其是对偶转化过程中产生具有强非凸性的双线性项，导致模型求解的收敛性较差，限制了其进一步的工程应用。为了解决上述问题，本节提出了极限场景的物理概念，并通过线性规划理论证明了极限场景对可再生能源出力取值空间误差场景的完全鲁棒性[15]。定义误差场景为可再生能源出力在可波动范围内发生波动得到的场景，极限场景则为可再生能源随机出力均处于波动极限边界状态的随机场景。该方法使得所得到的规划策略在预测场景下最优，同时保证在极限场景下仍然鲁棒安全。

5.2.1 模型的转换

5.1 节中建立的传统三层输电网鲁棒规划模型可转换成矩阵形式如下：

$$
\begin{cases}
\min F(x, y, \chi) \\
\text{s.t.} \quad H(x) \leqslant 0 \\
\qquad h(y, \chi) \leqslant 0 \\
\qquad q(x, y, \chi) \leqslant 0
\end{cases}
\tag{5-24}
$$

式中，x 为输电网规划线路投建状态的决策变量；y 为输电网规划的系统运行变量，包括发电机组出力、电压相角等；χ 为可再生能源的出力参数。$H(\cdot)$ 为输电线路的投资约束，即式(5-8)～式(5-11)；$h(\cdot)$、$q(\cdot)$ 为系统运行约束，包括功率平衡约束、线路潮流约束、线路容量约束、发电机组出力约束、平衡节点相角约束等，可再生能源的随机出力主要体现在运行约束中，即式(5-12)和式(5-14)～式(5-23)。$H(\cdot)$、$h(\cdot)$、$q(\cdot)$ 均为线性函数。需要注意的是，虽然功率平衡约束为等式约束，但可以通过等式松弛的方法等价转换为不等式约束形式，在此不再展开阐述。

输电网鲁棒规划目的在于，规划决策方案 x 对于任意的可再生能源出力参数场景 χ，均可以通过系统运行变量 y 的调整，使得运行约束 $h(\cdot)$、$q(\cdot)$ 得以满足，并且使得优化目标最小化，则可取 χ 的所有可能出力作为误差场景约束，因此输电网鲁棒规划模型可表示为

$$
\begin{cases}
\min F(x, y_0, \chi_0) \\
\text{s.t.} \quad H(x) \leqslant 0 \\
\qquad h(y_0, \chi_0) \leqslant 0, \quad q(x, y_0, \chi_0) \leqslant 0 \\
\qquad h(y_1, \chi_1) \leqslant 0, \quad q(x, y_1, \chi_1) \leqslant 0 \\
\qquad \quad \vdots \qquad\qquad\qquad \vdots \\
\qquad h(y_m, \chi_m) \leqslant 0, \quad q(x, y_m, \chi_m) \leqslant 0
\end{cases}
\tag{5-25}
$$

式中，χ_i 为第 i 个可再生能源随机出力的误差场景；y_i 为适应可再生能源误差场景 χ_i 所对应的运行变量；χ_0 和 y_0 分别为可再生能源出力的预测场景及其所对应的运行变量。

当可再生能源出力变化时，由于输电网线路投建的状态变量 x 在运行模拟之前已确定，在运行过程中不随可再生能源出力随机波动而变化，属于输电网规划第一阶段的决策变量。而运行调节变量 y 为在第一阶段的线路决策变量确定后，与可再生能源出力随机场景 χ 变化相适应的运行变量，属于输电网规划的第二阶段变量。若可再生能源出力随机误差场景 χ_i 不为有限个的取值空间，则第二阶段将对应无限个运行约束，此时模型将难以求解。因此需要寻找有限的离散场景代替整个取值空间。图 5-1 是两个风电场的场景取值空间示意图。需要注意的是，极限场景个数与风电场节点数有关，当系统包含 $n(n \geqslant 3)$ 个风电场节点时，出力空间为一个有 2^n 个顶点的 n 维凸多面体，每个顶点则与一个风电极限场景相对应。

另外，在工程应用中，可以充分地利用其他的风电预测信息(如风电预测误差概率分布)，并根据规划人员的规划运行经验，构建出满足一定置信水平 β(如 $\beta=90\%$ 或 $\beta=95\%$)下的极限场景，灵活地调整模型考虑的历史场景数量与鲁棒规划方案的保守性，实现鲁棒性和经济性的平衡。

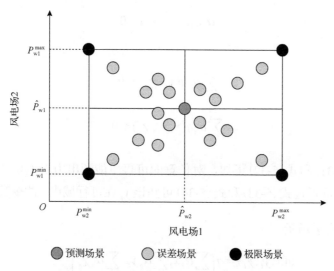

图 5-1　两个风电场的场景取值空间示意图

可以证明，极限场景对于可再生能源出力取值空间的误差场景具有完全鲁棒性，即对于线路投建的状态变量 x，只要运行变量 y 可以适应极限场景，则可以适应可再生能源出力空间中的其他误差场景。具体证明如下所示。

设 χ_1，χ_2，$\cdots$，χ_S 为可再生能源出力取值空间中的极限场景，分别与可行运行变量解 y_1，y_2，$\cdots$，y_S 相对应，S 为极限场景个数。对于线性函数 $h(\cdot)$、$q(\cdot)$，不妨假设其表达式为

$$\begin{cases} h(y,\chi) = By - C\chi \leqslant 0 \\ q(x,y,\chi) = Mx + Ny - O\chi \leqslant 0 \end{cases} \tag{5-26}$$

式中，B、C、M、N、O 为约束变量的系数矩阵。

由于 χ_1，χ_2，$\cdots$，χ_S 为可再生能源出力取值空间中的极限场景，因此取值空间中的任意误差场景 χ_i 均可以通过极限场景线性表征，即存在一组不均为零的实数 α_1，α_2，$\cdots$，α_S，其中 $\alpha_s \in [0,1]$，使得

$$\chi_i = \alpha_1\chi_1 + \alpha_2\chi_2 + \cdots + \alpha_S\chi_S \tag{5-27}$$

且

$$\alpha_1 + \alpha_2 + \cdots + \alpha_S = 1 \tag{5-28}$$

易知，对于 $\forall s = 1, 2, \cdots, S$，均有

$$\alpha_s h(y_s, \chi_s) \leqslant 0 \tag{5-29}$$

$$\alpha_s q(x, y_s, \chi_s) \leqslant 0 \tag{5-30}$$

因此

$$\sum_s \alpha_s h(y_s, \chi_s) \leqslant 0 \tag{5-31}$$

$$\sum_s \alpha_s q(x, y_s, \chi_s) \leqslant 0 \tag{5-32}$$

由式(5-31)和式(5-32)可知，对任意的可再生能源出力误差场景 χ_i，如果取 $y_i = \sum_s \alpha_s y_s$ 则通过式(5-33)和式(5-34)可知该 y_i 在可行域内，故令其为与 χ_i 对应的运行调节变量场景。

$$
\begin{aligned}
q(x, y_i, \chi_i) &= q\left(\sum_s \alpha_s x, \sum_s \alpha_s y_s, \sum_s \alpha_s \chi_s\right) \\
&= M\sum_s \alpha_s x + N\sum_s \alpha_s y_s - O\sum_s \alpha_s \chi_s \\
&= \sum_s \alpha_s (Mx + Ny_s - O\chi_s) \\
&= \sum_s \alpha_s q(x, y_s, \chi_s) \leqslant 0
\end{aligned}
\tag{5-33}
$$

$$h(y_i, \chi_i) = \sum_s \alpha_s h(y_s, \chi_s) \leqslant 0 \tag{5-34}$$

因此，若规划方案能适应可再生能源出力的极限场景，则对取值空间内的其他误差场景也具有适应性，故模型(5-25)可转化为

$$
\left\{
\begin{aligned}
&\min \quad F(x, y_0, \chi_0) \\
&\text{s.t.} \quad H(x) \leqslant 0 \\
&\qquad h(y_0, \chi_0) \leqslant 0, \quad q(x, y_0, \chi_0) \leqslant 0 \\
&\qquad h(y_1, \chi_1) \leqslant 0, \quad q(x, y_1, \chi_1) \leqslant 0 \\
&\qquad \qquad \vdots \qquad \qquad \qquad \vdots \\
&\qquad h(y_S, \chi_S) \leqslant 0, \quad q(x, y_S, \chi_S) \leqslant 0
\end{aligned}
\right.
\tag{5-35}
$$

5.2.2　基于 Benders 分解的输电网两阶段规划模型求解方法

当可再生能源并网规模较大时，模型求解的维数急剧增加，整体求解难度较大。因此，本书采用 Benders 分解算法求解所构建两阶段规划模型，以降低模型的维数和求解的难度。

具体地，模型(5-35)可以用以下形式表示：

$$
\begin{cases}
\min\limits_{x,y} c^{\mathrm{T}}x + b^{\mathrm{T}}y \\
Ax \leqslant d \\
By \leqslant C\chi \\
Mx + Ny \leqslant O\chi \\
x \in [0,1],\ y \in \mathrm{R}^n
\end{cases}
\tag{5-36}
$$

本书所构建的含投资和运行成本的输电网鲁棒规划模型主要包括线路投资决策与运行模拟两部分，可以理解为两阶段的优化决策问题：第一阶段为在线路投资扩展约束下的线路投建决策问题，确定网架结构状态；第二阶段为在第一阶段的输电线路决策状态确定后，在各个场景约束下的运行优化模拟。

$$
\begin{cases}
\min\limits_{x} (c^{\mathrm{T}}x + b^{\mathrm{T}}y) \\
\text{s.t.}\ \ Ax \leqslant d \\
\qquad\ x \in [0,1] \\
\min\limits_{y} b^{\mathrm{T}}y \\
\text{s.t.}\ \ \ By \leqslant C\chi \\
\qquad\ Mx + Ny \leqslant O\chi \\
\qquad\ y \in \mathrm{R}^n
\end{cases}
\tag{5-37}
$$

设 λ、μ 分别为对应于不等式约束 $-By \geqslant -C\chi$ 与 $-(Mx+Ny) \geqslant -O\chi$ 的对偶乘子向量。由对偶理论，模型式(5-37)第二阶段的原始子问题所相应的对偶子问题为

$$
\begin{cases}
\mathrm{Sub}(\lambda,\mu) = \max\limits_{\lambda,\mu} \lambda^{\mathrm{T}}(-C\chi) + \mu^{\mathrm{T}}(Mx - O\chi) \\
-\lambda^{\mathrm{T}}B - \mu^{\mathrm{T}}N = b \\
\lambda \geqslant 0,\quad \mu \geqslant 0
\end{cases}
\tag{5-38}
$$

若原子问题不可行或者对偶子问题无界，则通过求解下述辅助性子问题来产

生 Benders 可行性割平面：

$$
\begin{cases}
\max\ 0 \\
\lambda^{\mathrm{T}}(-C\chi) + \mu^{\mathrm{T}}(Mx - O\chi) = 1 \\
-\lambda^{\mathrm{T}}B - \mu^{\mathrm{T}}N = b \\
\lambda \geqslant 0, \quad \mu \geqslant 0
\end{cases}
\tag{5-39}
$$

由强对偶性定理可知，若原问题有最优解，则其对偶问题也必存在最优解，且在最优解处，原问题与对偶问题的目标函数值相等。求解对偶子问题后，引入辅助变量 η，向投资主问题返回子问题的 Benders 割信息，此时投资主问题可表示为

$$
\begin{cases}
\min_{x}\ c^{\mathrm{T}}x + \eta \\
Ax \leqslant d \\
\eta \geqslant \lambda_u^{\mathrm{T}}(-C\chi) + \mu_u^{\mathrm{T}}(Mx - O\chi), \quad u = 1, \cdots, N_u \\
\lambda_v^{\mathrm{T}}(-C\chi) + \mu_v^{\mathrm{T}}(Mx - O\chi) \leqslant 0, \quad v = 1, \cdots, N_v \\
x \in [0, 1]
\end{cases}
\tag{5-40}
$$

式中，N_u、N_v 分别为最优割与可行割的子问题数目。

采用 Benders 分解算法求解上述所提两阶段输电网规划模型，其主要流程步骤如下所示。

步骤 1：初始化。设定初始 Benders 上界 $\mathrm{UB} = +\infty$，下界 $\mathrm{LB} = -\infty$，以及收敛允许误差 $\varepsilon = 10^{-6}$，迭代次数 $l = 1$。

步骤 2：主问题。求解投资主问题模型 (5-40)，获得最优主问题解 (x^*, η^*)，更新 Benders 下界 $\mathrm{LB} = c^{\mathrm{T}}x^* + \eta^*$。

步骤 3：子问题。将主问题的最优决策变量 x^* 代入对偶子问题模型 (5-38) 并求解，获得最优子问题解 (λ^*, μ^*)，向主问题返回 Benders 割信息，并更新 Benders 上界 $\mathrm{UB} = c^{\mathrm{T}}x^* + \mathrm{Sub}(\lambda^*, \mu^*)$；若对偶子问题无界，则通过求解辅助性子问题模型 (5-39) 产生可行性 Benders 割平面。

步骤 4：收敛性。若 $(\mathrm{UB} - \mathrm{LB})/\mathrm{UB} \leqslant \varepsilon$，则算法结束，并输出最优线路投资决策变量 x^*；若 $(\mathrm{UB} - \mathrm{LB})/\mathrm{UB} > \varepsilon$，则 $l = l+1$，并返回步骤 2，求解投资主问题。

5.3　基于概率驱动的输电网鲁棒规划模型

5.2 节中基于极限场景的输电网鲁棒规划方法只利用波动边界信息而无须可

再生能源出力的准确概率分布，在给定不确定因素的所有现实情况下，该方法可寻找一个最优策略，使得模型满足在不确定集合所有取值下的系统安全约束。由此可知，只要可再生能源的随机出力不越出其极限场景集，则所得规划方案并不会明显地发生变化。然而，正因为基于极限场景的输电网鲁棒扩展规划方法忽略了可再生能源出力的概率信息，使得所得规划结果极易陷入过于保守的问题，因此所得规划方案在实际工程应用中往往是次优的。需要注意的是，虽然精准的可再生能源出力概率密度信息通常难以获取，但通过电网的调度控制中心获取部分可用的历史概率信息在实际中是可行的[16-18]。因此，仅仅利用可再生能源出力的上下界去构建鲁棒规划的极限场景集，会导致可用历史概率信息的浪费，难以有效地解决鲁棒规划过于保守的问题。

为了降低鲁棒规划方案的保守性，本节结合随机规划技术与鲁棒优化方法各自的优点，充分地利用可获取的概率分布信息，提出了一种内嵌随机概率信息的输电网鲁棒规划模型，该模型能充分地融合随机规划与鲁棒优化的优势，既能嵌入随机规划中的可再生能源出力概率信息，同时也能保证所得投资决策方案能像传统鲁棒优化那样应对最恶劣的不确定性波动。

5.3.1　可再生能源出力场景的概率不确定集

对于给定的一组可再生能源随机出力，不妨假设包含 Z 个可再生能源随机出力，可以得到由这些历史数据所形成在不同出力场景下的预测概率，如以 S 个可再生能源出力场景为例，可以计算得到在每个场景下的预测概率 q_1^0，q_2^0，$\cdots$，q_s^0，$\cdots$，q_S^0。然而，实际的概率分布可能与预测概率分布有所区别。从理论上而言，可再生能源出力场景概率的取值可以任意波动，但是实际中其往往在预测概率周围波动且较少大幅度偏离预测概率，为使其与获得的实际运行数据更加贴切，且保证其在合理的范围内波动，本节利用概率构建了可再生能源出力波动的不确定集，通过 1-范数和 ∞-范数来度量可再生能源出力场景概率波动测度，所构建的概率不确定集具体如下所示。

$$
\begin{aligned}
H_1 &= \left\{ q_s \left\| q_s - q_s^0 \right\|_1 \leqslant \delta_1 \right\} \\
&= \left\{ q_s \left| \begin{array}{l} \sum\limits_{s \in S} \left| q_s - q_s^0 \right| \leqslant \delta_1 \\ \sum\limits_{s \in S} q_s = 1 \\ q_s \geqslant 0, \ s \in S \end{array} \right. \right\}
\end{aligned}
\tag{5-41}
$$

$$H_\infty = \left\{ q_s \left\| \|q_s - q_s^0\|_\infty \leqslant \delta_\infty \right. \right\}$$

$$= \left\{ q_s \left| \begin{array}{l} \max_{s \in S} \left| q_s - q_s^0 \right| \leqslant \delta_\infty \\ \sum_{s \in S} q_s = 1 \\ q_s \geqslant 0, \ s \in S \end{array} \right. \right\} \tag{5-42}$$

实际上，1-范数和 ∞-范数不确定集从两个角度刻画了可再生能源出力场景概率的不确定性，其中，1-范数不确定集从总波动量的角度刻画可再生能源出力场景概率的不确定性，而 ∞-范数则从所有场景中最大波动概率的角度描述可再生能源出力场景概率的不确定性。需要注意的是，如果仅仅利用其中一种不确定集刻画场景概率的不确定性，则会使得概率不确定集的刻画不够准确，进而增加规划方案的保守度。因此，构建了包含 1-范数和 ∞-范数的混合不确定集刻画可再生能源出力场景的概率，如式(5-43)所示。

$$H = \left\{ q_s \left| \begin{array}{l} \sum_{s \in S} \left| q_s - q_s^0 \right| \leqslant \delta_1 \\ \max_{s \in S} \left| q_s - q_s^0 \right| \leqslant \delta_\infty \\ \sum_{s \in S} q_s = 1 \\ q_s \geqslant 0, \ s \in S \end{array} \right. \right\} \tag{5-43}$$

在式(5-43)中，δ_1 和 δ_∞ 可看成可再生能源出力场景概率波动的不确定预算，其取值对所求规划结果产生较大的影响。特别地，当不确定预算取值为 0 时，$q_s = q_s^0$，即实际概率与预测概率相等，此时对应于不考虑概率波动的随机规划；随着不确定预算的增大，可适应的不确定概率波动增大，所得规划方案保守性逐渐增强。因此，有必要寻找确定 δ_1 和 δ_∞ 的方法以合理地确定鲁棒规划的保守度。

由文献[17]和[18]可知，q_s 满足式(5-44)与式(5-45)的置信水平关系：

$$Pr \left\{ \sum_{s \in S} \left| q_s - q_s^0 \right| \leqslant \delta_1 \right\} \geqslant 1 - 2Se^{-2Z\delta_1/S} \tag{5-44}$$

$$Pr \left\{ \sum_{s \in S} \left| q_s - q_s^0 \right| \leqslant \delta_\infty \right\} \geqslant 1 - 2Se^{-2Z\delta_\infty} \tag{5-45}$$

此外，注意式(5-44)与式(5-45)的 $1 - 2Se^{-2Z\delta_1/S}$ 和 $1 - 2Se^{-2Z\delta_\infty}$ 表示概率的置信水平，在此以 α_1 和 α_∞ 表示，故式(5-44)与式(5-45)可转化为式(5-46)与式(5-47)，

如下所示。

$$Pr\left\{\sum_{s\in S}\left|q_s - q_s^0\right| \le \delta_1\right\} \ge \alpha_1 \tag{5-46}$$

$$Pr\left\{\sum_{s\in S}\left|q_s - q_s^0\right| \le \delta_\infty\right\} \ge \alpha_\infty \tag{5-47}$$

联合式(5-44)、式(5-45)和式(5-46)、式(5-47)，可推导不确定预算 δ_1 / δ_∞、置信水平 α_1 / α_∞、可用可再生能源随机出力个数 Z，以及可再生能源出力场景数 S 的关系如下：

$$\delta_1 = \frac{S}{2Z}\ln\frac{2S}{1-\alpha_1} \tag{5-48}$$

$$\delta_\infty = \frac{1}{2Z}\ln\frac{2S}{1-\alpha_\infty} \tag{5-49}$$

5.3.2　概率驱动的输电网鲁棒规划模型

本节所建立的基于概率驱动的输电网鲁棒规划以可再生能源出力概率构造不确定集，通过内层的 max-min 双层优化求解运行决策变量，寻找 S 个离散场景的最恶劣概率分布情况，并计算其期望成本的最大值，最后通过外层 min 投资问题的优化寻找应对此变化的最优投资策略。

1. 目标函数

$$\min_{x(\bullet)} C_I + \sigma C_O \tag{5-50}$$

$$C_O = \max_{\mathcal{H}} \min_{y(\bullet)} \sum_{s\in S}\sum_{i\in N}\left(\sum_{g\in G_i} q_s c_{i,g,s} P_{i,g,s} + q_s c_{i,a,s} P_{i,a,s} + q_s c_{i,r,s} P_{i,r,s}\right) \tag{5-51}$$

式中，$x(\bullet)$ 为输电线路投资决策约束集合；$\mathcal{H}$ 为可再生能源出力场景概率不确定集；$y(\bullet)$ 为给定投资决策变量和不确定概率下的输电网运行域；C_I 为规划线路的投资费用，计算公式参照式(5-2)；C_O 为在给定投资决策方案下，最恶劣可再生能源出力场景概率波动所对应的期望运行成本，包括三项：发电机组的发电成本 $\sum_{s\in S}\sum_{i\in N}\sum_{g\in G_i} q_s c_{i,g,s} P_{i,g,s}$，无法完全消纳可再生能源出力所造成的弃可再生能源成本 $\sum_{s\in S}\sum_{i\in N} q_s c_{i,a,s} P_{i,a,s}$，以及无法满足用电需求的切负荷成本 $\sum_{s\in S}\sum_{i\in N} q_s c_{i,r,s} P_{i,r,s}$。

本节所建的模型从整体上属于三层优化问题:

(1)外层优化寻找最小化的投资扩展策略。

(2)中间层在上层给定的投资扩展策略下,寻找最恶劣的概率波动。

(3)内层在上层投资扩展策略和中间层概率不确定集给定的情况下,寻找最优的系统运行策略。

2. 约束条件

1)投资决策约束

基于概率驱动的输电网鲁棒规划模型的外层优化约束为最小化输电线路投资扩展约束,具体包括以下几方面。

(1)建设总预算约束:

$$\sum_{(i,j)\in\Omega}\sum_{k\in K^+}c_{I,ij,k}x_{ij,k}\leqslant C_{\max} \tag{5-52}$$

(2)端点相同输电线路的序列建设回路约束:

$$x_{ij,k+1}\leqslant x_{ij,k}, \quad k=1,\cdots,n_{ij}-1,k\in K_{ij}^+,\forall(i,j)\in\Omega \tag{5-53}$$

$$x_{ij,k}=1, \quad k\in K_{ij},\forall(i,j)\in\Omega$$
$$x_{ij,k}\in\{0,1\}, \quad k\in K_{ij}^+,\forall(i,j)\in\Omega \tag{5-54}$$

(3)走廊通道线路数量约束:

$$n_{ij,\min}\leqslant\sum_{k\in K_{ij}\cup K_{ij}^+}x_{ij,k}\leqslant n_{ij,\max}, \quad (i,j)\in\Omega \tag{5-55}$$

2)概率不确定集约束

中间层优化约束为在给定投资决策变量下的可再生能源出力场景概率约束,具体为

$$\mathcal{H}=\left\{q_s\left|\begin{array}{l}\sum_{s\in S}\left|q_s-q_s^0\right|\leqslant\delta_1\\\max_{s\in S}\left|q_s-q_s^0\right|\leqslant\delta_\infty\\\sum_{s\in S}q_s=1\\q_s\geqslant0,\ s\in S\end{array}\right.\right\} \tag{5-56}$$

3)输电系统运行约束

内层优化约束为在投资决策变量 $x(\cdot)$ 和概率不确定集 $\mathcal{H}$ 给定情况下的输电

运行约束，对应的运行域为 $y(\bullet)$，具体包括以下几方面。

(1) 已建线路与待选线路的潮流方程约束：

$$f_{ij,k,s} = b_{ij,k}(\theta_{i,s} - \theta_{j,s}), \qquad s \in S, \ (i,j) \in \Omega, \ k \in K_{ij} \tag{5-57}$$

$$f_{ij,k,s} = m_{ij,k,s} - e_{ij,k,s}, \qquad s \in S, (i,j) \in \Omega, \ k \in K_{ij}^{+} \tag{5-58}$$

$$-f_{ij,\max} x_{ij,k} \leqslant f_{ij,k,s} \leqslant f_{ij,\max} x_{ij,k}, \qquad s \in S, (i,j) \in \Omega, \ k \in K_{ij}^{+} \tag{5-59}$$

$$-f_{ij,\max}(1 - x_{ij,k}) \leqslant e_{ij,k,s} \leqslant f_{ij,\max}(1 - x_{ij,k}), \qquad (i,j) \in \Omega, \ k \in K_{ij}^{+} \tag{5-60}$$

$$x_{ij,k} \in \{0,1\}, \qquad (i,j) \in \Omega, \ k \in K_{ij}^{+} \tag{5-61}$$

(2) 已建线路的潮流容量约束：

$$-f_{ij,\max} \leqslant f_{ij,k,s} \leqslant f_{ij,\max}, \qquad s \in S, \ \forall (i,j) \in \Omega, k \in K_{ij} \tag{5-62}$$

(3) 待选线路的潮流容量约束：

$$-f_{ij,\max} x_{ij,k} \leqslant f_{ij,k,s} \leqslant f_{ij,\max} x_{ij,k}, \qquad s \in S, \ \forall (i,j) \in \Omega, \ k \in K_{ij}^{+} \tag{5-63}$$

(4) 节点功率平衡约束：

$$\sum_{g \in G_i} P_{i,g,s} + \sum_{w \in W_i} P_{i,w,s} - P_{i,a,s} + \sum_{j \in \Omega_i(i)} \sum_{k \in (K_{ji} \bigcup K_{ji}^{+})} f_{ji,k,s}$$

$$= \sum_{j \in D_i} d_{i,j} - P_{i,r,s} + \sum_{j \in \Omega_i(i)} \sum_{k \in (K_{ij} \bigcup K_{ij}^{+})} f_{ij,k,s}, \qquad i \in N \tag{5-64}$$

(5) 发电机组出力上下限约束：

$$P_{i,g,\min} \leqslant P_{i,g,s} \leqslant P_{i,g,\max}, \qquad i \in N, s \in S, g \in G_i \tag{5-65}$$

(6) 节点切负荷约束：

$$0 \leqslant P_{i,r,s} \leqslant r_{i,r,\max} \sum_{j \in D_i} d_{i,j}, \qquad s \in S, i \in N \tag{5-66}$$

(7) 节点弃可再生能源约束：

$$0 \leqslant P_{i,a,s} \leqslant r_{i,a,\max} \sum_{w \in W_i} P_{i,w}, \qquad s \in S, i \in N \tag{5-67}$$

为了便于表示，上述的输电网鲁棒规划模型可以表示为

$$\min_{x} \left(a^{\mathrm{T}}x + \max_{q_s \in \mathcal{H}} \min_{y_s \in y(\bullet)} \sum_{s \in S} q_s b^{\mathrm{T}} y_s \right) \tag{5-68}$$

$$\text{s.t.} \quad Cx \geqslant c, \quad x \in \{0, 1\} \tag{5-69}$$

$$H = \left\{ q_s \left| \begin{array}{ll} \sum\limits_{s \in S} \left| q_s - q_s^0 \right| \leqslant \delta_1, & \max\limits_{s \in S} \left| q_s - q_s^0 \right| \leqslant \delta_\infty \\ \sum\limits_{s \in S} q_s = 1, & q_s \geqslant 0, \quad s \in S \end{array} \right. \right\} \tag{5-70}$$

$$y(\bullet) = \left\{ y_s \left| \begin{array}{ll} Dy_s \leqslant o, & s \in S \\ Ex + Fy_s \leqslant m, & s \in S \\ My_s = u_s, & s \in S \end{array} \right. \right\} \tag{5-71}$$

式中，C、c、D、o、E、F、m 和 M 为与原问题相对应的系数矩阵。

该模型能够充分地利用风电出力的概率分布信息，更加真实地反映规划长期的可再生能源不确定性，可以有效地降低所得鲁棒方案过强的鲁棒性。此外，本节所提的方法并不要求准确的概率密度分布信息，对具体分布也没有过强的假设要求，因此可以适应于正态分布、Weibull 分布等多种分布。

5.3.3　概率驱动的输电网鲁棒规划模型求解方法

1. 概率不确定集线性化方法

注意到，混合概率不确定集模型(式(5-70))中的 1-范数项 $\sum\limits_{s \in S} \left| q_s - q_s^0 \right| \leqslant \delta_1$ 和 ∞-范数项 $\max\limits_{s \in S} \left| q_s - q_s^0 \right| \leqslant \delta_\infty$ 包含绝对值形式，在模型优化中难以求解绝对值约束，因此有必要将绝对值项等效地以不含绝对值形式表示。在此，本节提出了互斥约束等效方法，该方法通过引入布尔变量 a_s^+ 和 a_s^-，通过互斥约束式(5-72)保证对于每个可再生能源出力场景最多仅有一个方向波动(向上波动或者向下波动)，1-范数项 $\sum\limits_{s \in S} \left| q_s - q_s^0 \right| \leqslant \delta_1$ 可转化为线性约束形式：

$$a_s^+ + a_s^- \leqslant 1, \quad a_s^+, a_s^- \in \{0, 1\}, \quad \forall s \tag{5-72}$$

$$\begin{cases} 0 \leqslant q_s^+ \leqslant a_s^+ \delta_1, & \forall s \\ 0 \leqslant q_s^- \leqslant a_s^- \delta_1, & \forall s \\ q_s = q_s^0 + q_s^+ - q_s^-, & \forall s \end{cases} \tag{5-73}$$

式中，q_s^+ 和 q_s^- 分别表示为可再生能源出力场景概率的向上波动幅度和向下波动幅度。具体地，当 $a_s^+=1$ 时，则 $a_s^-=0$，且 $q_s=q_s^0+q_s^+$，表示场景概率向上偏移波动；当 $a_s^-=1$ 时，则 $a_s^+=0$，且 $q_s=q_s^0-q_s^-$，表示场景概率向下偏移波动。

因此，1-范数项 $\sum_{s\in S}\left|q_s-q_s^0\right|\leqslant\delta_1$ 可线性表示为

$$\sum_{s\in S}(q_s^++q_s^-)\leqslant\delta_1 \tag{5-74}$$

同理，通过互斥约束等效方法，并引入布尔变量 b_s^+ 和 b_s^-，∞-范数项 $\max_{s\in S}\left|q_s-q_s^0\right|\leqslant\delta_\infty$ 可以表示为式(5-75)和式(5-76)。

$$b_s^++b_s^-\leqslant 1, \quad b_s^+,b_s^-\in\{0,1\}, \quad \forall s \tag{5-75}$$

$$\begin{cases}0\leqslant q_s^+\leqslant b_s^+\delta_\infty, & \forall s\\ 0\leqslant q_s^-\leqslant b_s^-\delta_\infty, & \forall s\\ q_s=q_s^0+q_s^+-q_s^-, & \forall s\end{cases} \tag{5-76}$$

因此，∞-范数项 $\max_{s\in S}\left|q_s-q_s^0\right|\leqslant\delta_\infty$ 可线性表示为

$$q_s^++q_s^-\leqslant\delta_\infty, \quad \forall s \tag{5-77}$$

2. 可并行列与约束生成(C&CG)算法

针对 min-max-min 的两阶段数学优化问题，可以通过分解算法求解，主要包括 Benders 分解算法和列与约束生成(column and constraint generation，C&CG)分解算法。然而，由于本节所建模型第二阶段的运行模拟子问题是一个内嵌多可再生能源出力场景的大规模优化问题，经典的 Benders 分解算法或者 C&CG 分解算法难以有效求解。此外，以往的 C&CG 分解算法在求解三层优化问题时需要通过对偶理论转换或者 KKT(Karush-Kuhn-Tucher)条件将内层的 min 优化问题与中层的 max 优化问题合并为单层优化模型。但是无论是使用对偶理论转换或者 KKT 条件，合并为单层优化问题之后均会产生高度非凸的双线性项。双线性项的出现可以适用于节点数较小的微电网或者配电网规模求解，然而，对于节点数和运行变量数均较多的输电系统，将导致合并后的单层子问题难以求解甚至无法求解。

为了解决此难题，本节提出一种可并行的 C&CG 分解算法以高效地求解基于概率驱动的输电网鲁棒规划模型。该方法将中层、内层的 max-min 两层优化问题分解为多个可以并行计算的小型线性优化问题，从而避免了高度非凸双线性项的出现。为了简便，以矩阵形式模型(式(5-68)~式(5-71))详述整个算法过程。

1) 子问题

算法主问题决定模型第一阶段的投资决策变量，对于第 k 次迭代，在算法主问题给定的情况下，子问题尝试寻找最严重的运行状况：

$$\max_{q_s \in \mathcal{H}} \min_{y_s \in \varUpsilon} \sum_{s \in S} q_s b^{\mathrm{T}} y_s \qquad (5\text{-}78)$$

$$\text{s.t.} \quad \varUpsilon = \left\{ y_s \middle| \begin{array}{ll} Dy_s \leqslant o, & s \in S \\ Fy_s \leqslant m - Ex^{k*}, & s \in S \\ My_s = u_s, & s \in S \end{array} \right\} \qquad (5\text{-}79)$$

由于模型的子运行域 $\{y_1, y_2, \cdots, y_s\}$ 之间是相互独立的，且与混合概率不确定集 $\mathcal{H}$ 是分离的，因此 Σ 运算符和 min 运算符可以相互交换，模型(5-78)和模型(5-79)可以转化为

$$\max_{q_s \in \mathcal{H}} \sum_{s \in S} q_s \min_{y_s \in \varUpsilon} b^{\mathrm{T}} y_s \qquad (5\text{-}80)$$

$$\text{s.t.} \quad \varUpsilon = \left\{ y_s \middle| \begin{array}{ll} Dy_s \leqslant o, & s \in S \\ Fy_s \leqslant m - Ex^{k*}, & s \in S \\ My_s = u_s, & s \in S \end{array} \right\} \qquad (5\text{-}81)$$

由于模型的子运行域 $\{y_1, y_2, \cdots, y_s\}$ 之间是相互独立的，因此模型(5-80)和模型(5-81)中的底层问题可以进一步地分解为相互独立的线性规划问题，这些线性规划问题可以通过并行技术进行求解。不妨令 $f_s = \min\limits_{y_s \in \varUpsilon} b^{\mathrm{T}} y_s$，则相互独立的线性规划问题可以表示为

$$f_s^{k*} = \min_{y_s \in \varUpsilon} b^{\mathrm{T}} y_s \qquad (5\text{-}82)$$

$$\text{s.t.} \quad \varUpsilon = \left\{ y_s \middle| \begin{array}{ll} Dy_s \leqslant o, & s \in S \\ Fy_s \leqslant m - Ex^{k*}, & s \in S \\ My_s = u_s, & s \in S \end{array} \right\} \qquad (5\text{-}83)$$

在完全求解相互独立的线性规划模型之后，可以得到每个线性规划模型所对应的最优解 $(f_1^{k*}, f_2^{k*}, \cdots, f_s^{k*})$，而混合概率不确定集模型 $\mathcal{H}$ 的最恶劣解可以通过求解模型(5-84)和模型(5-85)得到。

$$\max_{q_s \in \mathcal{H}} \sum_{s \in S} q_s f_s^{k*} \qquad (5\text{-}84)$$

$$\text{s.t.} \quad H = \left\{ q_s \left| \begin{array}{ll} \sum\limits_{s \in S} \left| q_s - q_s^0 \right| \leqslant \delta_1, & \max\limits_{s \in S} \left| q_s - q_s^0 \right| \leqslant \delta_\infty \\ \sum\limits_{s \in S} q_s = 1, & q_s \geqslant 0, \quad s \in S \end{array} \right. \right\} \tag{5-85}$$

在可并行 C&CG 分解算法中，子问题的求解过程只需要原始变量信息，不需要任何上层子问题或者下层子问题的对偶变量信息，因此完全避免了高度非凸的双线性项出现，这大大有助于加速子问题优化模型的求解速度，因为目前尚未有可以完全有效地求解双线性优化问题的算法。进一步地，由于下层的大规模子问题可以分解为多个相互独立的小型线性规划子问题，因此可以通过并行计算技术求解小型线性优化问题。

2）主问题

根据子问题能否可以取得最优解，迭代地向主问题动态地添加一系列起作用的积极约束，因此主问题由原问题的松弛约束组成。具体而言，对于第 k 次迭代，如果子问题优化存在最优解，则向主问题添加最优割（式（5-86）和式（5-87））。

$$\eta \geqslant \sum_{s \in S} q_s^{k*} b^{\mathrm{T}} y_s^{k+1} \tag{5-86}$$

$$\begin{cases} Dy_s^{k+1} \leqslant o, & s \in S \\ Fy_s^{k+1} \leqslant m - Ex, & s \in S \\ My_s^{k+1} = u_s, & s \in S \end{cases} \tag{5-87}$$

然而，如果子问题不存在可行解，则产生一组松弛变量 y_s^{k+1}，并将可行割约束（5-88）添加至主问题优化。

$$\begin{cases} Dy_s^{k+1} \leqslant o, & s \in S \\ Fy_s^{k+1} \leqslant m - Ex, & s \in S \\ My_s^{k+1} = u_s, & s \in S \end{cases} \tag{5-88}$$

因此，主问题的第 k 次迭代优化问题可以表示为

$$\min a^{\mathrm{T}} x + \eta \tag{5-89}$$

$$\text{s.t.} \quad Cx \geqslant c, \quad x \in \{0,1\} \tag{5-90}$$

$$\eta \geqslant \sum_{s \in S} q_s^{k*} b^{\mathrm{T}} y_s^{k+1}, \quad k \in K \tag{5-91}$$

$$\begin{cases} Dy_s^{k+1} \leqslant o, & s \in S, k \in K \\ Fy_s^{k+1} \leqslant m - Ex, & s \in S, k \in K \\ My_s^{k+1} = u_s, & s \in S, k \in K \end{cases} \tag{5-92}$$

由于主问题是一个混合整数线性规划模型，可以由最先进的求解器有效求解，如 GUROBI、CPLEX 和 BARON 求解器。通过主问题的求解，可以得到分解算法的下界值；通过子问题的求解，可以得到分解算法的上界值。最后，可并行 C&CG 分解算法通过主问题和子问题的不断求解迭代，当下界值与上界值之间的间隙减小到事先预设的阈值 ε 时，则算法收敛并得到最优规划方案。本节所提出可并行 C&CG 分解算法求解流程如图 5-2 所示。

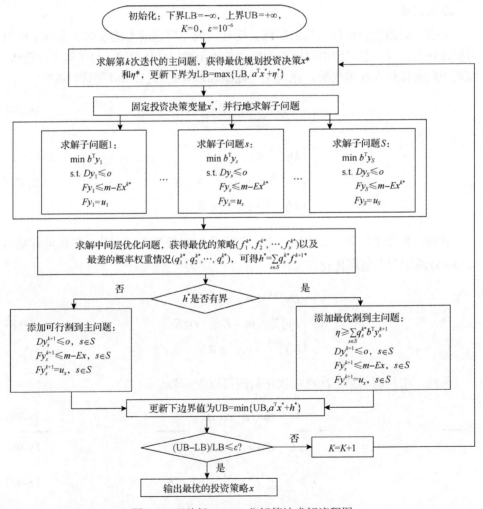

图 5-2 可并行 C&CG 分解算法求解流程图

5.4   应用结果与分析

5.4.1   基于极限场景的输电网鲁棒规划模型算例分析

本节对附录 1 中 Garver-6 节点系统进行基于极限场景的输电网鲁棒规划。传统的 Garver-6 节点系统不含风电机组,为了验证本节所提方法的有效性,本节将节点 6 的发电机组设置为 50 台 10MW 风电机组和总装机容量为 500MW 的光伏电站。线路走廊 2-6 与 3-5 可建 4 回输电线路,其余的已存线路走廊和新建线路走廊最多可建 3 回输电线路,线路造价为 15 万美元/英里[①],资金折现率为 10%,线路回收周期为 10 年,切负荷惩罚成本系数为 4000 美元/MW·h,弃可再生能源惩罚成本系数为 100 美元/MW·h[12],最大弃可再生能源比例为 10%。求解的软件环境为 Window 7,硬件为双核 3.2 GHz CPU、8GB 内存的个人计算机。在商业数学优化软件 GAMS[②]-24.4 环境下编写两阶段输电网鲁棒规划模型程序,主问题与子问题分别为混合整数规划与线性规划模型,分别调用 CPLEX 求解器与 IPOPT 求解器有效求解。

1. 鲁棒规划方案对比分析

在测试仿真中,可再生能源出力的区间波动幅值为 ±60%,在区间内默认服从均匀分布。为了分析规划方案的鲁棒性和经济性,本节首先分别采用传统输电网规划方法和基于极限场景的输电网鲁棒规划方法得到相应的规划线路方案,再分别计算两种规划线路方案在随机运行模拟方式下和极端运行模拟方式下的各项成本及总成本,得到结果对比如表 5-1 所示。

表 5-1   输电网鲁棒规划与传统输电网规划结果对比

运行模拟类型	输电网规划方法	规划线路方案	新增线路总数	线路投资成本/百万美元	切负荷弃可再生能源量/(GW·h)	运行成本/亿美元	总成本/亿美元
随机运行场景	传统输电网规划	2-6(4), 3-5, 4-6(2)	7	7.81	202	3.7813	3.8594
	输电网鲁棒规划	2-6(4), 3-5, 3-6(2), 4-6(3)	10	12.7	14.8	2.9860	3.1134
极端运行场景	传统输电网规划	2-6(4), 3-5, 4-6(2)	7	7.81	1100	11.467	11.545
	输电网鲁棒规划	2-6(4), 3-5, 3-6(2), 4-6(3)	10	12.7	265	4.7781	4.9055

---

① 1 英里=1.609km。

② General Algebraic Modeling System。

　　表 5-1 中的极端运行场景定义为所有模拟场景中使得运行成本最大的场景，运行成本为规划方案在该极端运行场景下的运行模拟一年所对应的等年值费用。需要注意的是，虽然本书算例的极端运行场景均包含在极限场景集内，但极端运行场景与极限场景在其他规划系统并无必然的包含关系。由表 5-1 可知，与传统确定性规划模型相比，鲁棒规划模型在可再生能源接入的节点 6 多投建了一回 4-6 输电线路与两回 3-6 输电线路，线路投资成本增加 492 万美元。但与此同时，鲁棒规划模型可以大幅地降低规划方案的切负荷、弃可再生能源量和运行成本，在运行模拟场景下切负荷弃可再生能源量和运行成本分别降低 186.4GW·h、7953 万美元，规划方案的总成本降低 19.33%，有效地提高了输电网规划方案应对风电出力不确定性的能力。另外，与随机运行场景相比，在极端运行场景下，上述两种规划模型的切负荷弃可再生能源量、运行成本、总成本均有所增加，但与传统确定性规划模型相比，鲁棒规划模型可以减少 835.24GW·h 的弃可再生能源量，总成本降低 58.61%，因此在极端运行情况下，本书所建立鲁棒规划模型的综合效益更加明显。

　　从表 5-1 可看出，本书所提鲁棒规划方案也可能出现一定的弃可再生能源情况，因此并非应对全部的可再生能源波动。需要注意的是，不计成本、全额消纳可再生能源的规划决策方案并不一定是综合效益最优的，允许适当的弃可再生能源往往更有利于提高综合效益。实际上，输电网规划可以视为线路投资成本与可再生能源消纳能力之间的博弈过程，其决策方案为在兼顾线路投资的情况下，使得规划策略能够应对可再生能源的随机波动，寻求线路投资与可再生能源消纳能力的合理均衡。

2. 不同风电波动对鲁棒规划方案的影响

　　为了分析不同可再生能源出力波动对鲁棒规划方案的影响，本书将可再生能源出力偏移度 β 定义为可再生能源极限出力 $\tilde{P}_{i,w}$ 偏离预测出力 $P_{i,w}^0$ 的百分比，以表征可再生能源出力的最大波动偏移程度。为便于分析，不妨假设可再生能源机组具有相同的偏移度，可表示为

$$\beta = \frac{\left| \tilde{P}_{i,w} - P_{i,w}^0 \right|}{P_{i,w}^0} \tag{5-93}$$

　　在不同可再生能源出力偏移度 β 下的鲁棒电网规划结果如表 5-2 所示。

　　由表 5-2 可知，随着可再生能源出力偏移度 β 的增大，为了应对可再生能源出力的随机波动和促进可再生能源的有效消纳，需增加线路投资成本。当可再生能源出力偏移度 β 较小时（β <20%），规划方案可以完全应对可再生能源出力的随

表 5-2　不同可再生能源出力偏移度的规划结果

β /%	线路投资成本/百万美元	切负荷弃可再生能源出力量/(kMW·h)	运行成本/亿美元	总成本/亿美元
0	7.81	0	2.6280	2.7061
20	8.98	0	3.3288	3.4186
40	10.5	3.21	4.0360	4.1407
60	12.7	265	4.7781	4.9055
76	无解	无解	无解	无解

机波动,运行过程中无须采取弃可再生能源或切负荷措施。当可再生能源偏移度 β 进一步增大,如 β=40%时,此时会产生部分的弃可再生能源量,说明此时全额消纳可再生能源出力波动所需投建的线路成本大于线路投建所带来的运行效益,因此宁愿选择部分地弃风而不继续增加投建线路,并且弃可再生能源量和切负荷量随着可再生能源出力偏移度 β 的增大而有所增加。

需要注意的是,由于规划线路走廊、可待选线路数量等存在一定限制,且需要满足一定弃可再生能源和切负荷量约束,因此规划模型对可再生能源出力波动范围有一定极限,当可再生能源出力偏移度 β 增大到一定程度,即 β=76%时,本书的输电网鲁棒规划模型无可行解。在实际工程应用中,应适当通过可再生能源出力预测技术以及规划人员的经验选择合理的可再生能源出力偏移度。

5.4.2　基于概率驱动的输电网鲁棒规划模型算例分析

为了验证基于概率驱动的输电网鲁棒扩展规划模型的有效性和可行性,本节采用附录 1 中的 Garver-6 节点系统和附录 2 中的标准算例系统进行分析和比较。求解模型的软件环境为 Window 10,硬件为 8 核 3.2 GHz CPU、64GB 内存的个人计算机。CPLEX 求解器在求解混合整数线性优化模型时具有较好的稳定性,在 MATLAB R2016b 环境中编程,并调用 CPLEX 12.5 求解器求解。对于所有的算例,CPLEX 求解器内的分支切割算法以及可并行 C&CG 分解算法的收敛阈值 ε 均设为 10^{-6}。

1. Garver-6 节点系统

本节修改节点 6 的发电机组设置为 75 个装机容量为 10MW 的可再生能源发电机组,系统的可再生能源装机渗透率为 55.56%,属于典型高比例可再生能源输电系统。线路走廊 2-6 与 3-5 可建 4 回输电线路,其余的已存线路走廊和新建线路走廊最多可建 3 回输电线路。在 δ_1/δ_∞=0.95、S=10 和 Z=1000 下进行优化仿真,得到投资决策结果如表 5-3 所示。

表 5-3　基于概率驱动输电网鲁棒规划方法所得规划结果

新建线路	投资成本等年值/万美元	总运行费用/亿美元	弃可再生能源费用/美元	切负荷费用/美元
1-3、2-6(4)、3-5、3-6、4-6(2)	2.680	4.7953	0	0

从表 5-3 的仿真结果可以看出由基于概率驱动的输电网鲁棒规划方法所得到的投资决策方案实现了在所有选择的可再生能源出力场景下实现了可再生能源的百分百消纳。切负荷费用为 0 说明了该投资决策方案可以在所有选择的场景下保证供电的可靠性。

为了验证本章所提模型的有效性，将本章所提模型所得规划结果与传统输电网鲁棒规划模型、输电网随机规划模型的结果进行对比分析，其结果如表 5-4 所示。

表 5-4　不同规划方法所得规划结果对比 (S=10, Z=1000)

α_1 / α_∞	综合成本/亿美元		
	本章所提模型	传统鲁棒规划模型	随机规划模型
0.5	4.7604	6.7882	4.7036
0.6	4.7635	6.7882	4.7036
0.7	4.7681	6.7882	4.7036
0.8	4.7742	6.7882	4.7036
0.9	4.7849	6.7882	4.7036
0.95	4.7956	6.7882	4.7036
0.99	4.8202	6.7882	4.7036

由于传统输电网鲁棒规划模型旨在寻找应对最恶劣可再生能源出力波动场景的最优规划方案，难以避免过度的线路投资，所以综合成本最高；输电网随机规划模型仅仅优化所有场景的期望成本值，而忽略了每个场景的概率不确定性，因此相应规划方案的综合成本最低。本章寻找在最恶劣概率不确定性下使多个风电场景加权综合成本最优的规划方案，因此获得鲁棒规划方案的同时有效地减少规划方案的综合成本。此外，传统输电网鲁棒规划与输电网随机规划方法均无法根据置信水平 α_1 / α_∞ 进行自适应地调整，而本章所提模型的规划方案可以依据决策者对置信水平 α_1 / α_∞ 的偏好而灵活改变。具体而言，所得规划方案的综合成本会随着 α_1 / α_∞ 取值的增大而增大，这是因为置信水平 α_1 / α_∞ 意味着需要考虑极端的波动场景，同时也会增加鲁棒规划的不确定预算 δ_1 / δ_∞。当不确定预算 δ_1 / δ_∞ 足够大时，本章所提方法的规划结果将趋近于传统输电网鲁棒规划方法的规划结果。反之，当不确定预算 δ_1 / δ_∞ 足够小时，本章所提方法的规划结果则将趋近于输电

网随机规划方法的规划结果。因此，δ_1/δ_∞可以视为一个预算调整参数，为输电系统的规划决策者提供一个可以根据其对置信水平偏好而灵活调整保守水平的方法，从而使得鲁棒规划结果在传统输电网鲁棒规划方法和输电网随机规划方法之间进行合理的权衡。

2. 标准算例系统

为促进可再生能源消纳，设置最大弃可再生能源比例为 30%，弃可再生能源成本系数为 1000 元人民币/MW·h，大约为平均发电成本的 4 倍。为保证输电网的供电可靠性，设置较高的切负荷成本，为 1200 元人民币/MW·h。在δ_1/δ_∞=0.95、S=10 和 Z=1000 下进行优化仿真，最终的投资决策结果如表 5-5 所示，规划网络拓扑结构如图 5-3 所示。

表 5-5　标准算例系统规划结果

输电网规划方法	新建线路	投资成本等年值/(10^{10}元)	总运行费用/百亿元	弃可再生能源费用/百亿元	切负荷费用/百亿元
基于概率驱动的鲁棒规划方法	1-2(2)、1-4(4)、2-6(2)、3-4(2)、3-16、4-7(2)、5-6、5-7(2)、5-9(2)、7-8、8-9(2)、9-10(2)、10-11、11-12、12-13(2)、13-15(2)、13-25(2)、14-27(2)、14-29(2)、15-35(2)、16-17(3)、17-18(2)、18-19(2)、19-20(2)、19-22(2)、19-23(2)、20-23(2)、20-26(2)、24-26(2)、25-26、26-27(2)、29-32(2)、30-38(2)、31-32、35-37(2)、35-38	0.392	35.881	4.644	0.231
随机规划方法	1-2(2)、1-4(2)、2-4(2)、2-6(2)、3-4(2)、3-16(2)、5-6(2)、5-7(2)、5-9(2)、7-8(2)、8-9(2)、8-17(2)、9-10(2)、10-11(2)、12-13(2)、13-15(2)、13-25(2)、14-17(2)、15-35(2)、16-17(4)、17-22(4)、19-22(2)、19-23(2)、20-26(2)、25-26(2)、26-27(2)、29-32(2)、30-38(2)、31-32(2)、35-38(2)	0.312	19.691	0.198	0

如表 5-5 所示，基于概率驱动的输电网鲁棒规划方法得到的投资决策方案新建了 67 条线路，同随机规划方法所得的投资决策方案相比要多建 3 条线路，相应的投资成本也略高一些。但是，由于概率驱动的鲁棒规划方法中选取的场景同随机规划方法当中运行模拟得到的场景相比具有更强的鲁棒性，因而由该方法所得到的投资决策方案能适应更多的可再生能源出力场景。由于概率驱动的输电网鲁棒规划方法中考虑了一些极限可再生能源出力场景下的电力系统运行模拟状况，因而会产生一定的弃可再生能源费用及切负荷费用，但是相比于总的运行费用来说切负荷费用已经很低，这反映了基于概率驱动的输电网鲁棒规划方法所得的投资决策方案在极限可再生能源出力场景下依旧具有良好的供电可靠性。

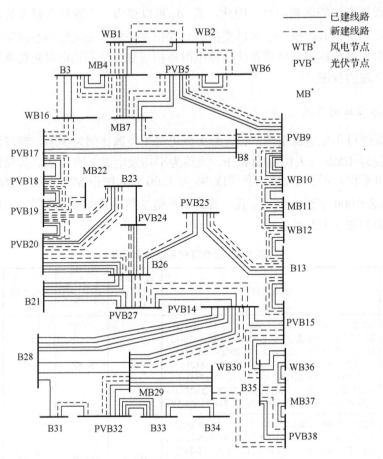

图 5-3　标准算例系统规划网络拓扑结构

　　标准算例系统电网的拓扑结构可划分成五个区，分别为区域 1(节点 1～7)、区域 2(节点 8～15)、区域 3(节点 16～27)、区域 4(节点 28～34)和区域 5(节点 35～38)。从图 5-3 可看出，新建输电线路所连接的节点位于风电、光伏装机容量占比较大的区域 2 和区域 3 中的相对比较多，这可以有效地加强可再生能源并网节点与整个输电网的联系，从而促进可再生能源的有效消纳，提高输电网结构的鲁棒性和安全性，以适应可再生能源出力的不确定性。从新建线路所连接的区域可看出，区域 1～3 之间新建的连接线比较多，这主要是因为区域 1 的负荷较大但其区域内发电装机容量中火电占主要部分，而区域 2 与区域 3 的可再生能源装机容量占比高但其区域内负荷较小，通过新建区域 1 同区域 2 与区域 3 之间的线路可以促进区域之间的功率流动，提高区域 2 与区域 3 中可再生能源的消纳率的同时减少区域 1 中的火力发电功率，进而减少总运行成本。

参 考 文 献

[1] 程浩忠, 李隽, 吴耀武, 等. 考虑高比例可再生能源的交直流输电网规划挑战与展望[J]. 电力系统自动化, 2017, 41(9): 19-27.

[2] Jiang R W, Wang J H, Guan Y P. Robust unit commitment with wind power and pumped storage hydro[J]. IEEE Transactions on Power Systems, 2012, 27(2): 800-810.

[3] 于丹文, 杨明, 翟鹤峰, 等. 鲁棒优化在电力系统调度决策中的应用研究综述[J]. 电力系统自动化, 2016, 40(7): 134-143.

[4] 陈皓勇, 王勇超, 禤培, 等. 含高渗透率风电的微网系统鲁棒经济调度方法[J]. 控制理论与应用, 2017, 34(8): 1104-1111.

[5] 叶荣, 陈皓勇, 王钢, 等. 多风电场并网时安全约束机组组合的混合整数规划解法[J]. 电力系统自动化, 2010, 4(5): 29-33.

[6] Zheng X, Chen H, Xu Y, et al. A hierarchical method for robust SCUC of multi-area power systems with novel uncertainty sets[J]. IEEE Transactions on Power Systems, 2020, 35(2): 1364-1375.

[7] Carrion M, Arroyo J M. A computationally efficient mixed-integer linear formulation for the thermal unit commitment problem[J]. IEEE Transactions on Power Systems, 2006, 21(3): 1371-1378.

[8] Liang Z, Chen H, Wang X, et al. A risk-based uncertainty set optimization method for the energy management of hybrid AC/DC microgrids with uncertain renewable generation[J]. IEEE Transactions on Smart Grid, 2020, 11(2): 1526-1542.

[9] Jabr R A. Robust transmission network expansion planning with uncertain renewable generation and loads[J]. IEEE Transactions on Power Systems, 2013, 28(4): 4558-4567.

[10] Chen B, Wang L. Robust transmission planning under uncertain generation investment and retirement[J]. IEEE Transactions on Power Systems, 2016, 31(6): 5144-5152.

[11] Liang Z, Chen H, Chen S, et al. Probability-driven transmission expansion planning with high-penetration renewable power generation: A case study in northwestern China[J]. Applied Energy, 2019, 255: 113610.

[12] Sun M, Cremer J, Strbac G. A novel data-driven scenario generation framework for transmission expansion planning with high renewable energy penetration[J]. Applied Energy, 2018, 228: 546-555.

[13] García-Bertrand R, Mínguez R. Dynamic robust transmission expansion planning[J]. IEEE Transactions on Power Systems, 2017, 32(4): 2618-2628.

[14] Ruiz C, Conejo A J. Robust transmission expansion planning[J]. European Journal of Operational Research, 2015, 242(2): 390-401.

[15] 梁子鹏, 陈皓勇, 郑晓东, 等. 考虑风电极限场景的输电网鲁棒扩展规划[J]. 电力系统自动化, 2019(16): 58-68.

[16] Yao L, Wang X, Duan C, et al. Data-driven distributionally robust reserve and energy scheduling over Wasserstein balls[J]. IET Generation, Transmission and Distribution, 2018, 12(1): 178-189.

[17] Delage E, Ye Y. Distributionally robust optimization under moment uncertainty with application to data-driven problems[J]. Operations Research, 2010, 58(3): 595-612.

[18] Zhao C, Guan Y. Data-driven risk-averse stochastic optimization with Wasserstein metric[J]. Operations Research Letters, 2018, 46(2): 262-267.

第6章 高比例可再生能源并网、交直流混联的网源协同规划方法

电源建设与电网建设的主体具有多样性，长期以来，电源规划与电网规划在研究与实践中常被分开进行。但是近年来电力系统中可再生能源比例不断增大，弃风、弃光问题越发凸显，电源与电网规划建设的不协调、不匹配受到广泛关注。为了优化利用资源、更加经济地满足用电需求，电源规划与电网规划需要协同考虑、协调进行[1]。本章综合考虑高比例可再生能源并网、交直流电网混联给电力系统带来的影响，建立网源协同规划模型。然后利用大系统分解协调技术思想，将模型分为投资决策子模型与运行优化子模型，结合遗传算法的全局优化和隐含并行性以及梯度算法的局部贪婪搜索性，提出采用混合遗传梯度法作为模型的优化方法，并给出基于 HGG 算法的模型优化求解方法。

6.1 考虑高比例可再生能源并网、交直流混联的网源协同规划模型

网源协同规划是根据规划期内预测的电力负荷需求和负荷特性，计及高比例可再生能源并网、交直流混联的特点，在保证规定的供电可靠性指标前提下，充分考虑各电站运行特点与系统的协调，以及燃料来源和运输情况等因素，对各种可能的规划方案进行模拟计算、可靠性分析、技术经济分析，最终确定最合理的网源协同规划方案。在做规划时，还应注意规划方案对未来供电能力应有一定弹性，规划的新电厂和新线路应有适当的扩建余地，还要考虑全国或地区范围内的燃料和交通运输能力的平衡。也就是说，既要使制定的规划方案能按期实现，又要使规划方案有一定的适应负荷发展变化的能力。已有部分学者对网源协调规划展开研究，文献[2]~[5]建立了电力市场环境下的网源协同规划模型。文献[6]建立了发输电与天然气网的协同扩展规划模型，在多阶段规划周期内同时给出发电机组、传输线路与天然气通道的规划方案。文献[7]提出了考虑风能资源不确定性的发输电联合规划方法，实现总建造成本和总运行成本之和最小。然而传统网源协调规划源端的不确定因素较少，而考虑高比例可再生能源并网、交直流混联的网源协同规划模型应充分地考虑高比例可再生能源发电的强波动性、随机性特点，可再生能源占比约束，规划方案应能满足未来电力系统电力电量平衡概率化、电力系统运行方式多样化、电网潮流双向化等特征。

建立考虑高比例可再生能源并网、交直流混联的网源协同规划模型时对于一些问题的考虑如下所示。

1) 单目标规划

电源规划中，除了追求网源协同规划优化方案的总效益最大或总费用最小，通常还希望实现规划优化方案的一次能源消费量最低且燃料供应保障度最高、环境污染最低、供电可靠性最高、发电商收益最大、用户支出最小等目标，其本质是一个多目标优化问题。

对于多目标问题的寻优方法，通常是将不同网源协同规划方案目标函数值乘以不同权值形成单目标函数，然后采用单目标问题的优化方法来寻优，或者采用模糊决策实现多目标的最终决策。这样一来，权值的选取直接决定了规划模型的最终优化结果。由于网源协同规划模型中很多目标的互斥性以及各目标函数值之间的相对不等价性，使得权值的选取非常困难，这时规划人员的主观意识将起到很大的作用。

本章网源协同规划优化模型中拟采用规划期内系统新建电源电网投资、系统年运行维护费用、燃料费用(计及地区燃料运输方式、运输成本和最大运输能力)、可再生能源弃电费用以及停电损失费用等作为电源规划模型的目标函数，构成一个系统总支出最小的单目标网源协同规划模型。

2) 变量的设置

网源协同规划模型的优化对象是规划期内电源的装机进度、规模和电网的建设进度、规模，一般电源规划模型中都是以规划期各水平年各类待优选机组的装机容量或装机规模作为模型的优化变量，电网规划模型都是以规划期各水平年各线路建设回数和投建时间作为模型的优化变量，这样处理的优点是可以大幅度地降低规划模型的维数和寻优工作量，但存在下述不足：

(1) 实际电源建设是按电站逐个工程项目进行的，并且部分工程项目的装机规模是确定的。因此，按机组类型优化的电源规划优化方案在付诸实施时必然存在归类和舍入误差。

(2) 按机组类型优化的模型完全忽略了各电源点的地理分布特点，这对于结构不紧密的电网而言，其优化方案很可能是不可行的。

(3) 电源建设投资是网源协同规划模型目标函数的主要组成部分之一，按机组类型优化的规划模型忽略了同类电站之间由于电站性质(新建或扩建)和地理分布(接入方式)等不同导致投资差异，不能保证模型的最优方案一定是现实中的最佳方案。

(4) 按机组类型优化的规划模型不能方便地计及电源建设中建设施工约束，如电站建设顺序、施工场地、建设工期等。

本节模型中采用按电站(工程项目及其装机进度)作为模型的优化变量,能够避免上述按机组类型优化的不足。

3) 待优选的电源类型

本节建立的网源协同规划模型能够实现多电源类型,包括煤电、气电、核电、联合循环、水电、储能以及风电和太阳能等可再生能源的优化规划,充分计及各类电源的技术经济特性。

现将本章部分下标符号的含义说明如下:下标 c、h、n、w、v 和 s 分别代表火电机组、水电机组、核电机组、可再生能源电站、光热机组和储能电站;下标 k 代表线路;下标 G 与 T 分别代表电源侧和电网侧;下标 y、m、i 和 t 分别代表年、月、日和小时;下标 z 和 j 分别代表分区和电站;下标 A 代表弃电;下标 M 代表机组检修。

6.1.1　目标函数

相对于传统网源协调规划模型,考虑高比例可再生能源并网、交直流混联的网源协同规划模型以电力系统投资与运行费用之和最小化为优化目标,并充分发挥可再生能源的容量替代效益,为了多目标问题的联合协调优化,目标函数可表示为

$$\min\left(\sum_{y=1}^{Y}(C_{G,I,y}+C_{T,I,y}+C_{O,y}+C_{A,y}+C_{r,y})(1+i)^{-y}\right) \tag{6-1}$$

式中

$$C_{G,I,y}=\sum_{j=1}^{N_{G+}}\alpha_{CRF,j}x_{G,y,j}c_{G,I,j}N_{y,j} \tag{6-2}$$

$$C_{T,I,y}=\sum_{k=1}^{N_{L+}}\alpha_{CRF,k}x_{T,y,k}c_{T,I,k}l_{k} \tag{6-3}$$

$$C_{O,y}=\sum_{j=1}^{N_{G+}}\beta_{G,j}x_{G,y,j}C_{G,I,j}+\sum_{k=1}^{N_{L+}}\beta_{T,k}x_{T,y,k}C_{T,I,k}+\sum_{j=1}^{N_{G}}c_{j}W_{y,j} \tag{6-4}$$

$$C_{A,y}=c_{A1}P_{A,y,\max}+c_{A2}W_{A,y} \tag{6-5}$$

$$C_{r,y}=c_{r1}P_{r,y,\max}+c_{r2}W_{r,y} \tag{6-6}$$

$$\alpha_{CRF,j}=\frac{(1+i)^{n_{j}}}{(1+i)^{n_{j}}-1} \tag{6-7}$$

$$\alpha_{\mathrm{CRF},k} = \frac{(1+i)^{n_k}}{(1+i)^{n_k} - 1} \tag{6-8}$$

式中，规划周期为 Y 年；$C_{\mathrm{G,I},y}$ 为电站投资等年值费用；$C_{\mathrm{T,I},y}$ 为电网投资等年值费用；$C_{\mathrm{O},y}$ 为第 y 年的运行费用；$C_{\mathrm{A},y}$ 为第 y 年的可再生能源弃电费用；$C_{\mathrm{r},y}$ 为第 y 年的切负荷费用；i 为贴现率；$N_{\mathrm{G}+}$ 与 $N_{\mathrm{L}+}$ 分别为待优选电站和待优选线路的数目；N_{G} 为系统中电站总数目；$\alpha_{\mathrm{CRF},j}$ 与 $\alpha_{\mathrm{CRF},k}$ 分别为待优选电站 j 与待优选线路 k 的资金回收系数；$x_{\mathrm{G},y,j}$ 为待优选电站 j 的投资决策变量，为 0-1 变量，当 $x_{\mathrm{G},y,j} = 1$ 时为待优选电站 j 第 y 年投建/扩建，当 $x_{\mathrm{G},y,j} = 0$ 时为待优选电站 j 第 y 年不投建；$x_{\mathrm{T},y,k}$ 为线路 k 的投资决策变量；$c_{\mathrm{G,I},j}$ 与 $c_{\mathrm{T,I},k}$ 分别为待优选电站 j 与待优选线路 k 的单位投资成本；$N_{y,j}$ 为电站 j 在第 y 年的建设容量；l_k 为线路 k 的长度；$\beta_{\mathrm{G},j}$ 与 $\beta_{\mathrm{T},k}$ 分别为电站 j 与线路 k 的年固定运行维护费率；$W_{y,j}$ 与 c_j 分别为电站 j 第 y 年的发电量与单位发电成本；c_{A1} 与 c_{r1} 分别为单位弃电功率费用与单位切负荷功率费用；$P_{\mathrm{A},y,\max}$ 与 $P_{\mathrm{r},y,\max}$ 分别为系统在第 y 年的最大弃电功率与最大切负荷功率。c_{A2} 与 c_{r2} 分别为单位弃电电量费用与单位切负荷电量费用；$W_{\mathrm{A},y}$ 与 $W_{\mathrm{r},y}$ 分别为系统在第 y 年的弃电电量与切负荷电量；n_j 与 n_k 分别为待优选电站 j 与待优选线路 k 的工程寿命。

6.1.2　约束条件

考虑高比例可再生能源并网、交直流混联的网源协同规划模型的约束条件包括网侧约束条件与源侧约束条件。网侧约束条件包括线路投运约束、输电走廊约束、电网功率平衡约束、电网潮流约束等。源侧约束条件包括电站装机约束、连续性装机约束、电站运行约束等。传统电力系统规划仅考虑全年最大负荷，而本节则对电力系统全年 8760 小时的负荷状况进行考虑，大大提高规划的精确性，同时考虑可再生能源的渗透率及弃电率约束，最大化可再生能源的容量替代效益。

1. 网侧约束条件

1) 投资决策约束

(1) 输电走廊约束：

$$\sum_{k \in P} L_{k,y} \leqslant L_{P,\max} \tag{6-9}$$

式中，$L_{k,y}$ 为线路 k 第 y 年的回数；$L_{P,\max}$ 为输电走廊 P 允许的最大回数。

(2)投运年限约束：

$$T_{k,\min} \leqslant T_k \leqslant T_{k,\max} \tag{6-10}$$

式中，T_k 为线路 k 的投产时间；$T_{k,\min}$ 与 $T_{k,\max}$ 分别为实际施工进程以及国家与地方发展等因素决定的线路 k 的最早与最晚投产时间。

2)运行优化约束

(1)电力平衡约束：

$$\sum_{j=1}^{N_{G,z}} P_{j,m,t} + \sum_{l=1}^{N_{L,z}} P_{Ll,m,t} = d_{z,m,t} \tag{6-11}$$

式中，$d_{z,m,t}$ 为系统或分区 z 水平年 m 月 t 时段负荷($z=0$ 表示系统)；$N_{G,z}$ 为分区 z 电站数目；$N_{L,z}$ 为与分区 z 相连线路的数目；$P_{j,m,t}$ 为电站 j 水平年 m 月 t 时段发电出力；$P_{Ll,m,t}$ 为各类分区间线路(包括联络线及输电线)l 水平年 m 月 t 时段送入系统或分区 z 电力(送入为正，送出为负)。

(2)直流潮流约束：

$$P_G - P_d = -B\theta \tag{6-12}$$

式中，P_G 和 P_d 分别为除平衡节以外其他各个节点发电机有功功率和负荷有功功率所组成的向量；θ 为除平衡节点以外其他各节点的电压相位所组成的向量。

(3)电量平衡约束：

$$\sum_{j=1}^{N_{G,z}} W_{j,m,i} + \sum_{l=1}^{N_{L,z}} W_{Ll,m,i} = W_{z,m,i} \bigcap \sum_{z\neq0} W_{z,m,i} = W_{0,m,i} \tag{6-13}$$

式中，$W_{z,m,i}$ 为系统或分区 z 水平年 m 月 i 日预测负荷电量；$W_{j,m,i}$ 为电站 j 水平年 m 月 i 日发电量；$W_{Ll,m,i}$ 为各类分区间线路(包括联络线及输电线)l 水平年 m 月 i 日送入系统或分区 z 电量。

(4)交流线路最大输电容量约束：

$$P_{Ll,\max1} \leqslant P_{Ll,t} + P_{LRl,t} + P_{LSl,t} \leqslant P_{Ll,\max2} \tag{6-14}$$

式中，$P_{Ll,\max2}$、$P_{Ll,\max1}$ 分别为交流线路 l 水平年第 t 时段正向、反向最大输电容量；$P_{LRl,t}$、$P_{LSl,t}$ 分别为交流线路 l 水平年第 t 时段输送的热备用与冷备用容量。

(5)直流线路最大输电容量约束：

$$P_{Lk,\min} \leqslant P_{Lk,t} + P_{LRk,t} + P_{LSk,t} \leqslant P_{Lk,\max} \tag{6-15}$$

式中，$P_{Lk,\min}$、$P_{Lk,\max}$ 分别为直流线路 k 水平年正向最小输电量与最大输电量；$P_{LRk,t}$、$P_{LSk,t}$ 分别为直流线路 k 水平年第 t 时段输送的热备用与冷备用容量。

2. 源侧约束条件

1）投资决策约束

（1）最大装机容量约束：

$$\sum_{y=1}^{Y} x_{G,y,j} N_{y,j} \leqslant N_{j,\max} \tag{6-16}$$

式中，$N_{j,\max}$ 为电站 j 的最大装机容量。

（2）年最大装机容量约束：

$$x_{G,y,j} N_{y,j} \leqslant \Delta N_{j,\max} \tag{6-17}$$

式中，$\Delta N_{j,\max}$ 为电站 j 由施工、投资能力决定的年最大装机规模。

（3）投运年限约束：

$$T_{b,j,\min} \leqslant T_{b,j} \leqslant T_{b,j,\max} \tag{6-18}$$

式中，$T_{b,j}$ 为电站 j 的投产时间；$T_{b,j,\min}$ 与 $T_{b,j,\max}$ 分别为实际施工进程以及国家与地方发展等因素决定的电站 j 的最早与最晚投产时间。

（4）可再生能源装机下限约束：

$$\frac{\displaystyle\sum_{j=1}^{N_{NEW}} X_j}{\displaystyle\sum_{j=1}^{N_G} X_j} \geqslant \alpha \tag{6-19}$$

式中，N_{NEW} 为可再生能源电站的数目；N_G 为系统中电站的数目；α 为可再生能源最低装机占比。

（5）连续性装机约束：待建电站第一台机组投产后，本期后续机组应该按计划连续安装投产。

（6）分期装机约束：对于需分期建设的待建电站，后一期工程必须在其前一期工程被优选上且投产后才能被优选建设。本约束条件可用来优化待建电站的装机规模。

（7）建设顺序约束：根据国家和地方发展需求以及待建电站的前期工作条件等

确定的部分待优选电站的建设顺序。

(8)厂址互斥约束：当同一厂址适宜建设两种及两种以上类型机组时，在一个电源规划方案中，该厂址只允许优选投产一种类型的机组。本约束条件可用来优化选择电源类型及其单机容量。

2)运行优化约束

(1)负荷及事故备用约束：

$$
\begin{cases}
\displaystyle\sum_{j=1}^{N_{G,z}} P_{RR,j,m,i} + \sum_{l=1}^{N_{L,z}} P_{RLRl,m,i} = P_{Rz,m,i} \geqslant P_{RNz,m,i} \\
\displaystyle\sum_{j=1}^{N_{G,z}} P_{RSj,m,i} + \sum_{l=1}^{N_{L,z}} P_{RLSl,m,i} = P_{RSz,m,i}
\end{cases}
\tag{6-20}
$$

式中，$P_{Rz,m,i}$、$P_{RSz,m,i}$ 分别为系统或分区 z 水平年 m 月 i 日热(负荷及事故旋转)备用及冷(事故停机)备用容量；$P_{RNz,m,i}$ 为系统或分区 z 水平年 m 月 i 日热备用容量下限；$P_{RR,j,m,i}$、$P_{RSj,m,i}$ 分别为电站 j 水平年 m 月 i 日承担系统或分区 z 热备用及冷备用容量；$P_{RLRl,m,i}$、$P_{RLSl,m,i}$ 分别为各类分区间线路(包括联络线及输电线)l 水平年 m 月 i 日送入系统或分区 z 热备用及冷备用容量。

(2)调峰平衡约束：

$$
\sum_{j=1}^{N_{G,z}} \Delta P_{j,m,i} + \sum_{l=1}^{N_{L,z}} \Delta P_{Ll,m,i} \geqslant \Delta L_{z,m,i} + P_{Rz,m,i}
\tag{6-21}
$$

式中，$\Delta P_{j,m,i}$、$\Delta P_{Ll,m,i}$ 分别为水平年 m 月 i 日电站 j 或各类分区间线路(包括联络线及输电线)l 调峰容量；$\Delta L_{z,m,i}$ 为系统或分区 z 水平年 m 月 i 日负荷峰谷差。

(3)电站发电出力上、下限约束：

$$
P_{j,m,i,\min} \leqslant P_{j,m,i,t} \leqslant P_{j,m,i,\max}
\tag{6-22}
$$

式中，$P_{j,m,i,\max}$、$P_{j,m,i,\min}$ 分别为水平年 m 月 i 日电站 j 发电出力上、下限。

(4)电站承担备用容量上限约束：

$$
0 \leqslant P_{Rj,m,i} \leqslant P_{Rj,i,\max}
\tag{6-23}
$$

式中，$P_{Rj,m,i}$、$P_{Rj,i,\max}$ 分别为水平年 m 月 i 日电站 j 水平年承担备用容量及其上限。

(5) 电站检修场地约束:

$$n_{Mj,m} \leqslant n_{Mj,\max} \tag{6-24}$$

式中, $n_{Mj,\max}$、$n_{Mj,m}$ 分别为电站 j 在 m 月同时安排检修机组台数上限和实际检修机组台数。

(6) 水电站电量平衡约束:

$$\Delta t \sum_{t=1}^{24} \left(P_{h,j,m,i,t} + P_{h,a,m,j,i,t} \right) = 24 P_{HAVj,m,i} \tag{6-25}$$

式中, Δt 为时段长度, 取 1 小时; $P_{HAVj,m,i}$、$P_{h,j,m,i,t}$、$P_{h,a,m,j,i,t}$ 分别为水电站 j 水平年 m 月 i 日平均出力、t 时段发电出力和调峰弃水电力。

(7) 储能电站电量平衡约束:

$$\begin{cases} 0 \leqslant W_{s,j,m,i,t} \leqslant n_{sj,m,\max} N_j \\ W_{s,j,m,i,t} = W_{s,j,m,i,t-1} + \eta_{sc} P_{s,in,j,m,i,t} - \eta_{sd} P_{s,j,m,i,t} \\ P_{s,in,j,m,i,t} P_{s,j,m,i,t} = 0 \end{cases} \tag{6-26}$$

式中, $P_{s,j,m,i,t}$、$P_{s,in,j,m,i,t}$ 分别为储能电站 j 水平年 m 月 i 日 t 时刻的出力和充电功率; $n_{sj,m,\max}$ 为储能装置最大运行台数; $W_{s,j,m,i,t}$ 为储能电站在 j 水平年 m 月 i 日 t 时段储存的电量; η_{sc}、η_{sd} 分别为充放电效率。

(8) 火电站日开机台数约束:

$$n_{cj,m,\min} \leqslant n_{cj,m,i} \leqslant n_{cj,m,\max} \tag{6-27}$$

式中, $n_{cj,m,\max}$、$n_{cj,m,\min}$ 分别为火电站 j 水平年 m 月开机台数上、下限。

(9) 火电站启停调峰运行时最短开机、停机时间约束:

$$t_{Rj,m,i} \geqslant t_{Rj,\min} \bigcap t_{Sj,m,i} \geqslant t_{Sj,\min} \tag{6-28}$$

式中, $t_{Rj,m,i}$、$t_{Sj,m,i}$ 分别为火电站 j 水平年 m 月 i 日启停调峰运行时连续开机小时数和连续停机小时数; $t_{Rj,\min}$、$t_{Sj,\min}$ 分别为火电站 j 启停调峰运行时连续开机小时数和连续停机小时数下限。

(10) 火电站年发电能耗上、下限约束, 通常用电站年发电利用小时数表示:

$$T_{c,j,\min} \leqslant T_{c,j} \leqslant T_{c,j,\max} \tag{6-29}$$

式中, $T_{c,j}$、$T_{c,j,\max}$、$T_{c,j,\min}$ 分别为电站 j 年发电利用小时数及其上、下限。

(11) 保安开机约束:

$$\sum_{j=1}^{N_{c,z}} n_{cj,m,i} N_j + \sum_{j=1}^{N_{n,z}} n_{nj,m,i} N_j \geqslant N_{z,\min} \tag{6-30}$$

式中, $n_{cj,m,i}$、$n_{nj,m,i}$ 分别为火电站及核电站 j 水平年 m 月 i 日开机台数; $N_{c,z}$ 与 $N_{n,z}$ 分别为分区 z 火电站与核电站数目; N_j 为电站 j 的单机容量; 保安开机容量为火电机组与核电机组为保证系统安全运行的最小开机容量之和, $N_{z,\min}$ 为系统或分区 z 水平年保安开机容量。

(12) 火电旋转备用容量下限约束:

$$\sum_{j=1}^{N_{c,z}} P_{TRj,m,i} \geqslant K_{Tz,\min} P_{Rz,m,i} \tag{6-31}$$

式中, $P_{TRj,m,i}$ 为火电站 j 水平年 m 月 i 日承担热备用容量; $K_{Tz,\min}$ 为火电机组承担系统或分区 z 旋转备用最低比例。

(13) 水电、储能电站备用容量上限约束:

$$\sum_{j=1}^{N_{c,z}} P_{Rhj,m,i} + \sum_{j=1}^{N_{s,z}} P_{Rsj,m,i} \leqslant K_{Hz,\max} \left(P_{Rz,m,i} + P_{RSz,m,i} \right) \tag{6-32}$$

式中, $P_{Rhj,m,i}$、$P_{Rsj,m,i}$ 分别为水电、储能电站 j 水平年 m 月 i 日承担系统及分区 z 备用容量; $N_{s,z}$ 为分区 z 储能电站的数目; $K_{Hz,\max}$ 为系统或分区 z 水电和储能电站承担系统或分区总备用的最大比例。

(14) 系统及分区火电机组检修能力约束:

$$K_{RMz,\min} N_{c,z} \leqslant \sum_{j=1}^{N_{c,z}} n_{Mj,m,i} N_j \leqslant K_{RMz,\max} N_{c,z} \tag{6-33}$$

式中, $P_{RMz,\max}$、$P_{RMz,\min}$ 分别为系统或分区 z 火电检修能力上、下限; $N_{c,z}$ 为系统或分区 z 火电总装机容量; $n_{Mj,m}$ 为火电站 j 水平年 m 月 i 日计划检修机组台数。

(15) 电站爬坡约束:

$$\Delta P_{down,j} \leqslant P_{j,m,t} - P_{j,m,t-1} \leqslant \Delta P_{up,j} \tag{6-34}$$

式中, $\Delta P_{down,j}$ 为电站 j 的最大向下爬坡能力; $\Delta P_{up,j}$ 为电站 j 的最大向上爬坡能力。

3)可靠性约束

(1)年电力不足小时期望值约束:

$$HLOLE_z \leqslant HLOLE_{max} \tag{6-35}$$

式中,$HLOLE_z$ 为分区 z 的年电力不足小时期望值;$HLOLE_{max}$ 为年电力不足小时期望值上限。

(2)年电力不足期望值约束:

$$LOLE_z \leqslant LOLE_{max} \tag{6-36}$$

式中,$LOLE_z$ 为分区 z 的年电力不足期望值;$LOLE_{max}$ 为年电力不足期望值上限。

(3)年电量不足期望值约束:

$$EENS_z \leqslant EENS_{max} \tag{6-37}$$

式中,$EENS_z$ 为分区 z 的年电量不足期望值;$EENS_{max}$ 为年电量不足期望值上限。

网源协调规划模型具有高维数、非线性的特点,若在求解过程中考虑可靠性约束可能导致维数灾问题,模型很难求解,因此本章采用后校验的方式对模型的可靠性进行校验。

6.2　网源协同规划模型的优化求解方法

网源协调规划是一个混合整数线性规划问题,在求解算法方面,文献[8]、[9]通过启发式算法加强经济最优方案的可靠性。文献[10]采用动态规划与混合整数线性规划结合的两步骤方法,提高了计算效率。文献[11]采用基于内点法的非线性规划求解模型。由于网源协调规划问题可能的组合方案数是随着待优选电站和线路的数目成指数型增长的,使得该问题具有高维数、非线性及不确定性特点,传统的数学优化方法很难获得原问题的真正最优解,而基于启发式随机搜索及动态系统进化方法为处理这类问题提供了一种可行的替代方法,本节结合遗传算法与梯度法,提出求解网源协调规划模型的混合遗传梯度算法。

6.2.1　遗传算法基本原理

遗传算法作为一种较成熟的随机优化算法,具有全局优化和隐含并行性,搜索过程能够很快地定位于优化问题整体最优解的领域附近,非常适用于大规模并行计算[12]。本模型采用遗传算法中的动态模板十进制染色体编码法(以下简称动态模板编码法),其编码过程如下所示。

设电力系统有 6 个待优选电站,编号顺序分别为 1~6,初始模板 plate=123456。

若待建电站的投入次序依次为 452613，则染色体的编码过程为首先投运电站 4，其对应初始模板的第 4 位，故染色体首位编码为 4，即 code=4*****；从初始模板 plate=123456 中去掉电站 4 后，该模板变成 plate=12356。接着投运电站 5，对应于当前模板 plate=12356 的第 4 位，故染色体第二位编码也为 4，code=44****；从当前模板 plate=12356 去掉电站 5 后，该模板变成 plate=1236。依次类推，电站 2 的编码为 2，电站 6 的编码为 3，电站 1 的编码为 1，电站 3 的编码为 1，即电站投入运行次序为 452613 对应的染色体编码为 code=442311。按此方法进行编码，能满足染色体编码的完全性、健全性和非冗余性原则。由此法生成的染色体，在进行遗传操作后不会产生无效的染色体。

根据上述原理，可以对由待建电站组成的任一投入运行次序(方案)进行染色体解码。染色体解码是编码的逆过程，例如，对染色体编码 code=442311 进行解码，解得结果为 452613，为待建电站的投入运行次序。

6.2.2 梯度法基本原理

梯度法是求解无约束优化问题的最简单方法[13]，常用于机器学习和人工智能当中用来递归性地逼近最小偏差模型，它是以负梯度方向作为下降方向的极小化算法，故又称最速下降法。

定理 6-1 精确线性搜索方向的收敛性。

设梯度 g_k 在水平集 $L=\left\{x\in R^n\,|\,f(x)\leqslant f(x_0)\right\}$ 上存在且一致连续，采用精确线性搜索的极小化算法产生的方向 d_k 与 $-g_k$ 的夹角 θ_k 满足

$$\theta_k \leqslant \frac{\pi}{2}-\mu, \qquad \exists \mu \geqslant 0 \tag{6-38}$$

或者对某个有限的 k 有 $g_k=0$，或者 $f(x_k)\to -\infty$，$g_k\to 0$。

文献[14]给出了精确线性搜索方向收敛性定理 6-1 的详细证明。

定理 6-2 梯度法的总体收敛性。

设 $\nabla f(x)$ 在水平集 $L=\left\{x\in R^n\,|\,f(x)\leqslant f(x_0)\right\}$ 上存在且一致连续，则梯度法产生的序列满足或者对某个 k 有 $g_k=0$，或者 $f(x_k)\to -\infty$，$g_k\to 0$。

证明：利用精确线性搜索方向收敛性定理 6-1 即可证明。

定理 6-3 梯度法的总体收敛性。

设函数 $f(x)$ 二次连续可微，且 $\left\|\nabla^2 f(x)\right\|M\|$，其中 M 是某个正常数。对任何给定的初始点 x_0，$\lim\limits_{k\to\infty} f(x_k)=-\infty$ 或 $\lim\limits_{k\to\infty} g_k=-\infty$。

关于梯度法的总体收敛性定理 6-3 的证明参见文献[14]。

梯度法具有程序设计简单，计算工作量小，存储量小，对初始点没有特别要求等优点。但是，梯度法的最速下降方向仅是函数的局部性质，对整体求解过程而言，梯度法下降非常缓慢。事实上，由于精确线性搜索满足 $g_{k+1}^{\mathrm{T}} d_k = 0$，则

$$g_{k+1}^{\mathrm{T}} g_k = d_{k+1}^{\mathrm{T}} d_k = 0 \tag{6-39}$$

这表明梯度法中相邻两次搜索方向是正交的，因此该法的迭代路径呈锯齿形状。越是接近极小点，步长越小，其锯齿现象越严重，从而影响了迭代速度。

可以证明，采用精确线性搜索的梯度法的收敛速度是线性的[14]。

6.2.3　基于混合遗传梯度算法的网源协同规划求解方法

1. 网源协同规划模型的分解与协调

Benders 分解与协调技术是解决大系统问题的一种常用技术，能够大大降低大系统优化的复杂性，从而有效地解决大系统优化问题[15]。

网源协同规划模型的目标函数中，新建电站及输电线路的投资等年值、电站及输电线路的年固定运行维护费用以及系统除发电外的其他效益等，仅与规划方案中待优选电站的装机水平和线路的投建状况有关，而与各电站的运行方式无关，即这部分目标函数值仅取决于电源规划方案的投资决策，属于投资决策问题。目标函数的其余部分，如系统年可变运行维护费用、燃料费用是在网源协同规划方案的投资决策确定的条件下，由系统的运行方式确定，属于运行优化的范畴。应用 Benders 分解技术，6.1 节的网源协同规划原问题分解为以电站装机水平和线路投建状态为控制变量的投资决策子模型和以各电站的发电出力为控制变量的运行优化子模型。先分别求解投资决策子模型和运行优化子模型，再协调各子系统，联合优化获得原网源协同规划问题的整体最优解。

2. 投资决策子模型

1）目标函数

投资决策子模型的优化目标为：在计及待建电站各项建设施工约束的条件下，根据系统可靠性约束的要求，优化个体中各待建电站和线路的投建时间，使得规划方案的建设相关费用最小，即

$$\min\left[\sum_{y=1}^{Y}(C_{\mathrm{G,I},y} + C_{\mathrm{T,I},y} + C_{\mathrm{A},y} + C_{\mathrm{r},y})(1+i)^{-y}\right] \tag{6-40}$$

式中

$$C_{\mathrm{G,I},y}=\sum_{j=1}^{N_{\mathrm{G}+}}\alpha_{\mathrm{CRF},j}x_{\mathrm{G},y,j}C_{\mathrm{G,I},j} \tag{6-41}$$

$$C_{\mathrm{T,I},y}=\sum_{k=1}^{N_{\mathrm{L}+}}\alpha_{\mathrm{CRF},k}x_{\mathrm{T},y,k}C_{\mathrm{T,I},k} \tag{6-42}$$

$$C_{\mathrm{A},y}=c_{\mathrm{A1}}P_{\mathrm{A},y,\mathrm{max}}+c_{\mathrm{A2}}W_{\mathrm{A},y} \tag{6-43}$$

$$C_{\mathrm{r},y}=c_{\mathrm{r1}}P_{\mathrm{r},y,\mathrm{max}}+c_{\mathrm{r2}}W_{\mathrm{r},y} \tag{6-44}$$

式中，各变量的含义同 6.1 节。

2) 约束条件

投资决策子模型的约束条件主要为电站投资约束和线路投资约束，电站投资约束包括最大装机容量约束、年最大装机容量约束、投运年限约束、可再生能源装机下限约束、连续性装机约束、分期装机约束、电站建设顺序约束、厂址互斥约束；线路投资约束包括输电走廊约束、投运年限约束，具体见 6.1 节式(6-9)和式(6-10)，式(6-16)～式(6-19)。

3. 运行优化子模型

1) 目标函数

运行优化子模型的优化目标为根据系统的负荷需求与投资决策子模型确定的电站与线路投入时间，计及系统和各电站的运行约束，对规划方案进行规划期逐年的运行优化计算，确定该规划方案中各电站的最佳工作位置和工作容量，使系统的运行费用最小，即

$$\min\left(\sum_{j=1}^{N_{\mathrm{G}+}}\beta_{\mathrm{G},j}x_{\mathrm{G},y,j}C_{\mathrm{G,I},j}+\sum_{k=1}^{N_{\mathrm{L}+}}\beta_{\mathrm{T},k}x_{\mathrm{T},y,k}C_{\mathrm{T,I},k}+\sum_{j=1}^{N_{\mathrm{G}}}c_{j}W_{y,j}\right) \tag{6-45}$$

式中，各变量的含义同 6.1 节。

2) 约束条件

运行优化子模型的约束条件包括电力平衡约束、电量平衡约束、调峰平衡约束、备用需求约束、保安开机约束、电网潮流约束及各类电站运行约束，具体见 6.1 节式(6-11)～式(6-15)、式(6-22)～式(6-37)。

4. 网源协同规划模型的优化步骤

结合遗传算法隐含并行性与全局优化能力和梯度法最速下降方向的函数局部

性质，网源协同规划模型的总体优化流程如图 6-1 所示。

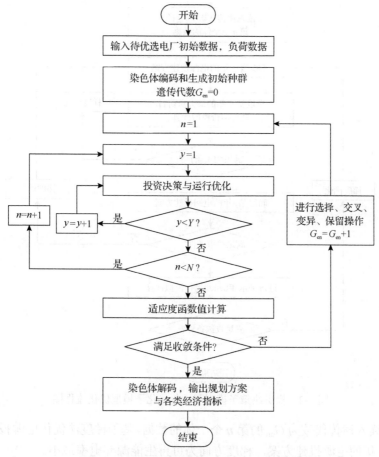

图 6-1　网源协同规划模型的总体优化流程图

步骤 1：输入原始数据，生成初始种群。

输入系统现有数据、待优选电站负荷预测数据与约束条件数据，确定种群个体数 N 与规划期 Y 年。随机生成待优选电站的一组投入顺序，经过编码后形成一个个体，依此方法生成 N 个个体，由 N 个个体便构成了遗传算法的初始种群。

设电力系统待优选电站的数目为 N_b 个，则生成一个染色体的过程如下所示。

(1) 令 $n=N_b$，取 n 等于待优选电站的数目。

(2) 随机产生 $1 \sim n$ 的任一整数，记为该染色体中的一个相应基因段。

(3) 令 $n=n-1$，若 $n=0$，则已生成了初始种群中的一个染色体；否则，返回 (2)。

重复上述操作，直至群体规模达到 N 个个体。

步骤 2：优化投资决策子模型与运行优化子模型。

投资决策子模型与运行优化子模型的优化流程如图 6-2 所示。

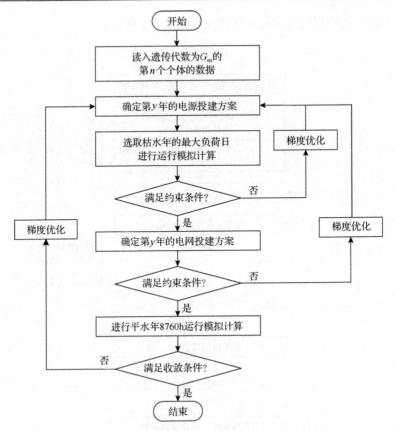

图 6-2 投资决策子模型与运行优化子模型优化流程图

(1) 读入遗传代数为 G_{en} 的第 n 个个体的数据, 基于梯度法优化电源投资决策, 确定第 y 年的电源投建方案, 梯度方向为可再生能源弃电率最小。

(2) 根据步骤 1 形成的电源投建方案, 选取枯水年最大负荷日进行运行模拟计算, 对规划方案进行技术经济评价, 并基于梯度法优化电源投建方案。

(3) 根据电源投建方案, 基于梯度法优化电网投资决策, 确定当年的电网投建方案, 梯度方向为减小网络阻塞程度最大。

(4) 根据电源与电网投资建设方案, 进行平水年 8760h 运行模拟计算, 具体计算流程见 3.3 节, 对规划方案进行详细的技术经济评价, 并根据评价结果优化网源规划方案, 直至满足收敛条件。

按此流程对种群所有个体进行优化, 得到每个个体的目标函数值。

步骤 3: 适应度函数值计算。

遗传算法是根据适应值的大小实现优胜劣汰的迭代算法, 根据式 (6-1) 得出个体的目标函数 F_j 不能直接作为遗传算法的适应度。为此, 利用式 (6-46) 构造个体 j 的适应度为

$$F_j' = \left(\sum_{n=1}^{N} F_n - F_j \right) \Bigg/ \left[(N-1) \sum_{n=1}^{N} F_n \right] \tag{6-46}$$

由式(6-46)可知：个体的目标函数 F_j 越小，相应的适应度函数值 F_j' 越大，F_j 满足：

$$0 < F_j' < 1 \tag{6-47}$$

$$\sum_{j=1}^{N} F_j' = 1 \tag{6-48}$$

步骤 4：收敛判据。

以个体的目标函数、适应度函数值或遗传代数作为判据，检验迭代过程的收敛性。若满足收敛判据，则迭代过程结束，转步骤 6，将当前种群中适应度函数值最大的个体指定为模型的最优解，模型除最优解外，还可输出一组或多组次优解。否则，转步骤 5。

步骤 5：生成新一代种群。

(1)选择。采用适应度函数值比例法作为选择策略，实现选择操作，这种方法是利用各个体的适应度函数值来决定其后代的遗传可能性，对于个体 j，被选中的概率可表示为

$$\mathrm{P_r}(j) = \frac{F_j'}{\sum_{j=1}^{N} F_j'}, \qquad j = 1, 2, \cdots, N \tag{6-49}$$

式中，F_j' 为个体 j 的适应度函数值；N 为群体中的个体数目。

尽管选择过程是随机的，但是每个个体被选择的机会都直接与其适应度函数值成比例。那些没有被选中的个体则从群体中被淘汰出去。当然，由于选择的随机性，群体中适应度函数值最差的个体有时可能被选中，这会影响到遗传算法的作用效果，但随着进化过程的发展，这种影响是微不足道的。

(2)交叉。随机选择两个已经执行选择操作的染色体作为父体，再随机选择一个交叉位置，将两个父本染色体位于交叉位置的对应位互换,形成两个新的染色体。例如，下述两个染色体，当随机交叉点在第 3 位时，交叉后产生两个新的染色体如下所示：

交叉前　　　交叉后
$4\,4\,2\,|\,3\,1\,1 \; \rightarrow 4\,4\,2\,|\,1\,1\,1$
$3\,2\,3\,|\,1\,1\,1 \; \rightarrow 3\,2\,3\,|\,3\,1\,1$

由动态模板编码法的编码和解码规则可知，电站的投建顺序由 452613 和 325146 改变为 452136 和 325614。当待建电站存在工程分期时，交叉操作可能会有无效个体产生，因此，交叉操作后必须对个体进行有效性检查，以保证染色体编码有实际意义。

(3)变异。变异在遗传算法中起着双重作用，一方面变异在群体中提供和保持多样性以使其他的算子可以继续起作用，另一方面变异本身也可以使遗传算法具有局部随机搜索能力。变异是作用在单个染色体上，并且总是产生不同于父代的另一个染色体。

本章采用位置变异算子，即随机选择染色体向量上的两个元，然后将第二个元放在第一个元之前。

设父代染色体向量为

$$m_F = (9, 2, 13, 4, 6, 12, 3, 8, 1, 10, 11, 5, 14, 7, 15)$$

现随机选取两个元分别为第 5 位的 6 和第 11 位的 11，则经过位置变异后生成的子代染色体向量为

$$m_S = (9, 2, 13, 4, 11, 6, 12, 3, 8, 1, 10, 5, 14, 7, 15)$$

(4)保留。完成上述的选择、交叉、变异操作后，根据给定的保留率，将上一代中若干最优(次优)的个体直接复制到本代，并随机替换掉种群中的某些个体，引入保留操作可显著地提高遗传算法的收敛速度，但应适当地提高变异率，减小选择率，以避免由于种群中优秀个体过于集中而导致局部收敛。

完成上述步骤形成新一代种群后，转步骤 2。

步骤 6：解码，输出规划方案。

优化过程结束，当前种群中适应度函数值最大的个体为电源规划模型的最优解。对最优个体和若干次优个体进行解码，选择合适的方案作为最终的规划方案。

6.3　应用结果与分析

本节对附录 2 标准算例系统进行网源协同规划，部分参数设置如下：为促进可再生能源消纳，设置可再生能源的弃电率上限为 5%，可再生能源弃电单价取 500 元/MW。年电力不足小时数上限取 0.5 小时，火电检修容量占总装机容量比例上限为 70%，标煤单价取 700 元/t，重油单价取 2600 元/t，轻油单价取 3000 元/t，天然气单价取 2400 元/t。负荷备用取 3%，事故旋转备用与事故停机备用各取 5%。

系统的电源规划结果如表 6-1 所示，系统新增火电、水电、风电、光伏、光热、储能电站的容量分别为 98000MW、10000MW、60000MW、114000MW、12000MW、3700MW，电源建设总费用为 18328 亿元，新增装机中非水可再生能

源占比达 62.4%，新增电源后系统可再生能源渗透率达 50.64%，符合未来电力系统的结构形态。系统的电网规划结果如表 6-2 所示，括号内数字为线路回路数，系统共新建 54 回线路，其中 12 回线路为分区域之间的联络线，线路建设总投资为 277.2 亿元。B1 与 B22 节点原为孤立节点，现分别经两回线路接入电网，其可再生能源消纳空间得到有效提升。由表 6-1 与表 6-2 可知，系统的电源规划与电网规划是相互协调的，D1、D2、D3 区域新增电源容量较大，同时 D1、D2、D3 区域新建 46 回线路以加强区域内部网架结构和区域间输电通道，有效地提高了本地能源消纳水平和外送能力。

表 6-1　各类型电源建设情况统计表

电站类型	地区					
	D1	D2	D3	D4	D5	合计
火电站/MW	54000	8000	4000	16000	16000	98000
水电站/MW	0	0	10000	0	0	10000
风电机组/MW	25500	25500	3000	6000	0	60000
光伏电站/MW	37500	24000	27000	12000	13500	114000
光热电站/MW	0	4000	8000	0	0	12000
储能电站/MW	2400	0	600	700	0	3700

表 6-2　线路建设情况统计表

线路首端所在区域	线路末端所在区域	具体建设线路
D1	D1	1-2(2), 2-4(2), 2-6(2), 4-7(2), 5-6(2), 5-7(2)
D1	D2	5-9(2)
D2	D2	9-10(2), 10-11(2), 11-12(2), 12-13(2), 13-15(2)
D2	D3	8-17(2), 13-25(2), 14-27(2)
D2	D5	15-35(2)
D3	D3	17-18(2), 18-19(2), 17-22(2), 20-23(2), 20-26(2), 25-26(2), 26-27(2)
D4	D4	29-32(2)
D4	D5	30-38(2)
D5	D5	35-36(2), 35-38(2)

系统费用如表 6-3 所示，系统总计算费用由电源投资费用、电网投资费用、可再生能源弃电费用、切负荷费用构成，在投资费用中，电源投资费用为 18328 亿元，其中可再生能源电站投资费用为 137.4 亿元，占比为 74.97%，可再生能源弃电费用与切负荷费用较少，使可再生能源的容量替代效益最大化。

表 6-3　系统费用统计表

电源投资费用/亿元	电网投资费用/亿元	运行费用/亿元	可再生能源弃电费用/亿元	切负荷费用/亿元
18328	277	2502	65	36

　　各类型电站与线路的年利用小时数如表 6-4 与表 6-5 所示，可以看出，风电的年利用小时数均在 1900h 以上，其中 D1 区域年利用小时数达到了 2470h；光伏的年利用小时数均在 1500h 以上，充分地发挥了非水可再生能源的容量替代效益。线路的年利用小时数均在 1000h 以上，其中年利用小时数在 2001～3000h 的线路占比为 54.32%，可见网源协调规划能确保电源机组建设与电网线路建设的协调匹配，在全局角度制定最优方案。

表 6-4　各类型电站年利用小时数统计表　　　　　　（单位：h）

电站类型	地区				
	D1	D2	D3	D4	D5
火电站	4841	4269	3376	5432	5465
水电站	4022	3629	3717	3321	0
风电机组	2470	2183	1972	2168	2056
光伏电站	1527	1644	1665	1632	1619
光热电站	0	3605	3597	0	0
储能电站	1478	0	1496	1585	0

表 6-5　线路年利用小时数统计表

年利用小时数/h	1000～2000	2001～3000	3001～4000	4001～5000	5001～6000	6001～7000
线路占比/%	7.41	54.32	17.28	7.41	12.35	1.23

　　各分区域非水可再生能源出力情况如表 6-6 所示，各区域弃电率均在 5% 以内，D1 区域非水可再生能源弃电率相对较高，为 4.66%，而 D2、D4 与 D5 区域弃电率仅为 1.06%、0.52% 与 1.03%，可再生能源均得到有效利用。

表 6-6　各分区域非水可再生能源年发电量汇总表

出力情况	地区					
	D1	D2	D3	D4	D5	合计
发电量/(GW·h)	169452.70	150487.09	103053.99	55461.18	45777.15	524232.11
弃电量/(GW·h)	8278.83	1612.61	2417.46	288.35	474.25	13071.5
弃电率/%	4.66	1.06	2.29	0.52	1.03	2.43

　　本节的算例表明网源协调规划模型能实现网源建设成本和系统运行总成本的

最小化，提高投资效率。同时，该模型能合理地确定可再生能源的开发规模，保证能源得到优化利用。

参 考 文 献

[1] 程浩忠, 李隽, 吴耀武, 等. 考虑高比例可再生能源的交直流输电网规划挑战与展望[J]. 电力系统自动化, 2017, 41(9): 19-27.

[2] Tohidi Y, Olmos L, Rivier M, et al. Coordination of generation and transmission development through generation transmission charges-a game theoretical approach[J]. IEEE Transactions on Power Systems, 2017, 32(1): 1103-1114.

[3] Jenabi M, Ghomi S M T F, Smeers Y. Bi-level game approaches for coordination of generation and transmission expansion planning within a market environment[J]. IEEE Transactions on Power Systems, 2013, 28(3): 2639-2650.

[4] Wu Z, Zeng P, Zhang X. Two-stage stochastic dual dynamic programming for transmission expansion planning with significant renewable generation and N-k criterion[J]. CSEE Journal of Power and Energy Systems, 2016, 2(1): 3-10.

[5] 金秋龙, 刘文霞, 成锐, 等. 基于完全信息动态博弈理论的光储接入网源协调规划[J]. 电力系统自动化, 2017, 41(21): 112-118.

[6] Barati F, Seifi H, Sadegh S M, et al. Multi-period integrated framework of generation, transmission, and natural gas grid expansion planning for large-scale systems[J]. IEEE Transactions on Power Systems, 2014, 30(5): 2527-2537.

[7] 张玥, 王秀丽, 曾平良, 等. 基于 Copula 理论考虑风电相关性的源网协调规划[J]. 电力系统自动化, 2017, 41(9): 102-108.

[8] Murugan P, Kannan S, Baskar S. Application of NSGA-II algorithm to single-objective transmission constrained generation expansion planning[J]. IEEE Transactions on Power Systems, 2009, 24(4): 1790-1797.

[9] Alizadeh B, Jadid S. Reliability constrained coordination of generation and transmission expansion planning in power systems using mixed integer programming[J]. IET Generation Transmission and Distribution, 2011, 5(9): 948-960.

[10] Shu J, Wu L, Zhang L, et al. Spatial power network expansion planning considering generation expansion[J]. IEEE Transactions on Power Systems, 2015, 30(4): 1815-1824.

[11] Chatthaworn R, Chaitusaney S. Improving method of robust transmission network expansion planning considering intermittent renewable energy generation and loads[J]. IET Generation Transmission and Distribution, 2015, 9(13): 1621-1627.

[12] 熊信银, 吴耀武. 遗传算法及其在电力系统中的应用[M]. 武汉: 华中科技大学出版社, 2002.

[13] 陈宝林. 最优化理论与算法[M]. 北京: 清华大学出版社, 2005.

[14] 孙文瑜, 徐成贤, 朱德通. 最优化方法[M]. 北京: 高等教育出版社, 2004.

[15] 吴志, 刘亚斐, 顾伟, 等. 基于改进 Benders 分解的储能、分布式电源与配电网多阶段规划[J]. 中国电机工程学报, 2019, 39(16): 4705-4715, 4973.

第 7 章　高比例可再生能源并网
与配电网相协同的输电网规划方法

实际电力系统中，输电网和配电网在物理上紧密耦合。理论上，为获得最优规划方案，应协同考虑包含输电网与配电网所有设备的全局系统。高比例可再生能源并网后，随着输电网与配电网间的互动更加频繁，耦合更为紧密，输电网和配电网彼此独立的调控和规划模式受到挑战[1]。例如，对于 2019 年发生在英国的大停电事故，英国能源监管机构指出，高比例可再生能源和高压直流等电力电子设备接入英国电网(占事故前发电量的 47%)造成了系统转动惯量偏小、抵御事故能力偏弱[2]。此外，对于发生在 2011 年美国亚利桑那州和加利福尼亚州南部的重大停电事故[3]，调查报告分析指出，导致该事故扩大的原因之一就是现有预想事故分析程序中没有考虑到输电网事故中配电网潮流的变化，没有考虑到配电网潮流变化对输电网运行状态的影响，从而导致错误预警，造成事故扩大[4]。因此，为保证未来电力系统安全高效运行，有必要研究高比例可再生能源并网与配电网相协同的输电网规划方法。本章建立一个与配电网相协同的输电网规划模型，采用 Benders 加异质分解算法进行求解，同时建立一个输配电网分布式优化规划模型，采用基于分析目标级联的分布式优化算法进行求解，然后提出涵盖经济、安全、可靠和技术的输配电网协调性评估指标体系和方法，最后通过实例验证和分析，为输配电网协同规划提供解决方案。

7.1　与配电网相协同的输电网规划模型

7.1.1　输配电网结构划分

目前，在学术界仅有少量文献研究输配电网协同问题。文献[5]和[6]率先研究了输配协同潮流计算方法。通过分析输配全局潮流问题中的非线性潮流方程组的特点，提出了主从分裂理论。文献[7]研究了输配协同机组组合问题，通过大系统分解理论中的分析目标级联算法将原问题分解为输电网机组组合子问题和配电网机组组合子问题。文献[8]研究了基于主从分裂理论的输配全局潮流分析。文献[9]提出了协同输配电网的最优潮流模型。在与配电网相协同的输电网规划方面目前暂无文献报道。

首先给出输配电网结构示意图，如图 7-1 所示。输配电网结构划分为输电网、变电站和配电网三个部分，以变电站节点作为输配分界。与配电网相协同的输电网规划模型需要充分地考虑到输电网与配电网所具有的特征：差异化、大规模和分布式。其中差异化主要分为三个层面：①结构差异：配电网闭环设计开环运行，而输电网设计和运行时都为环状。②网络参数差异：输电网阻抗值大，阻抗比小；配电网阻抗值小，阻抗比大。在输配电网联立的全局潮流方程中，阻抗相差大将导致雅可比矩阵数值条件差，全局潮流计算产生严重的数值问题。例如，使用牛顿-拉弗森法和快速解耦法求解 Polish3012 节点系统，将产生严重的数值问题。③模型差异：配电网存在三相不平衡运行状态，输电网则可近似等效为单相模型。此外，输配电网还具有规模庞大的特征。在输配电网中，随着电压等级由高到低，节点数和支路数都呈几何级数增长。因此，考虑多电压等级的输配电网时，将面临求解大规模优化模型的难题。输配电网分布式特征主要指的是输电网与配电网由分布在不同地域上的不同部门进行管理，其职责与管辖范围各不相同。

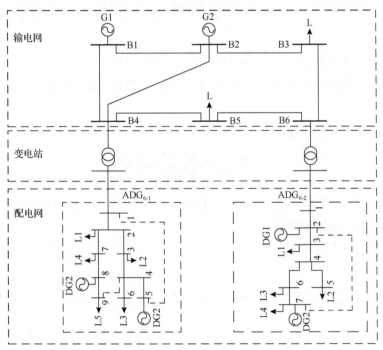

图 7-1　输配电网结构示意图

7.1.2　与配电网相协同的输电网规划建模

在传统输电网规划中，配电网被当作负荷处理。而在与配电网相协同的输电网规划中，首先需要对配电网建立网络模型，包括有功潮流、分布式电源等，以反映真实的配电网运行状态，再基于主从分裂理论[10]，对输电网与配电网耦合处的变量做进一步整合。传递的物理量包括变电站节点电压与输电网向配电网的注入功率。规划模型的目标函数包含三个部分，分别是输电网投资成本、输电网运行成本与配电网运行成本。其中，输电网与配电网的运行成本都包括发电成本、切负荷惩罚成本及可再生能源弃能成本。

目标函数如下所示。

(1)输电网投资成本：

$$\min \sum_{l \in \Omega^{\mathrm{LC}}} c_{\mathrm{I},l} x_l \tag{7-1}$$

式中，$c_{\mathrm{I},l}$ 为线路投资成本；x_l 为输电线路投资决策变量，表示第 l 条线路是否投建；Ω^{LC} 为待选线路集合。

(2)输电网机组发电成本：

$$\min \sum_{s \in \Omega^{\mathrm{S}}} \rho_s \sum_{\forall t} \sum_{j \in \Omega^{\mathrm{T}}} c_{\mathrm{c},j} P_{\mathrm{c},j,t,s} \tag{7-2}$$

式中，Ω^{S} 为场景集合；ρ_s 为场景权重；Ω^{T} 为输电网节点集合；$c_{\mathrm{c},j}$ 为单位发电成本；$P_{\mathrm{c},j,t,s}$ 为常规机组出力，下标 j 为发电机序号，下标 t 为时刻，下标 s 为场景序号。

(3)输电网切负荷成本：

$$\min \sum_{s \in \Omega^{\mathrm{S}}} \rho_s \sum_{\forall t} \sum_{i \in \Omega^{\mathrm{T}}} c_{\mathrm{r},i} r_{i,t,s} \tag{7-3}$$

式中，$c_{\mathrm{r},i}$ 为切负荷惩罚成本；$r_{i,t,s}$ 为切负荷大小，下标 i 为节点序号，下标 t 为时刻，下标 s 为场景序号。

(4)输电网弃能成本：

$$\min \sum_{s \in \Omega^{\mathrm{S}}} \rho_s \left[\sum_{\forall t} \sum_{j \in \Omega^{\mathrm{T}}} c_{\mathrm{q}} (P_{\mathrm{w},j,t,s,\max} - P_{\mathrm{w},j,t,s}) + \sum_{\forall t} \sum_{i \in \Omega^{\mathrm{T}}} c_{\mathrm{q}} (P_{\mathrm{p},j,t,s,\max} - P_{\mathrm{p},j,t,s}) \right] \tag{7-4}$$

式中，c_{q} 为可再生能源单位弃能成本；$P_{\mathrm{w},j,t,s}$ 为风电机组出力；$P_{\mathrm{p},j,t,s}$ 为光伏机组出力；$P_{\mathrm{w},j,t,s,\max}$ 为风电机组某时段最大出力；$P_{\mathrm{p},j,t,s,\max}$ 为光伏机组某时段最大出力；下标 t 为时刻，下标 s 为场景序号；弃能通过可再生能源最大出力减去实际出力来计算。

(5)配电网机组发电成本：

$$\min \sum_{s \in \Omega^{\mathrm{S}}} \rho_s \sum_{\forall t} \sum_{j \in \Omega^{\mathrm{D}}} c_{\mathrm{c},j} P_{\mathrm{c},j,t,s} \tag{7-5}$$

式中，Ω^{D} 为配电网节点集合，其他符号与输电网定义一致。

(6)配电网切负荷成本：

$$\min \sum_{s \in \Omega^{\mathrm{S}}} \rho_s \sum_{\forall t} \sum_{i \in \Omega^{\mathrm{D}}} c_{\mathrm{r},i} r_{i,t,s} \tag{7-6}$$

式中，Ω^{D} 为配电网节点集合，其他符号与输电网定义一致。

(7)配电网弃能成本：

$$\min \sum_{s \in \Omega^{\mathrm{S}}} \rho_s \left[\sum_{\forall t} \sum_{j \in \Omega^{\mathrm{D}}} c_{\mathrm{q}}(P_{\mathrm{w},j,t,s,\max} - P_{\mathrm{w},j,t,s}) + \sum_{\forall t} \sum_{i \in \Omega^{\mathrm{D}}} c_{\mathrm{q}}(P_{\mathrm{p},j,t,s,\max} - P_{\mathrm{p},j,t,s}) \right] \tag{7-7}$$

式中，Ω^{D} 为配电网节点集合，其他符号与输电网定义一致。

目标函数为式(7-1)~式(7-7)之和。

输电网约束条件如下所示。

(1)输电网节点功率平衡方程：

$$\sum_{j \in \Omega_i^{\mathrm{C}}} P_{\mathrm{c},j,t,s} + \sum_{j \in \Omega_i^{\mathrm{W}}} P_{\mathrm{w},j,t,s} + \sum_{j \in \Omega_i^{\mathrm{P}}} P_{\mathrm{p},j,t,s} + r_{i,t,s} - \sum_{l \in \Omega_i^{\mathrm{L1}}} f_{l,t,s} + \sum_{l \in \Omega_i^{\mathrm{L2}}} f_{l,t,s}$$
$$= d_{i,t,s}^P, \qquad \forall i \in \Omega^{\mathrm{T}}, \forall t, \forall s \tag{7-8}$$

式中，Ω_i^{C} 为 i 节点上的常规机组集合；Ω_i^{W} 为 i 节点上的风电机组集合；Ω_i^{P} 为 i 节点上的光伏机组集合；Ω_i^{L1} 为以 i 节点为始端的线路集合；Ω_i^{L2} 为以 i 节点为末端的线路集合；$f_{l,t,s}$ 为线路潮流；$d_{i,t,s}^P$ 为节点负荷。

(2)输电网潮流方程：

$$f_{l,t,s} = b_l(\theta_{l_1,t,s} - \theta_{l_2,t,s}), \qquad l \in \Omega^{\mathrm{LE}}, \forall t, \forall s \tag{7-9}$$

$$\left| f_{l,t,s} - b_l(\theta_{l_1,t,s} - \theta_{l_2,t,s}) \right| \leqslant M(1 - x_l), \qquad l \in \Omega^{\mathrm{LC}}, \forall t, \forall s \tag{7-10}$$

式中，Ω^{LE} 为已建线路集合；$\theta_{l_1,t,s}$ 和 $\theta_{l_2,t,s}$ 分别为线路始端节点相角和末端节点相角；b_l 为线路电纳；M 为数值较大的常数。

(3)输电网线路容量约束：

$$f_{l,\min} \leqslant f_{l,t,s} \leqslant f_{l,\max}, \qquad l \in \Omega^{\mathrm{LE}}, \forall t, \forall s \tag{7-11}$$

$$x_l f_{l,\min} \leqslant f_{l,t,s} \leqslant x_l f_{l,\max}, \qquad l \in \Omega^{\mathrm{LC}}, \forall t, \forall s \tag{7-12}$$

式中，$f_{l,\max}$ 与 $f_{l,\min}$ 分别为线路 l 的传输功率上下限。

(4)输电网常规机组出力约束:

$$P_{c,j,\min} \leqslant P_{c,j,t,s} \leqslant P_{c,j,\max}, \quad i \in \varOmega^{\mathrm{T}}, j \in \varOmega_i^{\mathrm{C}}, j \in \varOmega_i^{\mathrm{W}}, j \in \varOmega_i^{\mathrm{P}}, \forall t, \forall s \quad (7\text{-}13)$$

$$\delta^{\mathrm{down}} P_{c,j,\max} \leqslant P_{c,j,t,s} - P_{c,j,t-1,s} \leqslant \delta^{\mathrm{up}} P_{c,j,\max}, \quad i \in \varOmega^{\mathrm{T}}, j \in \varOmega_i^{\mathrm{C}}, \forall t, \forall s \quad (7\text{-}14)$$

式中, $P_{c,j,\max}$ 与 $P_{c,j,\min}$ 分别为常规机组出力上下限; δ^{up} 和 δ^{down} 为单位时间间隔内发电机出力的最大变化范围,以机组容量的百分比表示。

(5)输电网切负荷约束:

$$0 \leqslant r_{i,t,s} \leqslant r_{i,t,s,\max}, \quad i \in \varOmega^{\mathrm{T}}, \forall t, \forall s \quad (7\text{-}15)$$

式中, $r_{i,t,s,\max}$ 为允许的最大切负荷量。

(6)线路投资决策为 0-1 变量:

$$x_l \in \{0,1\} \quad (7\text{-}16)$$

配电网约束条件如下所示。

(7)配电网潮流方程:

$$\sum_{j \in \varOmega_i^{\mathrm{C}}} P_{c,j,t,s} + \sum_{j \in \varOmega_i^{\mathrm{W}}} P_{w,j,t,s} + \sum_{j \in \varOmega_i^{\mathrm{P}}} P_{p,j,t,s} + r_{i,t,s} - d_{i,t,s}^P = U_i \sum_{j \in i} U_j (G_{ij} \cos\theta_{ij} + B_{ij} \sin\theta_{ij})$$
$$, \forall i \in \varOmega^{\mathrm{D}}, \forall t, \forall s$$

$$(7\text{-}17)$$

$$\sum_{j \in \varOmega_i^{\mathrm{C}}} Q_{c,j,t,s} - d_{i,t,s}^Q = U_i \sum_{j \in i} U_j (G_{ij} \sin\theta_{ij} - B_{ij} \cos\theta_{ij}), \quad \forall i \in \varOmega^{\mathrm{D}}, \forall t, \forall s \quad (7\text{-}18)$$

(8)配电网线路容量约束:

$$f_{l,\min} \leqslant f_{l,t,s} = U_i U_j (G_{ij} \cos\theta_{ij} + B_{ij} \sin\theta_{ij}) - U_i^2 G_{ij} \leqslant f_{l,\max}, \quad l \in \varOmega^{\mathrm{LE}}, \forall t, \forall s \quad (7\text{-}19)$$

(9)配电网 DG 出力约束:

$$P_{c,j,\min} \leqslant P_{c,j,t,s} \leqslant P_{c,j,\max}, \quad i \in \varOmega^{\mathrm{D}}, j \in \varOmega_i^{\mathrm{C}}, j \in \varOmega_i^{\mathrm{W}}, j \in \varOmega_i^{\mathrm{P}}, \forall t, \forall s \quad (7\text{-}20)$$

$$\delta^{\mathrm{down}} P_{c,j,\max} \leqslant P_{c,j,t,s} - P_{c,j,t-1,s} \leqslant \delta^{\mathrm{up}} P_{c,j,\max}, \quad i \in \varOmega^{\mathrm{D}}, j \in \varOmega_i^{\mathrm{C}}, \forall t, \forall s \quad (7\text{-}21)$$

(10)配电网切负荷约束:

$$0 \leqslant r_{i,t,s} \leqslant r_{i,t,s,\max}, \quad i \in \varOmega^{\mathrm{D}}, \forall t, \forall s \quad (7\text{-}22)$$

变电站约束条件如下所示。

(11) 变电站节点功率平衡方程：

$$\sum_{j\in\Omega_i^{C}} P_{c,j,t,s} + r_{i,t,s} + \sum_{l\in\Omega_i^{L1}} f_{l,t,s} - \sum_{l\in\Omega_i^{L2}} f_{l,t,s} = d_{i,t,s}, \quad \forall i\in\Omega^{\text{sub}}, \forall t, \forall s \tag{7-23}$$

式中，Ω^{sub} 为变电站节点集合。

(12) 变电站本地机组出力约束：

$$P_{c,j}^{\min} \leqslant P_{c,j,t,s} \leqslant P_{c,j}^{\max}, \quad i\in\Omega^{\text{sub}}, j\in\Omega_i^{C}, \forall t, \forall s \tag{7-24}$$

$$\delta^{\text{down}} P_{c,j}^{\max} \leqslant P_{c,j,t,s} - P_{c,j,t-1,s} \leqslant \delta^{\text{up}} P_{c,j}^{\max}, \quad i\in\Omega^{\text{sub}}, j\in\Omega_i^{C}, \forall t, \forall s \tag{7-25}$$

(13) 变电站本地切负荷约束：

$$0 \leqslant r_{i,t,s} \leqslant r_{i,t,s}^{\max}, \quad i\in\Omega^{\text{sub}}, \forall t, \forall s \tag{7-26}$$

在输电网规划中，通常采用直流潮流模型，而在配电网中，通常采用交流潮流模型。考虑到输配电网交互变量，本节提出了计及电压的直流潮流算法[11]，使得在使用直流潮流的输电网规划模型中也能计算电压幅值。在潮流计算中，PQ 节点注入功率、PV 节点注入有功和电压都为已知量，输电网中 PQ 节点电压幅值可表示为相角的线性函数：

$$U_{\mathcal{N}} = H\theta_{\mathcal{N}} + F\theta_{\mathcal{M}} + h \tag{7-27}$$

式中，$\mathcal{N}$ 表示 PQ 节点；$\mathcal{M}$ 表示 PV 节点和平衡节点；θ 为节点相角向量；U 为电压幅值向量。

推导过程如下，首先根据节点类型对矩阵和向量进行分块：

$$S = \begin{bmatrix} S_{\mathcal{N}} \\ S_{\mathcal{M}} \end{bmatrix}, \quad Y = \begin{bmatrix} Y_{\mathcal{N}\mathcal{N}} & Y_{\mathcal{N}\mathcal{M}} \\ Y_{\mathcal{M}\mathcal{N}} & Y_{\mathcal{M}\mathcal{M}} \end{bmatrix}, \quad \theta = \begin{bmatrix} \theta_{\mathcal{N}} \\ \theta_{\mathcal{M}} \end{bmatrix}, \quad U = \begin{bmatrix} U_{\mathcal{N}} \\ U_{\mathcal{M}} \end{bmatrix} \tag{7-28}$$

式中，S 为视在功率向量；Y 为节点导纳矩阵。

将节点视在功率表示为复数形式：

$$S_i^* = \dot{U}_i^* \sum_{\forall k} Y_{ik} \dot{U}_k, \quad i\in\mathcal{N} \tag{7-29}$$

令 $U_i = 1 + \Delta U_i$，节点视在功率可表示为

$$S_i^* = (1+\Delta U_i)\mathrm{e}^{-\mathrm{j}\theta_i} \sum_{\forall k} Y_{ik} \dot{U}_k, \quad i\in\mathcal{N} \tag{7-30}$$

对于方程(7-30)，$1+\Delta U_i \approx 1/(1-\Delta U_i)=1/(2-U_i)$，把节点分为 $\mathcal{N}$ 类和 $\mathcal{M}$ 类，经移项整理可得

$$\sum_{\forall k \in \mathcal{N}} Y_{ik} \dot{U}_k + S_i^* U_i \, \mathrm{e}^{\mathrm{j}\theta_i} = 2S_i^* \, \mathrm{e}^{\mathrm{j}\theta_i} - \sum_{\forall k \in \mathcal{M}} Y_{ik} \dot{U}_k, \quad i \in \mathcal{N} \tag{7-31}$$

其矩阵形式为

$$(Y_{\mathcal{NN}} + [S_{\mathcal{N}}^*])[\mathrm{e}^{\mathrm{j}\theta_{\mathcal{N}}}]U_{\mathcal{N}} = 2[S_{\mathcal{N}}^*]\mathrm{e}^{\mathrm{j}\theta_{\mathcal{N}}} - Y_{\mathcal{NM}}[U_{\mathcal{M}}]\mathrm{e}^{\mathrm{j}\theta_{\mathcal{M}}} \tag{7-32}$$

式中，符号 [ ] 表示将向量转化为对角矩阵。

对左端矩阵求逆，PQ 节点的电压幅值 $U_{\mathcal{N}}$ 可表示为

$$U_{\mathcal{N}} = 2[\mathrm{e}^{-\mathrm{j}\theta_{\mathcal{N}}}](Y_{\mathcal{NN}} + [S_{\mathcal{N}}^*])^{-1}[S_{\mathcal{N}}^*]\mathrm{e}^{\mathrm{j}\theta_{\mathcal{N}}} - [\mathrm{e}^{-\mathrm{j}\theta_{\mathcal{N}}}](Y_{\mathcal{NN}} + [S_{\mathcal{N}}^*])^{-1}Y_{\mathcal{NM}}[U_{\mathcal{M}}]\mathrm{e}^{\mathrm{j}\theta_{\mathcal{M}}}$$

$$\tag{7-33}$$

上述方程中，除相角 θ 外，PQ 节点注入功率 $S_{\mathcal{N}}^*$、PV 节点电压幅值都为已知量。因此 $U_{\mathcal{N}}$ 可以表示为 θ 的函数 $U_{\mathcal{N}} = f(\theta)$。下面对 $f(\theta)$ 进行线性化。$f(\theta)$ 实际上为复数方程，但是由于 $U_{\mathcal{N}}$ 为实数，所以 $f(\theta)$ 的虚部非常小，可忽略不计。此外，令 $\cos(\theta_i - \theta_k) \approx 1$，$\sin(\theta_i - \theta_k) \approx \theta_i - \theta_k$，并构造如下 4 个矩阵 C、D、E、F。

$$\begin{cases} C + \mathrm{j}D = 2(Y_{\mathcal{NN}} + [S_{\mathcal{N}}^*])^{-1}[S_{\mathcal{N}}^*] \\ E + \mathrm{j}F = (Y_{\mathcal{NN}} + [S_{\mathcal{N}}^*])^{-1}Y_{\mathcal{NM}}[U_{\mathcal{M}}] \end{cases} \tag{7-34}$$

PQ 节点电压幅值 $U_{\mathcal{N}(i)}$ 可表示为

$$\begin{aligned} U_{\mathcal{N}(i)} &= \mathrm{e}^{-\mathrm{j}\theta_{\mathcal{N}(i)}} \sum_{k=1}^{n}(C_{ik} + \mathrm{j}D_{ik})\mathrm{e}^{\mathrm{j}\theta_{\mathcal{N}(k)}} - \mathrm{e}^{-\mathrm{j}\theta_{\mathcal{N}(i)}} \sum_{k=1}^{n}(E_{ik} + \mathrm{j}F_{ik})\mathrm{e}^{\mathrm{j}\theta_{\mathcal{M}(k)}} \\ &\approx \sum_{k=1}^{n}[C_{ik}\cos(\theta_{\mathcal{N}(k)} - \theta_{\mathcal{N}(i)}) - D_{ik}\sin(\theta_{\mathcal{N}(k)} - \theta_{\mathcal{N}(i)})] \\ &\quad - \sum_{k=1}^{m}[E_{ik}\cos(\theta_{\mathcal{M}(k)} - \theta_{\mathcal{N}(i)}) - F_{ik}\sin(\theta_{\mathcal{M}(k)} - \theta_{\mathcal{N}(i)})] \\ &\approx \sum_{k=1}^{n}[C_{ik} - D_{ik}(\theta_{\mathcal{N}(k)} - \theta_{\mathcal{N}(i)})] - \sum_{k=1}^{m}[E_{ik} - F_{ik}(\theta_{\mathcal{M}(k)} - \theta_{\mathcal{N}(i)})] \\ &= H_{ii}\theta_{\mathcal{N}(i)} + \sum_{k=1}^{n}H_{ik}\theta_{\mathcal{N}(k)} + \sum_{k=1}^{n}F_{ik}\theta_{\mathcal{M}(k)} + h_i \end{aligned} \tag{7-35}$$

式中

$$\begin{cases} H_{ii} = -D_{ii} + \sum_{k=1}^{n} D_{ik} - \sum_{k=1}^{m} F_{ik} \\ H_{ik} = -D_{ik} \\ h_i = \sum_{k=1}^{n} C_{ik} - \sum_{k=1}^{m} E_{ik} \end{cases} \tag{7-36}$$

最终，可推导出线性化的潮流计算方法如下：

$$\begin{cases} P = B\theta' \\ U_{\mathcal{N}} = H\theta_{\mathcal{N}} + F\theta_{\mathcal{M}} + h \end{cases} \tag{7-37}$$

式中，P 为有功功率向量；B 为节点电纳矩阵；θ' 为不含平衡节点的相角；$U_{\mathcal{N}}$ 为 PQ 节点电压幅值；$\theta_{\mathcal{N}}$ 为 PQ 节点相角；$\theta_{\mathcal{M}}$ 为 PV 以及平衡节点相角；矩阵 H、向量 h 见式 (7-36)，矩阵 F 见式 (7-34)。式 (7-37) 同时包含了直流潮流法以及 PQ 节点电压幅值与电压相角的线性关系。通过相角可计算得到 PQ 节点电压幅值大小。

7.1.3　基于最优性条件的分解计算

规划模型采用 Benders 分解混合异质分解算法求解。模型求解思路如图 7-2 所示。异质分解算法[9]是一种交替迭代算法，输配各自计算子问题收敛后，再交互各自的边界变量。根据规划问题中的整型变量与连续型变量，将原问题分为上下两层问题。上层为输电网规划问题，下层为输配协同优化运行问题。再将下层问题分解为输电网优化子问题和配电网优化子问题，并采用异质分解算法求解。得到下层原问题最优解后，根据强对偶性，可以得到下层对偶问题最优解，形成 Benders 最优割。最终形成 Benders 分解加异质分解的求解框架。

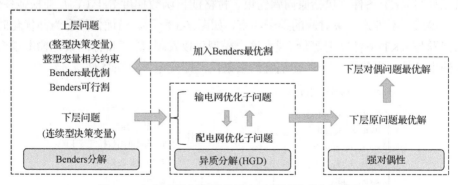

图 7-2　与配电网相协同的输电网规划模型求解思路

为方便推导，下面给出输配优化子问题的抽象数学表达式。

$$\min F_{\mathrm{T}}(u_{\mathrm{T}}, x_{\mathrm{T}}, x_{\mathrm{S}}) + F_{\mathrm{D}}(u_{\mathrm{D}}, x_{\mathrm{D}}, x_{\mathrm{S}}) \tag{7-38}$$

输电网约束：

$$\begin{cases} g_T(u_T, x_T, x_S) \geqslant 0, & [\omega_T] \\ h_T(u_T, x_T, x_S) = 0, & [\lambda_T] \end{cases} \tag{7-39}$$

式中，u_T 为输电网控制变量；x_T 为输电网状态变量；x_S 为变电站状态变量。目标函数 $F_T(u_T, x_T, x_S)$ 为式 (7-2) ～式 (7-4)，目标函数 $F_D(u_D, x_D, x_S)$ 为式 (7-5) ～式 (7-7)，不等式约束为式 (7-10) ～式 (7-15)，等式约束为式 (7-8) 和式 (7-9)。

配电网约束：

$$\begin{cases} g_D(u_D, x_D, x_S) \geqslant 0, & [\omega_D] \\ h_D(u_D, x_D, x_S) = 0, & [\lambda_D] \end{cases} \tag{7-40}$$

式中，u_D 为配电网控制变量；x_D 为配电网状态变量。不等式约束包括式 (7-19) ～式 (7-22)，等式约束包括式 (7-17) 和式 (7-18)。

变电站约束：

$$\begin{cases} g_S(u_S, x_S) \geqslant 0, & [\omega_S] \\ h_S(u_S, x_T, x_D, x_S) = 0, & [\lambda_S] \end{cases} \tag{7-41}$$

式中，u_S 为变电站控制变量。不等式约束包括式 (7-24) 和式 (7-26)，等式约束为式 (7-23)。

拉格朗日乘子均列于约束右边。ω 为不等于约束对应的拉格朗日乘子，λ 为等于约束对应的拉格朗日乘子。

异质分解的本质是基于最优性条件的分解算法[4]。对于输配协同运行问题，可以列写 KKT 条件，包括原问题约束、拉格朗日函数梯度等于 0、互补松弛条件以及等式、不等式约束对应的乘子约束，如图 7-3 所示。当优化问题为凸优化时，原问题与 KKT 条件完全等价。观察这个模型可以发现，除了目标函数是输配耦合，在约束条件中也包含一个输配耦合约束条件，即变电站约束条件。

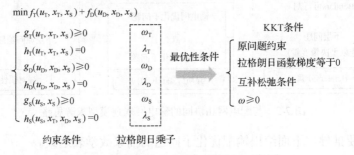

图 7-3　输配优化子问题的最优性条件转化

变电站约束条件 h_S 可以分解为输变 h_{TS} 和配变 h_{SD} 两部分，如式(7-42)所示。目标函数的拉格朗日函数梯度也可以分为输配耦合偏导 D_S、输电网偏导和配电网偏导三部分。输配耦合偏导 D_S 可以分解为输变 D_{TS} 和配变 D_{SD} 两部分，如式(7-43)所示。对输配耦合的约束条件以及输配耦合的偏导进行分解：

$$h_S(u_S, x_T, x_D, x_S) = h_{TS}(u_S, x_T, x_S) - h_{SD}(x_D, x_S) \tag{7-42}$$

$$D_S(\xi_T, \xi_D, \xi_S) = D_{TS}(\xi_T, \xi_S) - D_{SD}(\xi_D, \xi_S) \tag{7-43}$$

至此可以将所有的 KKT 条件拆分为两个部分，在输电优化子问题中不含配电网的决策变量，在配电优化子问题中不含输电网的决策变量。输电优化子问题 KKT 条件为式(7-44)～式(7-47)。

原等式约束和不等式约束：

$$\begin{cases} g_T(u_T, x_T, x_S) \geqslant 0 \\ h_T(u_T, x_T, x_S) = 0 \end{cases} \tag{7-44}$$

对应于式(7-23)，解耦的变电站约束条件可表示为

$$h_{TS}(u_S, x_T, x_S) = h_{SD}(x_D, x_S) \tag{7-45}$$

式中，$h_{TS}(u_S, x_T, x_S)$ 为 $\sum_{j \in \Omega_i^C} P_{c,j,t,s} + r_{i,t,s} - \sum_{l \in \Omega_i^{L2}} f_{l,t,s}$；$h_{SD}(x_D, x_S)$ 为 $d_{i,t,s} - \sum_{l \in \Omega_i^{L1}} f_{l,t,s}$。

解耦的拉格朗日函数梯度：

$$\begin{cases} D_T(\xi_T, \xi_S) = 0 \\ D_{TS}(\xi_T, \xi_S) = D_{SD}(\xi_D, \xi_S) \end{cases} \tag{7-46}$$

互补松弛条件：

$$\omega_T^T g_T(u_T, x_T, x_S) = 0, \omega_T \geqslant 0 \tag{7-47}$$

配电优化子问题 KKT 条件为式(7-48)～式(7-50)。

原等式约束和不等式约束：

$$\begin{cases} g_D(u_D, x_D, x_S) \geqslant 0 \\ h_D(u_D, x_D, x_S) = 0 \end{cases} \tag{7-48}$$

拉格朗日函数梯度：

$$D_D(\xi_D, \xi_S) = 0 \tag{7-49}$$

互补松弛条件：

$$\omega_D^T g_D(u_D, x_D, x_S) = 0, \ \omega_D \geqslant 0 \tag{7-50}$$

由于 KKT 条件与原问题完全等价，可以通过最优性条件分别反构造出优化子问题，从而得到输电优化子问题与配电优化子问题。

输电优化子问题：

$$\begin{cases} \min F_T(u_T, x_T, x_S) - (D_{SD}^*)^T x_S \\ \text{s.t. } 式(7\text{-}8)\sim式(7\text{-}15) \\ \quad h_{TS}(u_S, x_T, x_S) = h_{SD}^* \end{cases} \tag{7-51}$$

式中，目标函数为 $F_T(u_T, x_T, x_S) - (D_{SD}^*)^T x_S$，约束条件为式(7-8)~式(7-15)，以及 $h_{TS}(u_S, x_T, x_S) = h_{SD}^*$，上标*表示给定的函数值。

配电优化子问题：

$$\begin{cases} \min F_D(u_D, x_D, x_S) + (\lambda_S^*)^T h_{SD}(x_D, x_S^*) \\ \text{s.t. } 式(7\text{-}17)\sim式(7\text{-}22) \end{cases} \tag{7-52}$$

式中，目标函数为 $F_D(u_D, x_D, x_S) + (\lambda_S^*)^T h_{SD}(x_D, x_S^*)$，约束条件为式(7-17)~式(7-22)。

输电优化子问题向配电优化子问题传递变电站节点的状态变量 x_S^*，以及变电站等式约束的拉格朗日乘子 λ_S^*；配电优化子问题向输电优化子问题反馈输电网向配电网注入的功率 h_{SD}^*，以及配电优化子问题的拉格朗日函数梯度 D_{SD}^*。

输配优化问题求解流程如图 7-4 所示，当传递的拉格朗日乘子的误差小于收敛精度时，认为迭代收敛。迭代收敛证明可见文献[4]。

步骤 1：设定算法收敛精度 ε，对 λ_S, x_S 赋初值。

步骤 2：设置迭代次数 $k=1$。

步骤 3：进入第 k 次迭代，求解配电网优化子问题。

步骤 4：根据优化结果计算 $h_{SD}^{(k)}, D_{SD}^{(k)}$。

步骤 5：求解输电优化子问题。

步骤 6：根据优化结果计算 $\lambda_S^{(k)}, x_S^{(k)}$。

步骤 7：若 $|\lambda_S^k - \lambda_S^{k-1}| \leqslant \varepsilon$，则迭代收敛；否则，迭代次数加1，返回步骤3。

步骤 8：输出输配优化结果。

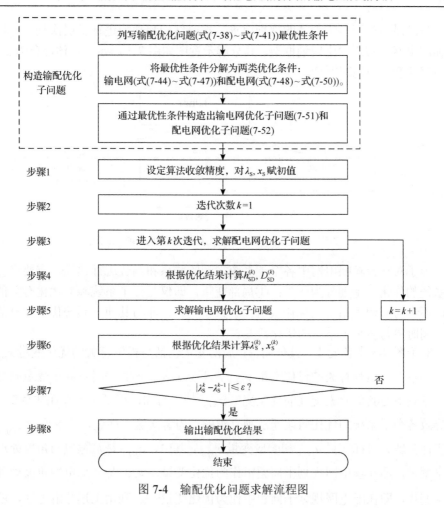

图 7-4　输配优化问题求解流程图

7.2　输配电网分布式优化规划模型

7.2.1　分布式优化规划建模

1. 输配电网分布式优化规划框架及分解机制

输配电网是一个具有源-网-荷时空耦合特性的混合物理系统，通过变电站节点实现信息交互。在传统潮流流向下，输电网相对于配电网可视为一个虚拟发电厂，而配电网相对于输电网可视为一个虚拟负荷。现有输配电网运行管理模式下，输、配电网调度主要通过输、配电网运营商来分别加以实施。具体来说，输电网运营商无须下级配电网向其提供运行控制数据，而配电网运营商也无须从上级输电网获得调度管理信息，使得输、配电网的协调非常有限。

为满足多类型自治主体的规划要求，按照结构和功能进行了层次划分，构建了输配电网分布式优化规划框架，其分解示意图如图7-5所示，具体可分为2层：输电网层和配电网层[12,13]。

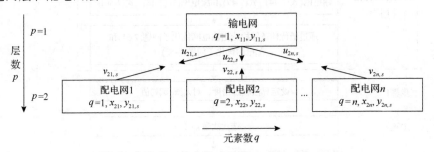

图7-5 输配电网分布式优化规划框架的分解示意图

为了对混合输配电网中各个子系统之间的联系和耦合进行建模，需要将各个子系统的优化变量划分为两类：①局部变量，即仅与该子系统独立优化有关的变量，不参与其他子系统的优化决策；②共享变量，即与其他子系统优化共享的变量，同时参与多个子系统的优化决策。

对于图7-5中各元素，具体而言，局部变量包括与投资有关的优化变量x_{pq}和每一场景下与运行有关的优化变量$y_{pq,s}$，下标s表示场景序号；共享变量则是指每一场景下与其他元素交互的优化变量$z_{pq,s}$[14]。易知，正是由于存在共享变量，才导致各个子系统的优化问题无法独立求解。为解决这一问题，共享变量$z_{pq,s}$进一步地分解为目标变量$u_{pq,s}$和响应变量$v_{pq,s}$，其中，$u_{pq,s}$是从输电网角度处理的共享变量，即在输电网规划子问题中作为优化变量；$v_{pq,s}$是从配电网角度处理的共享变量，即在配电网规划子问题中作为优化变量[15]。利用上述分解方法，就可以实现各子系统优化问题的独立求解。对应到输配电网中，x_{pq}是指待选线路决策变量，$y_{pq,s}$是指发电机出力优化变量，$u_{pq,s}$为输电网向配电网提供的有功功率和边界节点电压，$v_{pq,s}$为配电网向输电网提供的有功功率和边界节点电压。

将输配电网分解为输电子系统和配电子系统的关键是找到合适的区域间耦合约束。通过输配电网边界传输的有功功率、节点电压进行分解，这种方式无须传递边界节点相角信息，且便于对输、配电网的线路潮流进行建模。输电网层面，边界功率等效为虚拟负荷；配电网层面，边界功率等效为虚拟发电机。分解后的输、配子系统独立求解满足本区域投资、运行约束的线路建设、发电调度方案，仅需向相邻系统传递边界功率、节点电压信息，且需满足如下的一致性约束：$c_{pq,s} = u_{pq,s} - v_{pq,s} = 0$，其中，$c_{pq,s}$为一致性约束的相关变量向量。功率正方向定义为输电网流向配电网。在分层分布式规划框架下，一个输电系统运营商需面向多个配电系统运营商，可以自然地作为一个协调者协调输配电网间的传输功率、节点电压满足一致性约束。显然，必须建立良好的双向通信网络以传递必要的协调信息，也需要先进的配电侧量测设备、支持分布式发电商自优化的智能决策系统及相应的市场机制提供底层技术支撑[16-18]。

2. 输电网优化规划模型

采用多场景技术将不确定因素对电网运行的作用效果转化为一系列确定的场景进行处理。由于输电网规划子问题既需要优化输电网网架结构，又涉及对发电机出力、目标变量的优化。为了更好地将两者结合，根据分解协调思想将其建立为双层规划模型。上层为输电网网架规划问题，决策变量为新建线路位置；下层为发电机出力和输电网向配电网提供的有功功率的优化问题。上层将输电网网架结构传递给下层，下层则在此基础上进行发电机出力和输电网侧共享变量的规划，并将计算结果传递给上层，从而指导上层规划的决策。需要说明的是，连有配电系统的节点电压幅值是通过上次求解配电系统规划子模型得到的。

目标函数如下：

$$\sum_{l \in \Omega^{\mathrm{LC}}} c_{\mathrm{I},l} x_l + \sum_{s \in \Omega^{\mathrm{S}}} \rho_s \sum_{\forall t} \sum_{j \in \Omega^{\mathrm{T}}} c_{\mathrm{c},j} P_{\mathrm{c},j,t,s} \tag{7-53}$$

式中，$c_{\mathrm{I},l}$ 为输电线路投资成本；x_l 为输电线路投资决策变量，表示第 l 条线路是否投建；Ω^{LC} 为待选线路集合；Ω^{S} 为场景集合；ρ_s 为场景权重；Ω^{T} 为输电网节点集合；$c_{\mathrm{c},j}$ 为单位发电成本；$P_{\mathrm{c},j,t,s}$ 为常规机组出力，下标 j 表示发电机序号，下标 t 表示时刻，下标 s 表示场景序号。

约束条件如下所示。

(1) 输电网节点功率平衡方程：

$$\sum_{j \in \Omega_i^{\mathrm{C}}} P_{\mathrm{c},j,s} + \sum_{j \in \Omega_i^{\mathrm{W}}} P_{\mathrm{w},j,t,s} + \sum_{j \in \Omega_i^{\mathrm{P}}} P_{\mathrm{p},j,t,s} + r_{i,t,s} - \sum_{l \in \Omega_i^{\mathrm{L1}}} f_{l,t,s} + \sum_{l \in \Omega_i^{\mathrm{L2}}} f_{l,t,s}$$
$$= d_{i,t,s}, \qquad \forall i \in \Omega^{\mathrm{T}}, \forall t, \forall s \tag{7-54}$$

式中，Ω_i^{C} 为 i 节点上的常规机组集合；Ω_i^{W} 为 i 节点上的风电机组集合；Ω_i^{P} 为 i 节点上的光伏机组集合；Ω_i^{L1} 为以 i 节点为始端的线路集合；Ω_i^{L2} 为以 i 节点为末端的线路集合；$f_{l,t,s}$ 为线路潮流；$d_{i,t,s}$ 为节点负荷。

(2) 输电网潮流方程：

$$f_{l,t,s} = b_l(\theta_{l_1,t,s} - \theta_{l_2,t,s}), \qquad l \in \Omega^{\mathrm{LE}}, \forall t, \forall s \tag{7-55}$$

$$\left| f_{l,t,s} - b_l(\theta_{l_1,t,s} - \theta_{l_2,t,s}) \right| \leqslant M(1-x_l), \qquad l \in \Omega^{\text{LC}}, \forall t, \forall s \tag{7-56}$$

式中，Ω^{LE} 为已建线路集合；$\theta_{l_1,t,s}$ 和 $\theta_{l_2,t,s}$ 分别为线路始端节点相角和末端节点相角；b_l 为线路电纳。

（3）输电网线路容量约束：

$$f_{l,\text{min}} \leqslant f_{l,t,s} \leqslant f_{l,\text{max}}, \qquad l \in \Omega^{\text{LE}}, \forall t, \forall s \tag{7-57}$$

$$x_l f_{l,\text{min}} \leqslant f_{l,t,s} \leqslant x_l f_{l,\text{max}}, \qquad l \in \Omega^{\text{LC}}, \forall t, \forall s \tag{7-58}$$

式中，$f_{l,\text{max}}$ 与 $f_{l,\text{min}}$ 分别为线路 l 的传输功率上下限。

（4）输电网常规机组出力约束：

$$P_{\text{c},j,\text{min}} \leqslant P_{\text{c},j,t,s} \leqslant P_{\text{c},j,\text{max}}, \qquad i \in \Omega^{\text{T}}, j \in \Omega_i^{\text{C}}, j \in \Omega_i^{\text{W}}, j \in \Omega_i^{\text{P}}, \forall t, \forall s \tag{7-59}$$

$$\delta^{\text{down}} P_{\text{c},j,\text{max}} \leqslant P_{\text{c},j,t,s} - P_{\text{c},j,t-1,s} \leqslant \delta^{\text{up}} P_{\text{c},j,\text{max}}, \qquad i \in \Omega^{\text{T}}, j \in \Omega_i^{\text{C}}, \forall t, \forall s \tag{7-60}$$

式中，$P_{\text{c},j,\text{max}}$ 与 $P_{\text{c},j,\text{min}}$ 分别表示常规机组出力上下限；δ^{up} 和 δ^{down} 为单位时间间隔内发电机出力的最大变化范围，以机组容量的百分比表示。

（5）输电网切负荷约束：

$$0 \leqslant r_{i,t,s} \leqslant r_{i,t,s,\text{max}}, \qquad i \in \Omega^{\text{T}}, \forall t, \forall s \tag{7-61}$$

式中，$r_{i,t,s,\text{max}}$ 为允许的最大切负荷量。

（6）线路投资决策为 0-1 变量：

$$x_l \in \{0, 1\} \tag{7-62}$$

3. 配电网优化规划模型

将配电网优化规划子问题分解为规划和运行协调优化模型，模型分为两阶段：阶段 1 决策配电系统线路新建方案；阶段 2 根据运行场景确定配电网中分布式发电（DG）最优出力和配电网向输电网提供的有功功率。两阶段相互影响协调优化，基本思路是找到一组最优的线路新建方案，并满足预测场景下的运行需求。需要说明的是，根节点电压幅值是通过上次求解输电系统规划子模型得到的。

目标函数如下：

$$\min \sum_{l \in \Omega^{\text{LC}}} c_{\text{I},l} x_l + \sum_{s \in \Omega^{\text{S}}} \rho_s \sum_{\forall t} \sum_{j \in \Omega^{\text{D}}} c_{\text{c},j} P_{\text{c},j,t,s} \tag{7-63}$$

式中，$c_{I,l}$ 为配电线路投资成本；x_l 为配电线路投资决策变量，表示第 l 条线路是否投建；Ω^{LC} 为待选线路集合；Ω^S 为场景集合；ρ_s 为场景权重；Ω^D 为配电网节点集合；$c_{c,j}$ 为单位发电成本；$P_{c,j,t,s}$ 为常规机组有功出力，下标 j 表示发电机序号，下标 t 表示时刻，下标 s 表示场景序号。

约束条件如下所示。

Baran 等[19]提出了适用于配电网规划问题的 DistFlow 潮流形式。采用 DistFlow 形式，基于二阶锥模型的配电网约束条件包括以下几方面。

（1）配电网节点功率平衡方程：

$$\sum_{j \in \Omega_i^C} P_{c,j,t,s} + \sum_{j \in \Omega_i^W} P_{w,j,t,s} + \sum_{j \in \Omega_i^P} P_{p,j,t,s} - \sum_{l \in \Omega_i^{L1}} P_{l,t,s} + \sum_{l \in \Omega_i^{L2}} (P_{l,t,s} - \mu_{l,t,s} R_l) = d_{i,t,s}^P,$$
$$\forall i \in \Omega^D, \forall t, \forall s$$

(7-64)

$$\sum_{j \in \Omega_i^C} Q_{c,j,t,s} - \sum_{l \in \Omega_i^{L1}} Q_{l,t,s} + \sum_{l \in \Omega_i^{L2}} (Q_{l,t,s} - \mu_{l,t,s} X_l) = d_{i,t,s}^Q, \qquad \forall i \in \Omega^D, \forall t, \forall s \quad (7-65)$$

式中，Ω_i^C 为 i 节点上的常规机组集合；Ω_i^W 为 i 节点上的风电机组集合；Ω_i^P 为 i 节点上的光伏机组集合；Ω_i^{L1} 为以 i 节点为始端的线路集合；Ω_i^{L2} 为以 i 节点为末端的线路集合；$P_{l,t,s}$ 和 $Q_{l,t,s}$ 分别为线路 l 的有功和无功潮流；$d_{i,t,s}^P$ 和 $d_{i,t,s}^Q$ 分别为 i 节点有功和无功负荷；$Q_{c,j,t,s}$ 为常规机组无功出力；$\mu_{l,t,s}$ 为辅助变量，表示线路电流的平方；R_l 和 X_l 分别为线路 l 的电阻和电抗。

（2）配电网潮流方程[19]：

$$\gamma_{l_1,t,s} - \gamma_{l_2,t,s} = 2(R_l P_{l,t,s} + X_l Q_{l,t,s}) - \mu_{l,t,s}(R_l^2 + X_l^2), \qquad \forall l, \forall t, \forall s \quad (7-66)$$

式中，$\gamma_{l_1,t,s}$ 和 $\gamma_{l_2,t,s}$ 为辅助变量，表示节点电压的平方；l_1 和 l_2 分别为线路 l 的首端节点与末端节点。

（3）配电网线路容量约束：

$$P_{l,t,s,min} \leqslant P_{l,t,s} \leqslant P_{l,t,s,max}, \qquad \forall l \in \Omega^{LE}, \forall t, \forall s \quad (7-67)$$

$$x_l P_{l,t,s,min} \leqslant P_{l,t,s} \leqslant x_l P_{l,t,s,max}, \qquad \forall l \in \Omega^{LC}, \forall t, \forall s \quad (7-68)$$

式中，$P_{l,t,s}$ 为线路 l 的有功功率；$P_{l,t,s,max}$ 与 $P_{l,t,s,min}$ 分别为线路 l 的有功功率传输上下限；Ω^{LE} 为已有线路集合；Ω^{LC} 为待选线路集合。

(4) 配电网 DG 出力约束：

$$P_{c,j,\min} \leqslant P_{c,j,t,s} \leqslant P_{c,j,\max}, \qquad i \in \Omega^D, j \in \Omega_i^C, j \in \Omega_i^W, j \in \Omega_i^P, \forall t, \forall s \qquad (7\text{-}69)$$

$$\delta^{\text{down}} P_{c,j,\max} \leqslant P_{c,j,t,s} - P_{c,j,t-1,s} \leqslant \delta^{\text{up}} P_{c,j,\max}, \qquad i \in \Omega^D, j \in \Omega_i^C, \forall t, \forall s \qquad (7\text{-}70)$$

式中，$P_{c,j,\max}$ 与 $P_{c,j,\min}$ 分别表示 DG 出力上下限；δ^{up} 和 δ^{down} 为单位时间间隔内 DG 出力的最大变化范围，以 DG 容量的百分比表示。

(5) 配电网电压幅值约束：

$$\gamma_{i,\min} \leqslant \gamma_{i,t,s} \leqslant \gamma_{i,\max}, \ i \in \Omega^D, \qquad \forall t, \forall s \qquad (7\text{-}71)$$

(6) 二阶锥约束：

$$\left\| [2P_{l,t,s} \ 2Q_{l,t,s} \ (\mu_{l,t,s} - \gamma_{l_2,t,s})]^{\mathrm{T}} \right\|_2 \leqslant \mu_{l,t,s} + \gamma_{l_2,t,s}, \qquad \forall l, \forall t, \forall s \qquad (7\text{-}72)$$

需要说明的是，文献[20]证明了式(7-72)的合理性，不影响整体优化结果，当式(7-72)符号取等时可取得最优解。

(7) 线路投资决策为 0-1 变量：

$$x_l \in \{0, 1\} \qquad (7\text{-}73)$$

(8) 边界节点电压约束：

$$U_{i,t,s} = \breve{U}_{i,t,s} \qquad (7\text{-}74)$$

式中，$\breve{U}_{i,t,s}$ 由输电网规划子问题给定，并传递给配电网规划子问题。

7.2.2　基于分析目标级联的分布式优化算法

1. 分析目标级联算法

分析目标级联法是一种采用并行思想解决复杂系统的设计方法，最初由密歇根大学研究人员[21]提出，主要用于汽车、飞机等设计领域。其原理如下：将设计指标自主系统到子系统到部件不断分流，同时各级响应由下而上不断反馈，主系统、子系统和部件级各单元问题分别独立求解，交叠优化，直到满足收敛条件。每一个元素都是由一个分析模块和设计模块组成的。设计模块用于自身问题的优化设计，分析模块用于计算优化迭代时目标变量的响应值。系统将优化后的设计变量传递至子系统，这个值成为子系统的目标；子系统在不等式约束及等式约束的前提下，设计模块优化自身问题，分析模块通过引入惩罚项使设计模块优化的值靠近该目标。惩罚项代表复杂系统分解时耦合变量的一致性约束。常用的罚函数有二次罚函数、基于泰勒展开的对角线二次近似罚函数、拉格朗日罚函数及增广拉格朗日罚函数等。根据惩罚项表达式的不同，因此分析目标级联法有不同的数学表达形式，其求解效率也存在区别。

针对一般数学优化问题，分析目标级联法遵循物理结构、涉及学科、生产流程等原则，并结合分层协调策略将复杂系统分解为主系统及子系统。它的本质是对原数学优化问题的目标函数与约束条件进行归类与拆解，将复杂的约束条件分布到若干个子问题中，从而实现优化问题的降维。各子问题交替传递边界信息保证共享变量的一致。原问题的优化目标既可以直接作为主系统的目标函数，也可以根据其组成分布于主系统与子系统的目标函数；分解后的各系统也可不包含优化目标，它仅作为协调中心使主系统与该子系统的边界信息保持一致。复杂系统的约束条件按照其物理或者学科属性划分至相应子系统，从而实现求解问题维数的降低。分析目标级联法与交替方向乘子法在形式上存在着很大的共性，然而分析目标级联法的出发点是复杂系统的分解，分解策略确定后即可建立主系统与子系统模型。它不仅是求解数学优化问题的工具，同时也是复杂系统分析与建模的方法。

由前面的混合输配电网的分布式随机优化规划模型可见，输电系统与配电系统分属于不同的利益主体，有自身的优化目标；同时它们通过变电站的功率、电压交互进行耦合，并使输、配电系统总体效益最优。这种层级结构与分析目标级联法的基本思想相一致，可将分析目标级联法应用于混合输配电网的分布式随机优化规划问题的建模与求解。采用基于分析目标级联的分布式优化算法对分布式优化规划模型加以求解[22]。该算法是由内、外两层循环构成的一种迭代式求解方法，主要用于解决多层级、多主体协调优化问题，它允许层次结构中各个优化主体自主决策，同时协调优化获取问题的整体最优解。具有级数不受限制、同级子问题可具有不同的优化形式、参数易于选择等优点，克服了传统的基于拉格朗日松弛的对偶分解算法在迭代中容易出现反复振荡的现象，因此常应用于解决大规模系统的优化问题。算法可在各区域独立优化的同时仅需传递边界功率、电压信息进行协调，既保证了信息的私密性又能实现更大范围内调度资源的优化配置[23]。

由于一致性约束的存在，输电网与配电网的优化模型中均含有与其他区域耦合的联络线传输功率和边界节点电压变量，无法独立求解。因此，在分析目标级联算法框架下，将传输功率和节点电压一致性约束以罚函数松弛到目标函数中，实现区域间优化问题的协同计算。本章定义输配联络线有功功率 $P_{l,t,s}$ 和边界节点电压 $U_{i,t,s}$ 为共享变量(线路首端节点 $l_1 \in \Omega^{\mathrm{T}}$，线路末端节点 $l_2 \in \Omega^{\mathrm{D}}$)，定义 $\Delta P_{l,t,s}$ 和 $\Delta U_{i,t,s}$ 分别为输配传输功率、边界节点电压差值，在输配电网规划模型的目标函数中各自加入罚函数 $\alpha\Delta P_{l,t,s}+\alpha\Delta U_{i,t,s}+\beta\Delta P_{l,t,s}^2+\beta\Delta U_{i,t,s}^2$，原集中式优化问题可写为如下形式。

输电网规划目标函数为

$$\min\sum_{l\in\Omega^{\mathrm{LC}}}c_{\mathrm{I},l}x_l+\sum_{s\in\Omega^{\mathrm{S}}}\rho_s\left(\sum_{\forall t}\sum_{j\in\Omega^{\mathrm{T}}}c_{\mathrm{c},j}P_{\mathrm{c},j,t,s}+\alpha\Delta P_{l,t,s}+\alpha\Delta U_{i,t,s}+\beta\Delta P_{l,t,s}^2+\beta\Delta U_{i,t,s}^2\right)$$

(7-75)

式中，α 和 β 分别为罚函数一次项与二次项系数；$\Delta P_{l,t,s}=P_{l,t,s}-\hat{P}_{l,t,s}$；$\Delta U_{i,t,s}=U_{i,t,s}-\hat{U}_{i,t,s}$，$\hat{P}_{l,t,s}$ 和 $\hat{U}_{i,t,s}$ 由配电网规划子问题给定，并传递给输电网规划子问题。

配电网规划目标函数为

$$\min\sum_{l\in\Omega^{\mathrm{LC}}}c_{\mathrm{I},l}x_l+\sum_{s\in\Omega^{\mathrm{S}}}\rho_s\left(\sum_{\forall t}\sum_{j\in\Omega^{\mathrm{D}}}c_{\mathrm{c},j}P_{\mathrm{c},j,t,s}+\alpha\Delta P_{l,t,s}+\alpha\Delta U_{i,t,s}+\beta\Delta P_{l,t,s}^2+\beta\Delta U_{i,t,s}^2\right)$$

(7-76)

式中，$\Delta P_{l,t,s}=P_{l,t,s}-\breve{P}_{l,t,s}$；$\Delta U_{i,t,s}=U_{i,t,s}-\breve{U}_{i,t,s}$，$\breve{P}_{l,t,s}$ 和 $\breve{U}_{i,t,s}$ 由输电网规划子问题给定，并传递给配电网规划子问题。

至此，式(7-76)可以对应到各个子系统进行独立求解，同时保证交互变量 $P_{l,t,s}$ 和 $U_{i,t,s}$ 的一致性。需要说明的是，除了有功功率，节点电压也需在输配电系统间交互，只是在进行迭代求解时处理方式不同。对于有功功率，模型是将其以增广拉格朗日罚函数的形式松弛到目标函数当中，具体而言，在输电网优化子问题的目标函数中添加惩罚项 $\alpha\Delta P_{l,t,s}+\beta\Delta P_{l,t,s}^2$，式中，输配传输功率差值 $\Delta P_{l,t,s}=P_{l,t,s}-\hat{P}_{l,t,s}$，$\hat{P}_{l,t,s}$ 由配电网规划子问题给定，并传递给输电网规划子问题；在配电网优化子问题的目标函数中添加惩罚项 $\alpha\Delta P_{l,t,s}+\beta\Delta P_{l,t,s}^2$，式中，输配传输功率差值 $\Delta P_{l,t,s}=P_{l,t,s}-\breve{P}_{l,t,s}$，$\breve{P}_{l,t,s}$ 由输电网规划子问题给定，并传递给配电网规划子问题。对于节点电压，模型是直接以等式约束的形式实现输配电系统间的交互，具体而言，在输电网优化子问题当中，添加边界节点电压等式约束 $U_{i,t,s}=\hat{U}_{i,t,s}$，式中，$\hat{U}_{i,t,s}$ 由配电网规划子问题给定，并传递给输电网规划子问题；在配电网优化子问题当中，添加边界节点电压等式约束 $U_{i,t,s}=\breve{U}_{i,t,s}$，式中，$\breve{U}_{i,t,s}$ 由输电网规划子问题给定，并传递给配电网规划子问题。本节选取输、配电系统间的有功功率和边界节点电压作为共享变量，基于以上表述，目标变量 $u_{pq,s}$ 和响应变量 $v_{pq,s}$ 可以分别表示为 $u_{pq,s}=\begin{bmatrix}P_{l,t,s}^{\mathrm{T}}&U_{i,t,s}^{\mathrm{T}}\end{bmatrix}$ 和 $v_{pq,s}=\begin{bmatrix}P_{l,t,s}^{\mathrm{D}}&U_{i,t,s}^{\mathrm{D}}\end{bmatrix}$，式中，$P_{l,t,s}^{\mathrm{T}}$ 和 $U_{i,t,s}^{\mathrm{T}}$ 分别为输电系统侧交换有功功率和节点电压，$P_{l,t,s}^{\mathrm{D}}$ 和 $U_{i,t,s}^{\mathrm{D}}$ 分别为配电系统侧交换有功功率和节点电压。

2. 求解流程

分析输配电系统联合优化规划模型，属于混合整数凸优化问题。考虑到输、配电系统在分层规划的同时需保证边界节点交互信息的一致性，本节采用基于 ATC 的分布式优化算法对联合优化规划模型加以求解，克服了传统多学科综合优化方法、层级框架理论、协同优化方法在求解速度、精度方面的缺陷，具有可并行优化、层数不受限制等优点。该算法是一种由内、外两层循环构成的迭代式求解方法，可用于解决复杂工程系统中目标优化问题，该算法针对凸优化问题的收敛性已在文献[23]中得以证明。基于分析目标级联算法求解的流程图如图 7-6 所示，其具体步骤如下所示。

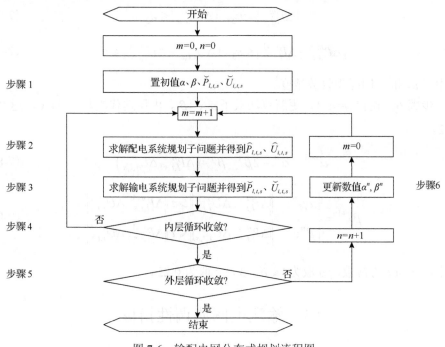

图 7-6　输配电网分布式规划流程图

步骤 1：初始化算法乘子 α、β 及输电网向配电网提供的有功功率 $\breve{P}_{l,t,s}$ 和电压 $\breve{U}_{i,t,s}$，设置内层迭代次数 $m=0$ 和外层迭代次数 $n=0$。

步骤 2：$m=m+1$，求解其配电网规划子问题，将得到的配电网向输电网提供的有功功率 $\hat{P}_{l,t,s}$ 和电压 $\hat{U}_{i,t,s}$，传递给其输电网规划子问题，各配电网规划子问题可实现并行求解，以加快问题求解速度。

步骤 3：输电网规划子问题接收到配电网规划子问题传递的有功功率和电压，求解输电网规划子问题，得到输电网规划方案，并向配电网传递有功功率 $\tilde{P}_{l,t,s}$ 和电压 $\tilde{U}_{i,t,s}$。

步骤 4：利用式 (7-77) 判断内层循环是否收敛，若不收敛，返回步骤 2，否则，继续步骤 5。

$$\left| \frac{F_{pq}^{m} - F_{pq}^{m-1}}{F_{pq}^{m}} \right| \leqslant \varepsilon_1 \tag{7-77}$$

式中，ε_1 为收敛精度；F_{pq}^{m} 为第 p 层、第 q 元素在第 m 次内层迭代时的目标函数值。

步骤 5：利用式 (7-78) 判断外层循环是否收敛，若收敛，输出最优解并退出循环，否则，继续步骤 6。

$$|\Delta P_{l,t,s}^{m}| \leqslant \varepsilon_2, \quad |\Delta U_{i,t,s}^{m}| \leqslant \varepsilon_2 \tag{7-78}$$

$$|\Delta P_{l,t,s}^{m} - \Delta P_{l,t,s}^{m-1}| \leqslant \varepsilon_3, \quad |\Delta U_{i,t,s}^{m} - \Delta U_{i,t,s}^{m-1}| \leqslant \varepsilon_3 \tag{7-79}$$

式中，ε_2 和 ε_3 同样为收敛精度。

步骤 6：设置 $n=n+1$，更新算法乘子 α、β。内层迭代次数 m 置 0，返回步骤 2。

$$\alpha^{n+1} = \alpha^{n} + 2\beta^{n} \circ \beta^{n} \circ \left(\Delta P_{l,t,s}^{n}, \Delta U_{i,t,s}^{n} \right) \tag{7-80}$$

$$\beta^{n+1} = \begin{cases} \delta\beta^{n}, & \left\| \Delta P_{l,t,s}^{n}, \Delta U_{i,t,s}^{n} \right\| > \tau \left\| \Delta P_{l,t,s}^{n-1}, \Delta U_{i,t,s}^{n-1} \right\| \\ \beta^{n}, & \left\| \Delta P_{l,t,s}^{n}, \Delta U_{i,t,s}^{n} \right\| \leqslant \tau \left\| \Delta P_{l,t,s}^{n-1}, \Delta U_{i,t,s}^{n-1} \right\| \end{cases} \tag{7-81}$$

式中，δ 与 τ 为常数，δ 取为 $1 \leqslant \delta \leqslant 3$，$\tau$ 取为 0.25。

7.3　输配电网协调性指标

传统电网发展水平评估指标体系中已经建立了各电压等级电网的发展协调性指标，包括变 (配) 电容量比、线路长度比和变电站座数比等，这些指标从电网外在特征的角度在一定程度上反映了输配电网的协调性。但是一方面，输、配电网仍然是作为两个单独的研究对象而不是一个整体来研究；另一方面，电网内在特征如安全可靠性、经济性的协调性描述偏少。因此，本节构建输配电网协调性评价指标体系，如表 7-1 所示。4 个一级指标：经济性、安全性、可靠性、其他技术性，可以分为 17 个层面的二级指标，每一个层面的二级指标都有对应的输电网、配电网、输配电网三个研究对象，前两者是以输、配电网作为两个单独的研究对象，而后者是以输、配电网作为一个整体来构建。

表 7-1　输配电网协调性评价指标体系

一级指标	二级指标		
	输电网	配电网	全网(输配电网)
经济性	输电网投资占比	配电网投资占比	投资成本
	输电网年运行费用占比	配电网年运行费用占比	年运行费用
	输电网网损率	配电网网损率	网损率
安全性	输电网 N-1 安全	配电网 N-1 安全	—
	—	—	电磁环网数量
	—	—	备用率
可靠性	输电网对电力不足贡献度	配电网对电力不足贡献度	电力不足概率
	输电网对电量不足贡献度	配电网对电量不足贡献度	电量不足期望值
	输电网严重性指标	配电网严重性指标	严重性指标
其他技术性	—	—	变电容量比
	输电网主变负荷率	配电网主变负荷率	—
	—	—	线路长度比
	输电网线路平均负载率	配电网线路平均负载率	线路平均负载率
	输电网重载线路百分比	配电网重载线路百分比	重载线路百分比
	输电网轻载线路百分比	配电网轻载线路百分比	轻载线路百分比
	—	—	输配联络线功率
	直流联络线功率	—	—

所有二级指标具有四种类型，分别是成本型、效益型、区间型和 0-1 型。指标值越小越好的属于成本型指标；指标值越大越好的属于效益型指标；指标值需要满足一定范围的属于区间型指标；只有满足标准和不满足标准之分的指标属于 0-1 型指标，1 表示满足标准，0 表示不满足标准。

1. **经济性指标**

在经济性指标中，既可以分析输电网与配电网分别在总投资成本中所占的比例，也可以分析输电网与配电网分别在总运行费用中所占的比例。

(1)投资成本(成本型)：包括输电网、配电网以及全网的投资成本。

(2)投资占比(区间型)：包括输电网与配电网的投资成本占全网投资成本的比例。

(3)年运行费用(成本型):为输配电网年发电成本、年失负荷成本、年弃能成本三项之和。

(4)年运行费用占比(区间型):输电网与配电网年运行成本占全网年运行费用比例。

(5)网损率(成本型):电网中输电、变电、配电过程中的损耗电量与总供电量之比,可分为输电网的网损率、配电网的网损率、全网的网损率。

2. 安全性指标

在安全性指标中,既要满足输电网 N-1 安全,也要满足配电网 N-1 安全或者负荷转移能力。协同考虑输电网与配电网时,可以计算出输配电网所形成的电磁环网数量,从另一个方面反映出电网的安全性。协同输电网与配电网的备用率,可以考虑到配电网中大量分布式电源,输电网与配电网之间的交互,更真实地反映出电网的备用率。而充裕的备用率则是输配电网检修、故障、负荷激增时安全稳定的保障。

(1)N-1 准则(0-1 型):正常运行情况下,系统内发生任何单一设备故障时,系统应能保持稳定运行和正常供电,不允许损失负荷。N-1 准则为 0-1 型指标。1 表示满足 N-1 准则,输电网/配电网 N-1 安全;0 表示不满足 N-1 准则,输电网/配电网 N-1 不安全。分别计算输电网与配电网的 N-1 安全。

(2)电磁环网(成本型):输配电网间不同电压等级的线路通过两端变压器磁回路的连接而并联运行。电网发展阶段允许存在,电网成熟阶段应极力避免。电磁环网在电网结构中需要存在,乃至鼓励存在,但在电网运行中需要避免,电磁环网数量应越少越好,属于成本型指标。以输配电网作为整体计算电磁环网指标。

(3)备用率(区间型):系统备用率应满足 20%~30%[24]。以输配电网作为整体计算备用率指标。

3. 可靠性指标

在可靠性指标计算中[25],需计算输配电网整体的电力不足概率、电量不足期望值、严重性指标、平均停电时间,进一步可得到其中输电网和配电网的贡献度大小,进而分析出是输电网还是配电网更薄弱,以指导输配电网建设,避免在某处形成瓶颈,从而得到相互协调的输配电网。

(1)电力不足概率(成本型):给定系统负荷水平下,输配电网发电容量无法满足负荷需求的概率。分别计算输电网、配电网以及输配电网的电力不足概率,进而计算输配电网各自的指标贡献度。

(2)电力不足期望值(成本型):研究周期内,由于输配电网发电容量不足而引起的用户停电量。分别计算输电网、配电网以及全网的电力不足期望值,进而计算输配电网各自的指标贡献度。

(3)严重性指标(成本型):表示在尖峰负荷情况下失去全部负荷持续的时间,是对系统故障严重程度的一种度量。分别计算输电网、配电网以及全网的严重性指标。

4. 其他技术性指标

其他技术性指标如变电容量比、线路长度比、负载率、联络线功率等都应该在一定合理的区间内。当输配电网不协调时,某项或某几项指标将超出合理范围。如输电网变电站过多,而配电网变电站少,则变电容量比则可能过大。如配电网馈线冗余,则输配线路长度比则可能过小,且配电网轻载线路百分比可能过大。

(1)变电容量比(区间型):输配电网的变/配电容量比例。

$$R_S = S_T / S_D \tag{7-82}$$

式中,R_S 为变电容量比;S_T 为输电网变电容量;S_D 为配电网变电容量。

(2)主变负荷率(区间型):对于输配电网各电压等级变压器,其所带最高负荷与额定容量之比。

$$\gamma = d_{max} / S_T \tag{7-83}$$

式中,γ 为主变负荷率;d_{max} 为年最高负荷。

2 台主变:负荷率不超过 50%;3 台主变:负荷率不超过 67%;4 台主变:负荷率不超过 75%。

(3)线路长度比(区间型):输电网输电线路总长度与配电网馈线总长度的比例。

$$R_L = L_T / L_D \tag{7-84}$$

式中,R_L 为变电容量比;L_T 为输电网线路长度;L_D 为配电网线路长度。

(4)线路平均负载率(区间型):输电网、配电网线路潮流占线路容量百分比的平均值。

$$\rho = \frac{1}{N_l} \sum_{i,j} (f_{i,j} / f_{i,j}^{max}) \tag{7-85}$$

(5)重载线路百分比(区间型):当线路负载率大于某一定值时,该线路为重载线路,统计输、配电网重载线路数占输、配电网线路总数百分比。

(6)轻载线路百分比(区间型):当线路负载率小于某一定值时,该线路为轻载线路,统计输、配电网轻载线路数占输、配电网线路总数百分比。

(7)直流联络线功率(区间型):直流联络线连接两个交流系统,其传输功率大小应满足一定范围。

7.4　应用结果与分析

7.4.1　与配电网相协同的输电网规划结果与分析

基于中国某区域实际电网的标准算例系统详见附录 2,以该标准算例系统中的 D3 区为例扩建多电压等级电网拓扑结构,如图 7-7 所示。该电网结构包含 750kV、330kV 以及 110kV 三个电压等级,合计 293 个节点,其中 12 个 750kV 节点、95 个 330kV 节点、186 个 110kV 节点。包含 27 条 750kV 已有线路,28 条 750kV 待选线路,179 条 330kV 线路,233 条 110kV 线路。750kV 网络的已有线路和待选线路与标准算例系统保持一致。

D3 区系统电源总装机容量为 106600MW,最高负荷为 47000MW,水电装机为 31000MW,火电装机为 15000MW,光伏装机为 54600MW,风电装机为 6000MW。各电压等级电源分布情况如表 7-2 所示。风力出力、光伏出力与负荷的时序数据都来自该区域实际电网。规划方法考虑 24 个典型日,每个典型日内包含 24 小时的时序场景。

分别采用传统规划方法和与配电网相协同的规划方法。传统规划方法面向的对象为等值后的 750kV 电网,不考虑与配电网的协同,所得规划结果记为方案 1,方案 2 为与配电网相协同的输电网规划方法所得结果,其规划方案在图 7-7 中用虚线表示。两种结果的对比如表 7-3 所示,运行成本、切负荷量、风光利用小时数、可再生能源发电量占比等结果由输配协同优化运行程序在相同的场景下统一计算得到。投资与运行成本为等年值。

由表 7-3 可知,方案 1 的投资成本为 7.82 亿元、运行成本为 363.24 亿元,方案 2 的投资成本为 7.04 亿元、运行成本为 360.19 亿元。可以发现,相比于方案 1,方案 2 的投资成本减少 0.78 亿元,运行成本减少 3.05 亿元,与配电相协同的输电网规划其投资成本与运行成本都要低于传统输电网规划。此外,两个规划方案的可再生能源发电量占比都达到了 30%以上,分别为 32.84%和 32.97%。但是方案 1 的风电利用小时数和光伏利用小时数都要低于方案 2。可见,由于传统规划方案未考虑与配电网相协同,无法给出最优的输电网规划方案。而与配电网相协同的输电网规划方法则考虑了不同电压层级的功率分布,考虑了配电网的网架结构,能给出最优的输电网规划方案,实现更为经济的输电网投资成本与运行成本。

表 7-4 展示了 D3 区系统规划方案的部分协调性指标。

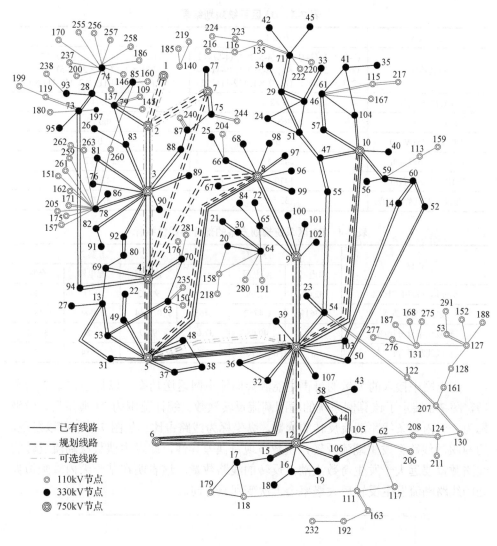

图 7-7　附录 2 中的 D3 区多电压等级电网拓扑结构图

表 7-2　附录 2 中的 D3 区系统电源分布情况

电源类型/电压等级	110kV	330kV	750kV	合计/MW
水电装机/MW	1396.6	7152	22451.4	31000
火电装机/MW	1030	2620	11350	15000
光伏装机/MW	13159.5	2891	38549.5	54600
风电装机/MW	4900	250	850	6000
合计/MW	20486.1	12913	73200.9	106600

表 7-3　　D3 区系统规划结果

比较内容	方案 1	方案 2
投建线路	(1-2)×2, (3-4)×1, (4-5)×2, (4-8)×2, (7-2)×2, (7-4)×1, (8-5)×1, (9-11)×2, (10-11)×1, (11-5)×1, (12-11)×2	(1-2)×2, (4-5)×2, (4-8)×2, (7-2)×2, (7-4)×2, (8-5)×2, (9-11)×1, (10-11)×2, (12-11)×1
投资成本/亿元	7.82	7.04
运行成本/亿元	363.24	360.19
切负荷量/(MW·h)	0	0
风电利用小时数/h	2494.42	2500.27
光伏利用小时数/h	1470.34	1476.77
可再生能源发电量占比/%	32.84	32.97

表 7-4　　D3 区系统规划方案的部分协调性指标

指标	方案 1			方案 2		
	输电网	配电网	全网	输电网	配电网	全网
输配运行费用占比/%	82.02	17.98	100	90.63	9.37	100
线路平均负载率	0.3619	0.4752	0.4650	0.3584	0.4989	0.4847
轻载线路百分比/%	7.89	40.63	37.68	9.30	38.80	35.83
重载线路百分比/%	0	12.76	11.61	0	14.84	13.35

　　配电网中接入的大量的可再生能源会向输电网返送功率。以规划方案 2 为参考，图 7-8 展示了该算例系统的输配潮流反转次数。统计范围为 24 典型日，横坐标为一天内某条线路潮流反转的次数，纵坐标为线路占比。从图 7-8 中可以发现，约 60% 的线路会发生潮流反转，次数呈现奇偶差异性，即发生偶数次潮流反转的线路数量要远大于发生奇数次潮流反转的线路数量。这表明在某一天内输配边界处的线路潮流发生反转后大概率会再次变回原方向。

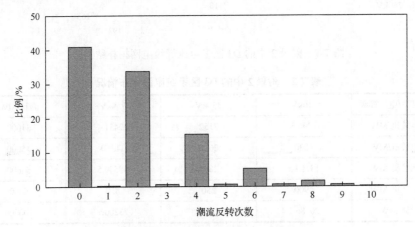

图 7-8　　D3 区系统输配潮流反转次数

图 7-9 展示了输配边界处线路潮流反转时间。从图 7-9 中可以发现，约 34% 的线路反转时间为 0h，即始终保持由输电网向配电网输送功率。约 6% 的线路反转时间为 24h，即始终保持由配电网向输电网返送功率。两者之和约为 40%，恰好与图 7-8 中反转次数为 0 次的线路对应。剩余 60% 线路的潮流反转时间分布在 1~23h。

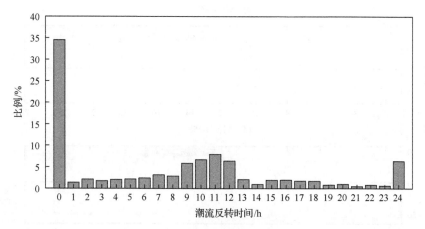

图 7-9　D3 区系统输配潮流反转时间

图 7-10 展示了算例系统中几种典型的输配边界处的潮流大小与方向。正数表示潮流由输电网流向配电网，负数表示潮流由配电网流向输电网。子图中的每一条曲线分别表示一天(注：不同线型与颜色表示不同典型日)。

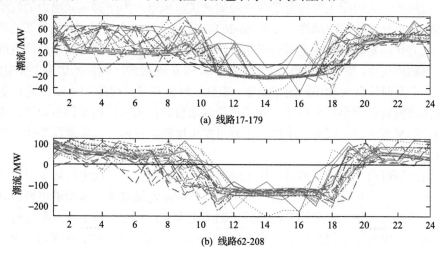

(a) 线路17-179

(b) 线路62-208

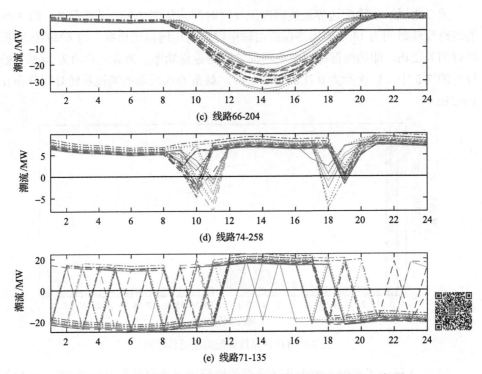

图 7-10　D3 区系统几种典型的输配边界处潮流(彩图请扫二维码)

　　线路 17-179 和线路 62-208 在白天(在时段 10:00～18:00)会向输电网返送功率，线路所连接的配电网内有多种电源如光伏、风电，为平抑风光出力的波动，线路潮流也呈现一定波动性。线路 66-204 所连接的区域主要以光伏为主要电源，在白天光伏满发时会向输电网返送功率，而在日落后到日出前时段则由输电网向配电网输送功率，整体呈现单谷状。线路 74-258 所连接的区域以光伏为主要电源，在光伏高发时段会向输电网返送功率，整体呈现双谷状。线路 71-135 所连接的配电网区域内有多个小型水电站，除了供给本地负荷，还可以用来调节由风光资源导致的不平衡功率，因而在全时段都有可能出现潮流反向，线路潮流整体呈现锯齿状。

　　高比例可再生能源并网后，输配潮流具有双向化特征，配电网对于输电网而言不再是单一的负荷节点，而会呈现出多样的潮流返送场景。传统输电网规划方法无法考虑到与配电网相协同，忽视了输配潮流双向化这一特征以及配电网网络约束条件，因而无法得到最优规划方案。与配电网相协同的输电网规划考虑了配电网的网架结构，计及输配之间的协同优化运行，能给出最优的输电网规划方案，可实现更为经济的输电网投资成本与运行成本，避免了高比例可再生能源并网后输配电网发展的不平衡、不协调问题。

7.4.2　输配电网分布式优化规划结果与分析

基于中国西北实际电网的标准算例系统详见附录 2，在此基础上，3 个 110kV 配电系统分别接入 D1、D2 和 D3 区，如图 7-11 所示。该电网结构包含 750kV、330kV 以及 110kV 三个电压等级，合计 69 个节点，其中 38 个 750kV 节点、13 个 330kV 节点、18 个 110kV 节点。配电系统 1 通过节点 40、节点 42 接入系统 D1 区，配电系统 2 通过节点 44、节点 46 接入系统 D2 区，配电系统 3 通过节点 48、节点 50 和节点 51 接入系统 D3 区。已建输电线路数 97 条，已建配电线路数 15 条，备选线路数 124 条。750kV 网络的已有线路和待选线路与标准算例系统保持一致，需要说明的是，由于本算例需考虑具体配电网网架结构，所以对各节点编号进行了重排，具体编号情况详见图 7-11，图 7-11 同时给出了分布式优化规划结果方案图。

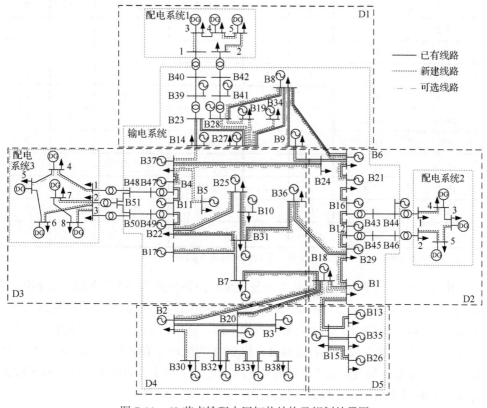

图 7-11　69 节点输配电网拓扑结构及规划结果图

为分析所得输配电系统规划结果合理性，除所提规划方法外，这里也采用了传统输电系统规划方法加以规划，即忽略下级配电网的具体网络拓扑，将配电系统加以等值并将等值后的负荷直接接入连有该配电系统的输电系统节点，进而获取得到方案 1，方案 2 为输配电网分布式优化规划结果，两种方案如表 7-5 所示。

表 7-5　两种规划方式所得规划方案

首节点编号	末节点编号	扩建线路		首节点编号	末节点编号	扩建线路	
		方案 1	方案 2			方案 1	方案 2
18(2)	1(2)	3	3	31(3)	22(3)	2	2
29(2)	1(2)	2	2	9(1)	24(2)	0	1
18(2)	2(4)	2	2	15(5)	26(5)	1	1
8(1)	6(2)	2	1	19(1)	27(1)	3	3
21(2)	6(2)	2	2	19(1)	28(1)	2	2
18(2)	7(3)	2	2	28(1)	27(1)	2	2
28(1)	8(1)	2	2	34(1)	27(1)	2	2
8(1)	9(1)	1	2	36(3)	29(2)	2	2
25(3)	10(3)	2	2	2(4)	30(4)	1	1
29(2)	12(2)	2	2	10(3)	31(3)	2	2
1(2)	15(5)	1	1	36(3)	31(3)	2	2
31(3)	17(3)	2	2	4(1)	37(3)	2	2
18(2)	20(4)	2	2	5(3)	37(3)	2	2
16(2)	21(2)	0	1	14(1)	37(3)	2	2
25(3)	22(3)	2	2				

注：以 18(2) 为例，它表示节点编号为 18，该节点所在区域为 D2 区。

由表 7-5 可以看出，对于绝大部分走廊，两种规划方法所得架线方案相同，相同架线方案的走廊达 25 条，占所有待选架线走廊的 86.2%。对于两种规划方法，走廊 8-6、8-9、16-21 和 9-24 上架线方案不同，其中，走廊 8-9 为区域 1 内走廊，走廊 16-21 为区域 2 内走廊，走廊 8-6 和 9-24 为区域 1 和区域 2 间联络走廊。相比方案 1，方案 2 加强区域 1 和区域 2 的投资建设，这主要是由于区域 1 和区域 2 为可再生能源富集区，在保证本地消纳的前提下需向外供电。

表 7-6 从架线数量、投资成本、运行成本、总成本、风电发电量、光伏发电量和可再生能源消纳占比等几方面对比了两种规划方法所得规划方案。通过比较分析结果可以得到以下结论。

表 7-6　两种规划方案结果比较

比较内容	方案 1	方案 2
架线数量	52	54
投资成本/亿元	22.12	23.26
运行成本/亿元	2195.26	2133.19
总成本/亿元	2207.17	2156.45
风电发电量/(GW·h)	378488	377817
光伏发电量/(GW·h)	494078	499595
可再生能源消纳占比/%	28.19	28.65

　　相比方案 1，方案 2 需多架线 2 条，追加投资 1.14 亿元，说明传统将下级配电系统加以等值并将等值后的负荷直接接入连有该配电系统的输电系统节点的规划方法是一种近似规划方法，虽然有比较高的精度，但是仍难以得到与计及具体下级配电系统相同的规划方案。造成方案 2 需增加投资成本的原因，主要有以下两点：①方案 2 在规划时是以投资成本和运行成本总和最小为目标函数，虽然投资成本增加了 1.14 亿元，但是增加的线路投资加强了区内、区间的网络互联，使得可再生能源发电量增加 4846GW·h，消纳占比增加 0.46%，运行成本降低 62.07 亿元，实现了线路投资和可再生能源发电之间的博弈均衡；②方案 2 中区域 1 可向区域 2 多送173 亿 kW·h 电量，为实现其外送，需加强区域 1 和区域 2 之间的联络，与此同时，区域 1 和区域 2 也需加强本地网络建设，以保证各自区内可再生能源消纳及提供区域 1 送电、区域 2 受电通道。日内区域 1 和区域 2 间联络线功率情况如表 7-7 所示。

表 7-7　日内区域 1 和区域 2 间联络线功率情况

时刻	方案 1/MW		方案 2/MW		时刻	方案 1/MW		方案 2/MW	
	线路 8-6	线路 9-24	线路 8-6	线路 9-24		线路 8-6	线路 9-24	线路 8-6	线路 9-24
1	2768	1246	2914	1401	13	1261	3138	1690	3014
2	2985	1588	2668	1219	14	2262	4000	2652	3598
3	3143	1961	2634	1387	15	2694	4000	2980	3864
4	3135	2013	2588	1397	16	1559	3291	1960	3382
5	2706	1079	2537	1040	17	534	1579	328	1794
6	1283	321	3009	1533	18	1180	1180	1408	651
7	850	793	2179	847	19	2324	238	2854	1427
8	942	743	2676	1676	20	939	492	3240	1968
9	2550	1309	2900	2232	21	3130	3258	3210	1915
10	1325	520	2819	1351	22	2506	599	2888	1593
11	1339	828	1576	296	23	3132	2601	700	247
12	435	1601	636	977	24	1716	440	2727	1224

当考虑与配电系统相协同时，虽然需更多的线路投资，但是规划方案的运行成本更低，导致规划总成本减小 50.72 亿元，这表明输配电系统规划有助于提高规划方案的经济效益。可再生能源机组年发电量情况如表 7-8 所示。相比方案 1，方案 2 的可再生能源年发电量多了 4846GW·h，消纳占比提高 0.46%，说明考虑与配电系统相协同可以降低可再生能源弃能，促进其消纳。

表 7-8　可再生能源机组年发电量情况

节点	方案 1/(GW·h)	方案 2/(GW·h)	节点	方案 1/(GW·h)	方案 2/(GW·h)	节点	方案 1/(GW·h)	方案 2/(GW·h)
1	8788	8887	18	23969	24237	41	1963	1960
3	19633	19598	19	47119	47035	44	1571	1568
4	28123	28438	20	43372	43731	54	1963	1960
5	17806	17878	21	58899	58794	55	1963	1960
6	23969	24237	22	25566	25853	56	3927	3920
7	17577	17774	26	33556	33932	59	982	980
8	47937	48474	27	64102	64361	60	452	451
9	79622	80310	28	11780	11759	61	1598	1616
10	23969	24237	32	25566	25853	65	1609	1621
11	12464	12603	34	47119	47035	66	160	162
12	49083	48995	35	55016	55250	67	320	323
13	5890	5879	36	17257	17451	68	1023	1034
14	9817	9799	37	12464	12603	69	96	97
16	40542	40843	39	3927	3920	—	—	—

高比例可再生能源并网后，输配潮流具有双向化特征，配电网对于输电网而言不再是单一的负荷节点，而会呈现出多样的潮流返送场景。传统输电网规划方法无法考虑到与配电网相协同，忽视了输配潮流双向化这一特征以及配电网网络约束条件，因而无法得到最优规划方案。输配分布式优化规划方法实现了输、配电系统并行规划，可以实现输、配电系统间的协调，全局优化了输、配电系统的运行工作点。相比传统输电网规划方法，输配分布式规划方法可提高规划方案的经济性，优化常规机组出力、提高可再生能源消纳。

参 考 文 献

[1] 程浩忠, 李隽, 吴耀武, 等. 考虑高比例可再生能源的交直流输电网规划挑战与展望[J]. 电力系统自动化, 2017, 41(9): 19-27.

[2] Ofgem. Interim report into the low frequency demand disconnection (LFDD) following generator trips and frequency excursion on 9 Aug 2019[EB/OL]. [2019-09-12]. https://www.ofgem.gov.uk.

[3] FERC/NERC Staff report on the september 8, 2011 black-out[EB/OL]. [2018-06-10]. https://www.ferc.gov/legal/staff-reports.

[4] 李正烁. 基于广义主从分裂理论的分布式输配协同能量管理研究[D]. 北京: 清华大学, 2016.

[5] 孙宏斌, 张伯明, 相年德. 发输配全局潮流-第一部分: 数学模型和基本算法[J]. 电网技术, 1998, 22(12): 41-44.

[6] 孙宏斌, 张伯明, 相年德. 发输配全局潮流-第二部分: 收敛性、实用算法和算例[J]. 电网技术, 1999, 23(1): 50-53.

[7] Kargarian A, Fu Y. System of systems based security-constrained unit commitment incorporating active distribution grids[J]. IEEE Transactions on Power Systems, 2014, 29(5): 2489-2498.

[8] Sun H B, Guo Q L, Zhang B M, et al. Master-slave-splitting based distributed global power flow method for integrated transmission and distribution analysis[J]. IEEE Transactions on Smart Grid, 2015, 6(3): 1484-1492.

[9] Li Z S, Guo Q L, Sun H B, et al. A new LMP-sensitivity-based heterogeneous decomposition for transmission and distribution coordinated economic dispatch[J]. IEEE Transactions on Smart Grid, 2018, 9(2): 931-941.

[10] 张伯明, 陈寿孙, 严正. 高等电力网络分析[M]. 2版. 北京: 清华大学出版社, 2007.

[11] 刘盾盾, 程浩忠, 方斯顿, 等. 计及电压与无功功率的直流潮流算法[J]. 电力系统自动化, 2017, 41(8): 58-62.

[12] Li Z S, Guo Q L, Sun H B, et al. Coordinated economic dispatch of coupled transmission and distribution systems using heterogeneous decomposition[J]. IEEE Transactions on Power Systems, 2016, 31(6): 4817-4830.

[13] Lin C H, Wu W C, Zhang B M, et al. Decentralized reactive power optimization method for transmission and distribution networks accommodating large-scale DG integration[J]. IEEE Transactions on Sustainable Energy, 2017, 8(1): 363-373.

[14] Li Z S, Guo Q L, Sun H B, et al. Coordinated transmission and distribution AC optimal power flow[J]. IEEE Transactions on Smart Grid, 2018, 9(2): 1228-1240.

[15] Wang B D, Liu Z, Qi W J, et al. Hierarchical risk assessment of transmission system considering the influence of active distribution network[J]. IEEE Transactions on Power Systems, 2015, 30(2): 1084-1093.

[16] Kargarian A, Fu Y, Wu H Y. Chance-constrained system of systems based operation of power systems[J]. IEEE Transactions on Power Systems, 2016, 31(5): 3404-3413.

[17] Molzahn D K, Dörfler F, Sandberg H, et al. A survey of distributed optimization and control algorithms for electric power systems[J]. IEEE Transactions on Smart Grid, 2017, 8(6): 2941-2962.

[18] Khanabadi M, Fu Y, Gong L. A fully parallel stochastic multi-area power system operation considering large-scale wind power integration[J]. IEEE Transactions on Sustainable Energy, 2018, 9(1): 138-147.

[19] Baran M E, Wu F F. Network reconfiguration in distribution systems for loss reduction and load balancing[J]. IEEE Transactions on Power Delivery, 1989, 4(2): 1401-1407.

[20] Farivar M, Low S H. Branch flow model: Relaxations and convexification-Part I[J]. IEEE Transactions on Power Systems, 2013, 28(3): 2554-2564.

[21] Kim H H M, Michelena N F, Papalambros P Y, et al. Target cascading in optimal system design[J]. Journal of Mechanical Design, Transactions of the ASME, 2003, 125(3): 474-480.

[22] Tosserams S, Etman L F P, Papalambros P Y, et al. An augmented Lagrangian relaxation for analytical target cascading using the alternating direction method of multipliers[J]. Structural and Multidis-ciplinary Optimization, 2006, 31(3): 176-189.

[23] Michelena N, Park H, Papalambros P Y. Convergence properties of analytical target cascading[J]. AIAA Journal, 2003, 41(5): 897-905.

[24] 水利电力部. 电力系统技术导则(试行): SD 131-84[S]. 北京: 水利电力出版社, 1985.

[25] 张立波, 程浩忠, 田书欣, 等. 基于 Johnson 分布体系的含风电场发电系统可靠性评估[J]. 电力系统自动化, 2016, 40(10): 46-52.

第8章 高比例可再生能源并网的交直流输电网多目标规划方法

随着直流技术的发展，传统交流电网正逐步向交直流电网转变。交直流电网的结构更加复杂，规模更为庞大，在增加输送容量的同时也增加了一些不容忽视的成本和风险。成本方面，广泛采用的全寿命周期成本是指大型系统在预定有效期内发生的直接、间接、重复性的、一次性的及其他有关的费用，它是设计、开发、制造、使用、维护、保障等过程中发生的费用和预算中所列入的必然发生的费用的总和。风险方面，它是不确定性因素引起的不利事件可能性和严重程度的综合，常用随机变量的数学特征如期望值、方差等来表征。交直流电网中的不确定性因素表现形式更为多样化，不可避免地对电力系统规划产生较大风险。本章研究高比例可再生能源下交直流输电网的价值和风险，价值包括成本和效益两部分，风险主要是指概率可用输电能力等技术风险，然后提出交直流输电网多目标规划模型和求解方法，最后通过实例验证和分析，解决价值和风险多目标协同规划技术难题。

8.1 交直流输电网价值分析与建模

8.1.1 交直流输电网全寿命周期成本

交直流输电网的价值包括两个方面，一为成本，二为效益。在成本方面，广泛采用的是全寿命周期成本(life cycle cost，LCC)。传统的经典 LCC 费用分解结构包括投资成本、运行成本、维护成本、故障成本(也称惩罚成本)，以及废弃成本。输电网规模庞大，考虑高比例可再生能源接入后，其规划环境更加复杂，仅仅逐一分析设备的 LCC 模型，并将其简单的相加，显然是不够准确的，并且忽略掉了设备互联对全网的影响。因此，从成本属性的角度出发，将输电网全寿命周期成本进一步分解为设备级成本、系统级成本[1,2]。定义设备级与系统级区分的界限：单个设备所产生的费用为设备级成本，多个设备整体对全网产生的影响以及由此带来的费用为系统级成本。设备级是系统级的基础，系统级建立在设备级之上，需要设备级提供相应的计算数据。

交直流输电网具备与传统交流输电网不同的特征。在结构上，交流通道必须具备抵御直流通道潮流转移冲击的能力，对直流换流站具备一定的电压支撑能力和频率支撑能力，相当于增加了对交流通道的约束。在成本上，直流输电线路双回线路建设，交流输电线路三相线路建设，两者的建设、运行维护、故障，直至报废后的回收、折旧成本都是不同的，尤其是交直流输电网的故障情况较传统交流输电网的故障情况更难以判断，故障后果变数较大，其全寿命周期成本较传统交流输电网大不相同。

1. 交直流输电网设备级成本结构

交直流输电网设备级成本结构如式(8-1)所示。考虑高比例可再生能源接入的交直流输电网，在规划阶段需要考虑的设备仅包括交流线路、直流线路。

$$C_{dl} = C_{I,dl} + C_{O,dl} + C_{M,dl} + C_{F,dl} + C_{A,dl} \tag{8-1}$$

式中，$C_{I,dl}$ 为设备投资成本，包括设备的置购成本和安装调试费用。规划方案在运行期望寿命周期内，若发生技术改造投资，$C_{I,dl}$ 需要调整增加折算后的技改投资。规划方案运行超过期望寿命后 $C_{I,dl}$ 按 0 计。若在超过期望寿命运行期间发生技术改造，也需要对 $C_{I,dl}$ 进行调整，按财务折旧年限计算。

交直流输电线路一次投资存在明显不同，直流输电线路双回线路建设，交流输电线路三相线路建设，杆塔间的距离、站点的选择，都将直接影响一次投资成本。例如，按照国网经济技术研究院有限公司 2011 年的《特高压电网经济性》研究报告显示：特高压线路单位电力投资为直流 2398 元/kW，交流 2635 元/kW；单位电力和距离投资为直流 1.3033 元/kW·km，交流 2.7167 元/kW·km；单位电量投资为直流 0.0168 元/kW·h，交流 0.0192 元/kW·h；单位电量和距离投资为直流 9.1×10^{-6} 元/kW·h·km，交流 19.8×10^{-6} 元/kW·h·km。其他传统 500kV 交流线路一次投资单位的成本近似为 LGJ-400 双回 350 万元/km，LGJ-630 双回 400 万元/km。

$C_{O,dl}$ 表示运行成本，是线路运行过程中不可避免的损耗，根据最大有功负荷统计线路的理论线损值计算，计算方法如式(8-2)所示。

$$C_{O,dl} = \Delta P_{l,max} \times \tau_{max} \times \rho \tag{8-2}$$

式中，$\Delta P_{l,max}$ 为线路最大负荷时功率损耗；τ_{max} 为最大负荷损耗时间；ρ 为输电价格。

交直流输电线路的损耗是有差异的，目前特高压交流系统的利用率要比直流系统利用率低得多，特别是最大负荷损耗时间这一指标，由于与运行电流的平方数有关，因此相差幅度更大。主要原因是直流系统在设计时不考虑事故冗余，其在运行中因事故停运而引起的对电网的扰动，全部由送受端的交流系统来调节。而交流系统在实际运行时，必须考虑事故停运对整个电网的影响，因此必须留有事故备用和检修备用时间。因此，相对来说，直流的输电损耗较低。

$C_{M,dl}$ 表示维护成本，包括预防维护成本和单个设备故障的校正维护成本。预防维护是指对已投运的线路设备进行的预防性试验、计划检修等活动，如带电测试局放、绝缘电阻、介质损耗、直流电阻、短路阻抗等，不包括设施的升级改造。预防维护成本可采用相应检修成本历史统计值计算。而校正维护主要包括故障后故障测寻和设备更换费用。根据原电力工业部颁布的《电网建设项目经济评价暂行方法》[3]，当无统计值时维护成本可控制在固定资产原值 1% 左右，根据 2016 年国家发展和改革委员会印发的《省级电网输配电价定价办法(试行)》[4]，修理费按照不高于监管周期新增固定资产原值的 1.5% 核定。

$C_{F,dl}$ 表示单个设备故障后产生的故障成本，包括直接故障成本和间接故障成本，计算方法如式(8-3)所示。其中，直接故障成本需要从全网断供成本或称停电成本的角度进行考虑。断供成本与许多因素有关，包括停电发生的时间、停电量、停电持续时间、用户类型等。精确地构造断供成本函数是十分困难的，至今还没有统一的计算方法。目前有些国家对断供成本采用下述几种简单的估算方法：①按 GDP 计算；②按电价倍数计算；③按缺电功率、缺电量、缺电持续时间及缺电频率计算。为方便而又不失一般性地反映缺电影响，可考虑采用单个设备故障后的电量不足期望值 EENS 与电价的乘积来表征断供成本的大小。而间接故障成本包括赔偿费用、对社会造成的不良影响以及公司信誉受损等，可以通过对历史数据的统计获得一个合理的比例，例如，设定间接故障成本与直接故障成本的比例为 α，通常是取较大量值以突出故障所带来的社会影响。

$$C_{F,dl} = (1+\alpha) \times \sum_{i \neq H_1}^{T} \left[r_i \times q_i \times \prod_{j \neq i} (1-q_j) \right] \times \rho \tag{8-3}$$

式中，H_1 为单个设备故障集合；q_i 和 r_i 分别为设备 i 故障的概率和相应的最小切负荷量；ρ 为平均电价。计算 EENS 需要考虑研究期 T 内每小时负荷的变化情况，一般用持续负荷曲线作为负荷模型。

依据中国电力企业联合会发布的 2016 年全国电力可靠性指标显示，交直流输电线路的故障指标存在不同。例如，500kV 交流架空线路强迫停运率为 0.06，可用系数为 99.38%，23 个直流系统合计能量可用率、强迫能量不可用率、计划能量不可用率和强迫停运次数分别为 94.67%、0.152%、2.287% 和 40.5 次，其中 14 个超高压直流输电系统的指标分别为 96.003%、0.061%、3.936% 和 20 次；6 个特高压直流输电系统的指标分别为 93.112%、0.167%、6.723% 和 14.5 次；3 个背靠背直流输电系统的指标分别为 96.971%、0.749%、2.287% 和 6 次。相较于传统的纯交流输电网，直流接入后的交直流输电网故障情况更难以判断，故障后果变数大。例如，交流不对称故障可能造成的直流输电换相失败，直流故障导致的交流继电保护误动，必须准确识别和把握交直流输电线路相互影响机理并计算相应的故障后果。

最小切负荷 r_i 的计算可以采用传统的系统切负荷量最小线性规划模型如式(8-4)和式(8-5)所示，一旦由于设备随机故障或负荷随机波动而引起系统功率不平衡或线路过负荷，为了消除这些不正常状态，调整某些发电机的出力或在某些负荷节点进行一定的负荷削减是必要的，这也是故障后果的重要表征。

$$\min \sum_{i=1}^{N} r_i \tag{8-4}$$

$$\text{s.t.} \quad \begin{aligned} &P_g - B\theta + r = d \\ &P_{g,\min} \leqslant P_g \leqslant P_{g,\max} \\ &0 \leqslant r \leqslant d \\ &|P_l| \leqslant P_{l,\max} \end{aligned} \tag{8-5}$$

式中，N 为负荷节点数；$r = (r_1, r_2, \cdots, r_i, \cdots, r_N)^T$ 为节点的削负荷向量；$P_{g,\min}$ 为发电机最小出力向量；$P_{g,\max}$ 为发电机最大出力向量；P_g 为发电机出力向量；P_l 为支路潮流向量；$P_{l,\max}$ 为支路潮流极限值向量。以上各约束条件分别为系统有功功率平衡约束、发电机有功出力约束、负荷削减量约束、线路容量约束。

处置管理费用为资产报废处置而产生的管理费用，包括评估费、仓储费、整理费、搬运费、包装费、招标费用等。提前报废成本=资产原值−资产累计折旧。依据我国财政部发布的《企业会计准则》，残值，也称残余价值，是固定资产经过长期使用后，由于实体的磨损而丧失其使用价值并宣告退废时，可收回的残余材料的价值。目前我国固定资产残值率统一为 5%[5]。

2. 交直流输电网系统级成本结构

交直流输电网系统级成本结构如式(8-6)所示。此部分从输电网整体来分析成本的组成，是全网 LCC 模型不同于以往单个设备 LCC 费用分解的关键，需要关注的问题不再是单个设备的行为，而是输电系统总体产生的影响。

$$C_{sl} = C_{I,sl} + C_{O,sl} + C_{M,sl} + C_{F,sl} \tag{8-6}$$

$C_{I,sl}$ 表示系统投资成本，包括新建工程可行性研究阶段的研究费用、设计费用和工程前期准备费用；新建工程地块改造和购买费用，包括房屋建筑、绿化场地部分；各项与上述投入成本有关的管理费用，如运输费、监理费等。通常，与系统有关的成本并不能严格地按照上面的成本因子区分开来，例如，有些情况下只知道新建工程的总体投资，这个总体投资就包含了如管理费用等所有成本，或者所知道的成本因子比上述因子还要多，包括拆迁费、补偿金等。总之，系统投资成本的目的是将与系统有关的一次投资成本全部纳入到全寿命周期成本中。

$C_{O,sl}$ 表示运行成本，从电力系统整体的角度考虑为人工成本。人工成本为负责设备运行维护的相关人员的工资及相应社会保障费、住房公积金、保险费、教育培训费、交通差旅费、劳动补贴、福利费、劳动保护费用、工会经费等全部成本费用。当人工成本历史数据缺乏时，人工成本的计算可以采用定额制，如取初始投资的 $\Phi\%$，参照文献[3]~[5]，并根据实际运行经验调整 Φ 的取值。

$C_{M,sl}$ 表示多个设备故障的校正维护成本。实际上，电力系统中三重及以上设备故障的概率非常小，一旦发生这样的严重故障，故障成本要远远大于维护成本，因此可以用两重故障近似代替多重故障的结果。两重故障的校正维护成本同样包括故障测寻和设备更换费用。注意到，如果设备级中的校正维护成本采用固定资产原值比例的方式进行计算，系统级中的校正维护成本可忽略不计。

$C_{F,sl}$ 表示多个设备故障后产生的故障成本，同样包括直接故障成本和间接故障成本，如式(8-7)所示。用两重故障近似代替多重故障，与设备级故障成本的计算方法类似，采用两重故障后的电量不足期望值 EENS 与电价的乘积来表征直接故障成本的大小，采用 α 来表征间接故障成本与直接故障成本的比例。

$$C_{F,sl} = (1+\alpha) \times \sum_{i,j \in H_2}^{T} \left[r_{i,j} \times q_i \times q_j \times \prod_{m \neq i,j}(1-q_m) \right] \times \rho \qquad (8\text{-}7)$$

式中，H_2 为两重设备故障集合；q_i、q_j、$r_{i,j}$ 分别为设备 i 故障概率、设备 j 故障概率、设备 i 和 j 同时故障对应的最小切负荷量，同样地可以采用系统切负荷量最小线性规划模型求解得到。

3. 全寿命周期成本合计

LCC 成本一般也可分为经常成本和非经常成本。经常成本包含前面提到的维护成本、人工成本、故障成本等。而非经常成本包括投资成本、废弃成本。经常成本在设备的全寿命周期内每年都发生，因此需要每年都考虑，而非经常成本在设备的全寿命周期内只发生一次，例如，投资成本在全寿命周期初发生，废弃成本在全寿命周期末发生。在 LCC 成本的计算过程中需要区分这两种成本。为了将所有成本都折算到研究期的当前时刻，即获得现值，采用了由等年值 A 求现值 N_A 的方法来折算经常成本，定义如式(8-8)所示；采用了由将来值 F 求现值 N_F 的方法来折算废弃成本，定义如式(8-9)所示。

$$N_A \overset{\text{def}}{=} A \times [(1+i)^T - 1]/i(1+i)^T \qquad (8\text{-}8)$$

$$N_{\mathrm{F}} \stackrel{\text{def}}{=} F \times 1 \big/ (1+i)^{T} \tag{8-9}$$

式中，i 为利率；T 为研究期内的年数。至此，针对交直流输电网的全寿命周期成本合计模型可以通过式(8-10)近似表示。通过该模型，不仅可以进行产品的设计、选择或决策，也可以计算输电网规划的全过程成本。

$$\begin{aligned}
C &= C_{\mathrm{dl}} + C_{\mathrm{sl}} \\
&= C_{\mathrm{I,dl}} + (C_{\mathrm{O,dl}} + C_{\mathrm{M,dl}} + C_{\mathrm{F,dl}}) \times N_{\mathrm{A}} + C_{\mathrm{A,dl}} \times N_{\mathrm{F}} + C_{\mathrm{I,sl}} + (C_{\mathrm{O,sl}} + C_{\mathrm{M,sl}} + C_{\mathrm{F,sl}}) \times N_{\mathrm{A}}
\end{aligned}$$
$$\tag{8-10}$$

式中，$C_{\mathrm{A,dl}}$ 为废弃成本，包括资产报废处置管理费用、报废资产残值回收收入，以及资产未使用到期望寿命导致的提前报废价值损失。

8.1.2　交直流输电网综合效益

价值的另一方面是效益。输电网规划的效益，最显而易见的是经济效益。输电网规划方案的建成，满足了用户的电力需求，而用户则通过用电量增长和支付电费的形式使得电网经营企业获得经济效益。当前，输电系统规划的目的除了获得经济效益，还需要承担相应的社会责任，支持可再生能源接入，满足可再生能源接入的内在需求，因此，输电网规划的效益还包括接受高比例可再生能源所带来的减排效益[6]。

1. 交直流输电网经济效益

2016 年，在新一轮电力体制改革的浪潮下，国家发展和改革委员会发布了《省级电网输配电价定价办法(试行)》，按照"准许成本加合理收益"的办法给出了省级电网输配电价定价原则，明确了准许成本、准许收益、价内税金、准许收入的计算方法，即"省级电网平均输配电价(含增值税)=通过输配电价回收的准许收入(含增值税)÷省级电网共用网络输配电量"，并且还要依据不同电压等级和用户的用电特性及成本结构，分别制定分电压等级、分用户类型输配电网。随后还陆续发布了《区域电网输电价格定价办法(试行)》和《跨省跨区专项工程输电价格定价办法(试行)》。在此背景下，采用传统的经济学方法来计算输电网的经济效益成为可能。如式(8-11)所示，经济效益 F_1 主要指电网扩展、输电能力增强、供电量增大而直接获得的电价收入，即

$$F_1 = W \times \rho \tag{8-11}$$

式中，W 为输电网规划电压等级的增售电量；ρ 为该电压等级单独制定的输配电价。

2. 交直流输电网减排效益

节能减排是交直流输电网建设的潜在效果和利益，可用减排效益来衡量。与传统化石燃料相比，可再生能源是零污染的绿色能源。化石燃料的燃烧引发的废气污染物包括氧化硫、氧化氮、一氧化碳、二氧化碳、碳氢化合物、烟灰等，是造成大气污染、酸雨、PM2.5 的主要原因，温室气体的排放更带来全球变暖问题。输电网规划通过更多地接纳可再生能源发电，优化可再生能源消纳能力，减少煤炭的开采使用，进而减少废气污染物的排放。

这里首先引入发电容量可信度 β，如式(8-12)所示，它是指在保持系统可靠性水平的前提下，可再生能源替代的常规机组发电量与可再生能源发电量的比值。

$$\beta = \Delta W / W_{re} = (W_{org} - W_{fin})/W_{re} \tag{8-12}$$

式中，ΔW 为在可靠性水平相同的条件下可再生能源替代的常规发电机组发电量；W_{org} 和 W_{fin} 分别为不考虑和考虑可再生能源时系统投入的常规发电机组发电量；W_{re} 为可再生能源的发电量。当前，由于可再生能源接入电力系统后带来的频率、电压、电能质量等一系列稳定问题，其发电容量可信度并不高，以风电为例，近似可以取为 0.2。

假设规划方案得出的高峰负荷下的可再生能源出力为 P_{re}，平均利用小时数为 τ_{re}，那么在可靠性水平相同的条件下可再生能源替代的常规发电机组发电量为 $P_{re} \times \tau_{re} \times \beta$。假设规划方案得出的是不同负荷场景下的不同可再生能源出力，同样可以利用对应的利用小时数计算常规发电机组发电量。以前者为例，单位燃煤机组电量的煤耗值为 ρ，那么规划方案可减少的煤炭量为 $\rho \times (P_{re} \times \tau_{re} \times \beta)$。以燃煤产生的主要污染物 SO_2、NO_x、CO、TSP 为例，已有文献[7]计算出不同污染物的排放率 γ_i，那么不同污染物的排放量即可用 $\rho \times (P_{re} \times \tau_{re} \times \beta) \times \gamma_i$ 来表征。

依据国务院《排污费征收使用管理条例》（国务院令字第 369 号）以及相应的《排污费征收标准管理办法》《排污费征收标准及计算方法》，废气排污费按排污者排放污染物的种类、数量以污染当量计算征收，每一污染当量征收标准为 0.6 元。某污染物的污染当量数=某污染物的排放量(kg)/某污染物的污染当量值(kg)。已有燃煤发电主要污染物的污染当量值 ϕ_i，例如，SO_2 为 0.95kg，NO_x 为 0.95kg，CO 为 16.7kg，TSP 为 4kg。那么某污染物的污染当量数即可表示为

$$\Phi_i = \frac{\rho \times (P_{re} \times \tau_{re} \times \beta) \times \gamma_i}{\phi_i} \tag{8-13}$$

条例规定以 Φ_i 从多到少的顺序，最多不超过 3 项，计算废气排污费征收额。

废气排污费征收额=0.6 元×前 3 项污染物的污染当量数之和。2014 年《国务院:调整排污费征收标准》将废气中的二氧化硫和氮氧化物排污费征收标准调整至不低于每污染当量 1.2 元。

粉煤灰和炉渣属于固体废物,有专用存储达到环境保护标准的电厂(目前电厂也都能达到此标准)是不收取排污费用的,而 CO_2 暂不纳入到排污费的征收范围,但是鉴于 CO_2 是当前全球温室气体的主要来源,也可以同样计算 CO_2 的排放率并采用全球碳成本值来计算 CO_2 的排放成本值。

在此背景下,交直流输电网规划消纳可再生能源带来的减排效益 F_2 即可表示为节约的排污费征收额。至此,交直流输电网综合效益可表示为

$$F = F_1 + F_2 \tag{8-14}$$

8.1.3　交直流输电网价值指标

价值规划理论是研究对象的功能(即效益)与费用(即成本)的关系。这种关系可以度量为比值关系,也可以度量为差值关系。比值关系得出的价值表示了单位费用可以获得的单位功能,尤其适用于费用与功能这两者量纲不一致的情况;差值关系只能用于两者量纲相同的情况,得出的价值表示了净收益的大小。针对输电网规划,采用差值关系来度量价值的大小也即价值指标 V,如式(8-15)所示。

$$V = F - C \tag{8-15}$$

式中,F 为综合效益,由 8.1.2 节计算;C 为 LCC 成本,由 8.1.1 节计算。

价值规划从本质上来说是属于经济学理论范畴。在我国,电力部门先后出台了多个关于电网经济性评估的文件,根据是否考虑资金的时间价值,传统经济性评价指标主要分为三类:第一,是以时间为单位的指标,如借款偿还期和投资回收期等;第二,是以货币为单位的价值型指标,如净现值、净年值、费用现值、费用年值等;第三,是反映资金利用效率的效率型指标,如投资收益率、内部收益率、净现值率等。由于这三类指标是从不同的角度对项目经济性的考察,在实际寿命周期费用评价时,一般综合使用多种指标,其中第二类以货币为单位的价值型指标使用最为广泛。传统的经济性动态指标并不能描述网损的影响,也不能考虑可靠性的高低,因此为了克服这一问题,可以在经济性评估中用 LCC 成本代替投入,用综合效益代替产出,得到更为全面的经济性动态指标。由于考虑的因素更加全面,改进传统经济性评价指标相比传统指标,可能会存在投资回收期拉长、净现值减少、内部收益率降低的情况。

8.2　交直流输电网风险分析与模型

交直流输电网与传统交流输电网不同，为对其风险水平进行科学有效评估，首先给出交直流输电网的简化等效模型图，如图 8-1 所示。

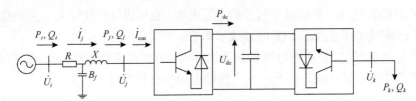

图 8-1　交直流输电网的简化等效模型图

图 8-1 中，$\dot{I}_{con}$ 为换流器电流，P_{dc} 为直流输电线功率，U_{dc} 为直流系统节点电压，$\dot{U}_k$ 为换流器输出电压，P_k、Q_k 分别为换流器输出有功、无功功率，换流器等效阻抗可写为 $Z = R + jX$，其中低通滤波器 B_f 的损耗可忽略，交流系统侧电压 $\dot{U}_i = U_i\angle\theta_i$，直流系统换流器输入电压 $\dot{U}_j = U_j\angle\theta_j$，则流过等效阻抗的电流 $\dot{I}_j$ 为

$$\dot{I}_j = \frac{\dot{U}_i - \dot{U}_j}{R + jX} \tag{8-16}$$

由交流系统向直流系统注入的复功率表达式：

$$\dot{S}_i = P_i + jQ_i = \dot{U}_i \dot{I}_j^* \tag{8-17}$$

令支路导纳 $Y = G + jB = 1/(R + jX)$，可推导求得交流系统侧注入的有功功率 P_i 及无功功率 Q_i 分别为

$$\begin{cases} P_i = U_i^2 G + U_i U_j [G\cos(\theta_i - \theta_j) + B\sin(\theta_i - \theta_j)] \\ Q_i = -U_i^2 B - U_i U_j [G\sin(\theta_i - \theta_j) - B\cos(\theta_i - \theta_j)] \end{cases} \tag{8-18}$$

同理，由交流系统注入直流换流器的有功功率 P_j、无功功率 Q_j 分别为

$$P_j = -U_j^2 G + U_i U_j [G\cos(\theta_i - \theta_j) + B\sin(\theta_i - \theta_j)]$$
$$Q_j = U_j^2 B + U_i U_j [G\sin(\theta_i - \theta_j) + B\cos(\theta_i - \theta_j)] \tag{8-19}$$

直流换流器的基本控制方式可分为四种：①定 U_{de}、定 Q_i 控制；②定 U_{dc}、定

U_i 控制；③定 P_i、定 Q_i 控制；④定 P_i、定 U_i 控制。基于换流站的控制方式可将节点类型分为定直流电压、定直流功率、定直流电流和定触发角。两端直流系统的控制方式，可采用①+③、①+④、③+②、④+②。就多端系统而言，其控制方式可以派生出更多组合，并已产生电压裕度控制、电压下垂控制等新型的控制方式。以多端直流系统采用电压源型换流器为例，VSC-HVDC 在稳态运行时需要保持系统直流电压恒定，通过控制 VSC 中全控器件的开通和关断，改变输出交流电压的相角和幅值，实现对交流有功和无功功率的解耦控制。由于电压源换流器可以独立控制有功和无功功率，因此多端直流系统中换流站既可以作为整流站运行，也可以作为逆变站运行，但为了维持系统稳定运行，必须保证多端直流系统中各换流站交流侧输入和输出有功功率的平衡。当多端系统中输入有功功率值大于输出有功功率值，多端系统直流电压值将增大；而随着直流电压升高，各换流器会降低输入系统的功率值，使系统重新进入功率平衡状态。反之则升高换流器直流传输值，使系统功率重新平衡。多端直流系统中直流电压与系统功率平衡直接相关，这与交流系统中的频率类似。考虑多端直流系统拓扑采用并联结构，因此当各个换流站功率指令为零时，应保证所有换流站端口直流电压值与其额定值相等；而当直流系统中有潮流时，由于直流线路上的压降各换流站端口直流电压而略有不同，但差异不大。

8.2.1　不确定性因素建模

不确定性的普遍存在使电力系统在规划与运行层面较以往的确定性情况面临着更多的风险，同时也对电力系统的安全稳定经济运行带来很多不利影响。交直流电网互联使得不确定性因素所带来的影响更加广泛和深刻，一旦造成事故危害性也就更严重。尤其是近些年来以风电和光伏发电为代表的可再生能源迅速发展，其表现出来的间歇性、随机性和波动性等特征，更为电力系统的规划、预测、分析、决策以及运行控制等带来极大的影响。因此研究电力系统的不确定性因素也就显得尤为必要。

1. 负荷预测不确定性

本节使用基于正态分布的概率模型来表示负荷预测的不确定性。对于现有负荷节点 i，该点原有负荷为 P_{Di0}，在输电网风险分析时，该点负荷的变化量 ΔP_{Di} 为一随机变量，服从正态分布 $\Delta P_{Di} \sim N(\mu_i, \sigma_i^2)$，其中 μ_i 为期望值，那么该点的负荷 $P_{Di} = P_{Di0} + \Delta P_{Di}$。对于没有负荷的节点 i，$P_{Di0} = 0$，$P_{Di} = \Delta P_{Di}$。每个负荷点的 μ_i 取值为该负荷的确定性负荷预测值。σ_i 的取值依据为负荷大于 $1.2\mu_i$ 或者小于 $0.8\mu_i$ 的概率小于 0.05，即负荷波动数值大于 1.2 倍的期望值的概率不超过 0.025。在计算时，根据此概率分布进行抽样得到相应的负荷状态。

2. 线路状态不确定性

本节采用 0-1 分布模型来表示线路检修、故障的不确定性。

$$\Pr(x) = \begin{cases} \text{FOR}, & x = 0 \\ 1 - \text{FOR}, & x = 1 \end{cases} \tag{8-20}$$

式中，$\Pr(x)$ 为线路处于状态 x 的概率，其中 $x=0$ 表示线路为检修或故障的状态，$x=1$ 表示线路为正常运行状态；FOR 为线路的强迫停运率，可以从线路的检修和故障历史统计数据中计算得到。

3. 断路器状态不确定性

高压断路器电寿命可以根据开断电流加权累计法进行计算，并通过触头累积磨损量作为判断其电寿命的依据[8]。定义新出厂断路器的电寿命为 1，额定开断电流为 I_e，额定开断次数为 N，则每次正常开断时相对磨损量 $Q_M = 1/N$。根据断路器开断次数与开断电流的关系(N-I 曲线)，可以算出任意大小开断电流 I_s 对应的允许开断次数 N_s，则对应的相对电磨损量 $Q_s = 1/N_s$。设额定开断电流和任意开断电流下每次开断时的触头电磨损量分别为 M 和 S，则该断路器所允许的总磨损量为 $NM=N_sS$。综上，可以得出

$$Q_s = \frac{Q_M S}{M} = \frac{S}{NM} \tag{8-21}$$

定义某断路器年故障率的最大值和最小值分别为 $\lambda_{\max}$ 和 $\lambda_{\min}$，在线运行状态下潜在的故障率为 λ_c，则对于触头电寿命部分的故障率 λ_1，则有

$$\lambda_1 = \sum Q_s (\lambda_{\max} - \lambda_{\min}) + \lambda_{\min} \tag{8-22}$$

式中，$\lambda_{\max}$ 和 $\lambda_{\min}$ 为根据实践经验和断路器检修状况的统计数据得到的经验值，并可以根据实践经验情况予以修正。

根据国际大电网会议对高压断路器各部分故障率的调查，断路器主回路的故障率约占整体故障的 20%，控制回路故障率约占整体故障的 30%，操动机构和其他部分故障率分别占整体故障的 40% 和 10%。因此，可以根据各部分的故障率比例定义其权重 ω_i，并得到该高压断路器的总体潜在故障率

$$\lambda_c = \sum_{i=1}^{4} \omega_i \lambda_i \tag{8-23}$$

综上，针对高压断路器的健康状态和实践经验，可以根据断路器健康状态定义其在线状况下潜在的故障率 λ_c。

4. 可再生能源出力不确定性

有关可再生能源出力不确定性的建模已在本书第 2 章详细介绍,这里不再赘述。

8.2.2　概率可用输电能力

可用输电能力(available transmission capability,ATC)是指在满足一定的安全约束条件下,从一个区域向另一个区域仍可能输送的最大功率。可用输电能力计算的模型如下所示。

目标函数:

$$\max \quad e^{\mathrm{T}}d \tag{8-24}$$

式中,d 和 e 分别为负荷增长列向量和单位 1 列向量。

约束条件:

1)交流输电网运行约束

$$
\begin{aligned}
&P_{\mathrm{g}} + f = d_0 + d + P_{\mathrm{e}} \\
&f_{ij} - \gamma_{ij}n_{ij}(\theta_i - \theta_j) = 0 \\
&\left| f_{ij} \right| \leqslant n_{ij}\overline{f}_{ij} \\
&P_{\mathrm{g}} \leqslant P_{\mathrm{g,max}} \\
&d \geqslant 0
\end{aligned}
\tag{8-25}
$$

式中,d_0 为原始负荷列向量;P_{g}、$P_{\mathrm{g,max}}$ 和 P_{e} 分别为常规机组发电出力列向量、常规机组发电出力上限列向量和由交流系统注入直流换流器的有功功率列向量;θ 为节点相角列向量;n_{ij}、γ_{ij}、$\overline{f}_{ij}$ 分别为线路 ij 间的线路条数、导纳数值、线路潮流限值。

2)直流输电线和换流站运行约束

(1)换流器节点功率平衡约束:

$$
\begin{aligned}
&P_j + P_{\mathrm{dc}} + P_{\mathrm{con\_loss}} = 0 \\
&P_{\mathrm{con\_loss}} = a + b \cdot I_{\mathrm{con}} + c \cdot I_{\mathrm{con}}^2 \\
&I_{\mathrm{con}} = \frac{\sqrt{P_j^2 + Q_j^2}}{\sqrt{3}U_j}
\end{aligned}
\tag{8-26}
$$

式中,P_{dc} 为直流输电线功率;$P_{\mathrm{con\_loss}}$ 为换流器损耗;a、b 及 c 为各换流器相关系数;I_{con} 为换流器电流。

（2）换流器功率约束：

$$r_{\min}^2 \leqslant (P_i - P_0)^2 + (Q_i - Q_0)^2 \leqslant r_{\max}^2 \tag{8-27}$$

式中，$r_{\min}$ 和 $r_{\max}$ 分别为各换流站的 P-Q 功率下上限。

（3）直流系统注入功率约束：

$$
\begin{aligned}
P_{i,\min} \leqslant P_i \leqslant P_{i,\max}, \quad &\forall i \in \Omega^{\mathrm{DC}} \\
Q_{i,\min} \leqslant Q_i \leqslant Q_{i,\max}, \quad &\forall i \in \Omega^{\mathrm{DC}}
\end{aligned} \tag{8-28}
$$

式中，$P_{i,\max}$ 和 $P_{i,\min}$ 分别为直流系统注入有功功率上、下限；$Q_{i,\max}$ 和 $Q_{i,\min}$ 分别为直流系统注入无功功率上、下限；Ω^{DC} 为直流系统节点集。

（4）直流节点电压约束：

$$U_{\mathrm{dc},i,\min} \leqslant U_{\mathrm{dc},i} \leqslant U_{\mathrm{dc},i,\max}, \quad \forall i \in \Omega^{\mathrm{DC}} \tag{8-29}$$

式中，$U_{\mathrm{dc},i}$、$U_{\mathrm{dc},i,\min}$ 和 $U_{\mathrm{dc},i,\max}$ 分别为直流系统节点 i 的电压及其下上限。

（5）直流输电线电流约束：

$$-I_{\mathrm{dc},ij,\max} \leqslant I_{\mathrm{dc},ij} \leqslant I_{\mathrm{dc},ij,\max}, \quad \forall i,j \in \Omega^{\mathrm{DC}} \tag{8-30}$$

式中，$I_{\mathrm{dc},ij}$ 和 $I_{\mathrm{dc},ij,\max}$ 分别为直流节点 i、j 之间流过的电流及其上限。

计及电力系统中的不确定性因素，定义概率可用输电能力如下：基于电力系统所具有的随机特征，通过模拟发输电设备的随机开断及负荷变化确定系统可能出现的运行方式，然后使用适当的优化算法求解这些运行方式下系统的 ATC，最后分析综合各运行状态下的 ATC 值得到系统 ATC 值的期望值。使用蒙特卡罗模拟方法[9]和元启发式方法相结合的方法来计算概率 ATC 的数值，计算的过程中，对于每次抽样得到的确定性状态，使用确定性的基于上述模型的 ATC 计算方法。通过对模拟后的 ATC 数值的统计，即可得到概率 ATC 的期望值、方差等数学指标。对于多场景相应指标的计算，只需在得到各单一场景的指标后根据各场景发生的概率进行加权求和计算即可，据此可分析系统的运行性能。通过求解上述模型，即可求得交直流系统的概率可用输电能力，具体计算流程如图 8-2 所示。

8.2.3 最小切负荷费用悲观值

最小切负荷费用（minimum load shedding cost，MLSC）是指电网运行中由于网架结构不合理或者电网故障时出现支路过负荷而造成的切负荷赔偿费用。最小切负荷费用计算的核心问题是切负荷节点和数量的选择。它取决于两个因素：一是节点切负荷对于消除系统过负荷支路的有效度，即节点切除负荷对于消除系统过负荷的总体效应；二是节点的单位切负荷费用。最小切负荷费用计算的方法如下。

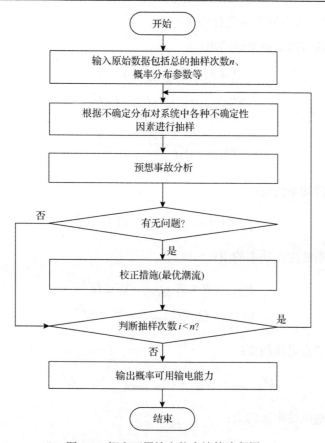

图 8-2　概率可用输电能力计算流程图

目标函数：

$$\min \quad c^{\mathrm{T}} r \tag{8-31}$$

式中，c 为各节点的单位缺电赔偿费用；r 为切负荷列向量。

约束条件：

1）交流输电网运行约束

$$\begin{aligned}
&P_{\mathrm{g}} + f + r = d_0 + P_{\mathrm{e}} \\
&f_{ij} - \gamma_{ij} n_{ij}(\theta_i - \theta_j) = 0 \\
&\left| f_{ij} \right| \leqslant n_{ij} \overline{f}_{ij} \\
&P_{\mathrm{g}} \leqslant P_{\mathrm{g,max}} \\
&r \leqslant d_0
\end{aligned} \tag{8-32}$$

2) 直流输电线和换流站运行约束

(1) 换流器节点功率平衡约束:

$$P_j + P_{dc} + P_{con\_loss} = 0$$
$$P_{con\_loss} = a + b \cdot I_{con} + c \cdot I_{con}^2 \tag{8-33}$$
$$I_{con} = \frac{\sqrt{P_j^2 + Q_j^2}}{\sqrt{3}U_j}$$

(2) 换流器功率约束:

$$r_{min}^2 \leqslant (P_i - P_0)^2 + (Q_i - Q_0)^2 \leqslant r_{max}^2 \tag{8-34}$$

(3) 直流系统注入功率约束:

$$P_{i,min} \leqslant P_i \leqslant P_{i,max}, \qquad \forall i \in \Omega^{DC}$$
$$Q_{i,min} \leqslant Q_i \leqslant Q_{i,max}, \qquad \forall i \in \Omega^{DC} \tag{8-35}$$

(4) 直流节点电压约束:

$$U_{dc,i,min} \leqslant U_{dc,i} \leqslant U_{dc,i,max}, \qquad \forall i \in \Omega^{DC} \tag{8-36}$$

(5) 直流输电线电流约束:

$$-I_{dc,ij,max} \leqslant I_{dc,ij} \leqslant I_{dc,ij,max}, \qquad \forall i,j \in \Omega^{DC} \tag{8-37}$$

当计及电力系统中的随机不确定性因素时,定义最小切负荷费用悲观值如下:$\underline{MLSC}(\alpha) = \inf\{\underline{MLSC} \,|\, \Pr\{MLSC \leqslant \underline{MLSC}\} \geqslant \alpha\}$。通过对各抽样状态下的 MLSC 进行计算,并按照从小到大进行排序,从中找出某个抽样状态下的 MLSC,使得小于该值的 MLSC 个数占总抽样数的比率大于 α,即所求的 $\underline{MLSC}$。

通过求解上述模型,即可求得交直流系统的最小切负荷费用悲观值,具体计算流程如图 8-2 所示。基于电力系统所具有的随机特征,通过模拟发输电设备的随机开断及负荷变化确定系统可能出现的运行方式,然后使用适当的优化算法求解这些运行方式下系统的 MLSC,最后分析综合各运行状态下的 MLSC 值,经过快速排序算法即可得到系统 MLSC 的 α 悲观值,即 $\underline{MLSC}(\alpha)$,α 是预先设定的置信区间。通过对模拟后的 MLSC 数值的统计,还可得到系统 MLSC 的期望值、方差等数学指标[10,11]。对于多场景相应指标的计算,只需在得到各单一场景的指标后根据各场景发生的概率进行加权求和计算即可,据此可分析系统的运行性能。

8.2.4　可再生能源弃能期望值

可再生能源发电不需要消耗化石能源，清洁、无污染，因此是优先被电力系统接纳的。但是为了保证电力系统的安全稳定运行，有时需要限制可再生能源出力，即弃能。由于可再生能源发电、负荷等是不确定的，因此可再生能源弃能量也是不确定的，将可再生能源弃能量的期望值作为可再生能源弃能指标。

采用蒙特卡罗模拟作为评估方法，对于一次采样值下的弃能评估，建立了两阶段弃能评估模型：第一阶段，根据给定的负荷数据及可再生能源发电数据，建立最小切负荷模型，求取系统所能接纳的最大负荷；第二阶段，以第一阶段求得的负荷为基础数据，建立最小化可再生能源弃能模型。第一阶段模型的目的是最大限度地满足负荷需求，第二阶段模型的目的是最大限度地满足负荷需求情况下，最小化可再生能源弃能。两阶段模型的目的是在满足最大负荷需求情况下，尽可能少地减小可再生能源弃能。

第一阶段规划模型如下：

$$
\begin{cases}
\min \quad e^{\mathrm{T}} r \\
\text{s.t.} \ \ P_{\mathrm{g}} + P_{\mathrm{w}} + f + r = d_0 + P_{\mathrm{e}} \\
\quad f_{ij} - \gamma_{ij} n_{ij}(\theta_i - \theta_j) = 0 \\
\quad \left| f_{ij} \right| \leqslant n_{ij} \overline{f}_{ij} \\
\quad P_{\mathrm{g}} \leqslant P_{\mathrm{g,max}} \\
\quad P_{\mathrm{w}} \leqslant P_{\mathrm{w,max}} \\
\quad r \leqslant d_0
\end{cases}
\tag{8-38}
$$

式中，e^{T} 为单位行向量；r 为节点切负荷量向量；P_{g} 为常规发电机出力列向量；$P_{\mathrm{g,max}}$ 为 P_{g} 的上限；P_{w} 为可再生能源(包括风电电源和光伏电源)出力列向量；$P_{\mathrm{w,max}}$ 为 P_{w} 的上限；d_0 为负荷向量。

第二阶段规划模型如下：

$$
\begin{cases}
\min \quad e^{\mathrm{T}} r_{\mathrm{w}} \\
\text{s.t.} \ \ P_{\mathrm{g}} + P_{\mathrm{w}} + f + r = d_0 + P_{\mathrm{e}} + r_{\mathrm{w}} \\
\quad f_{ij} - \gamma_{ij} n_{ij}(\theta_i - \theta_j) = 0 \\
\quad \left| f_{ij} \right| \leqslant n_{ij} \overline{f}_{ij} \\
\quad P_{\mathrm{g}} \leqslant P_{\mathrm{g,max}} \\
\quad r_{\mathrm{w}} + P_{\mathrm{w}} \leqslant P_{\mathrm{w,max}} \\
\quad r_{\mathrm{w}} \leqslant P_{\mathrm{w,max}}
\end{cases}
\tag{8-39}
$$

式中，r_w 为可再生能源(包括风电电源和光伏电源)弃能向量；r 为第一阶段求取的最小切负荷向量。

对于两阶段规划模型，直流输电线和换流站运行需满足如下约束：

(1)换流器节点功率平衡约束

$$P_j + P_{dc} + P_{con\_loss} = 0$$

$$P_{con\_loss} = a + b \cdot I_{con} + c \cdot I_{con}^2 \qquad (8\text{-}40)$$

$$I_{con} = \frac{\sqrt{P_j^2 + Q_j^2}}{\sqrt{3}U_j}$$

(2)换流器功率约束

$$r_{min}^2 \leqslant (P_i - P_0)^2 + (Q_i - Q_0)^2 \leqslant r_{max}^2 \qquad (8\text{-}41)$$

(3)直流系统注入功率约束

$$P_{i,min} \leqslant P_i \leqslant P_{i,max}, \qquad \forall i \in \Omega^{DC}$$

$$Q_{i,min} \leqslant Q_i \leqslant Q_{i,max}, \qquad \forall i \in \Omega^{DC} \qquad (8\text{-}42)$$

(4)直流节点电压约束

$$U_{dc,i,min} \leqslant U_{dc,i} \leqslant U_{dc,i,max}, \qquad \forall i \in \Omega^{DC} \qquad (8\text{-}43)$$

(5)直流输电线电流约束

$$-I_{dc,ij,max} \leqslant I_{dc,ij} \leqslant I_{dc,ij,max}, \qquad \forall i,j \in \Omega^{DC} \qquad (8\text{-}44)$$

在对第一阶段模型计算时，不仅可以获得最小切负荷量，同时还可以获得各控制变量的值，如果 $P_w < P_{w,max}$，则需要进行第二阶段模型的求解；如果 $P_w = P_{w,max}$，说明系统可以接纳全部的可再生能源发电，则不需要进行第二阶段模型的求解。

计算可再生能源弃能期望值的步骤如下所示。

步骤 1：设定总的抽样次数 n，$i=1$。

步骤 2：根据系统中各种不确定性因素的不确定分布，对系统的状态进行第 i 次抽样，并对第 i 次抽样得到的确定性系统状态进行第一阶段模型的计算，若 $P_w = P_{w,max}$，转步骤 4；否则，转步骤 3。

步骤 3：将第一阶段计算得到的切负荷值代入到第二阶段模型，进行最小弃能量的计算，转步骤 4。

步骤 4：$i{+}{+}$。若 i 小于 n，转步骤 2；否则，转步骤 5。

步骤 5：输出可再生能源弃能期望值，结束。

需要说明的是，在计算本指标时，将直流输电线上功率视为交流系统的电源或负荷，从而参与近似计算。对于多场景相应指标的计算，只需在得到各单一场景的指标后根据各场景发生的概率进行加权求和计算即可。

8.3　交直流输电网多目标规划方法

8.3.1　基于价值与风险的交直流输电网多目标规划模型

本节建立一个交直流输电网多目标规划模型，同时考虑交直流输电网的成本和风险。成本采用价值指标来表征，即目标函数一为价值指标最大化，如式(8-45)所示，风险采用概率可用输电能力指标来表征，即目标函数二为概率可用输电能力最大化，如式(8-46)所示。与前几章保持一致，在高比例可再生能源接入下采用多场景规划技术，下标 s 表示场景，下标 t 表示时刻，ω_s 表示场景权重。

$$\max V_1 = \sum_s \left[\omega_s \sum_t (F-C)_{s,t} \right] \tag{8-45}$$

$$\max V_2 = \sum_s \left[\omega_s \sum_t (e^{\mathrm{T}}d)_{s,t} \right] \tag{8-46}$$

模型的决策变量为输电线路投资决策变量 $x_l (l \in \Omega^{\mathrm{LC}})$，$x_l = 1$ 表示线路 l 投建，$x_l = 0$ 表示线路 l 不投建，Ω^{LC} 表示待建输电线路集合，包括交流线路和直流线路。这样式(8-45)即可进一步表示为式(8-47)。其中，C_{other} 为全寿命周期成本中除规划线路一次投资成本之外的所有成本，$c_{\mathrm{I},l}$ 为线路 l 的一次投资成本。式(8-47)中的 $(F_1 + F_2 - C_{\mathrm{other}})$ 也与 x_l 有关，只是不能表示为 x_l 的显示表达式。同样地，式(8-46)也与 x_l 有关，网络结构直接影响输电能力大小，但也不能表示为 x_l 的显示表达式。

$$
\begin{aligned}
\max V_1 &= \sum_s \left[\omega_s \sum_t (F-C)_{s,t} \right] = \sum_s \left\{ \omega_s \sum_t [(F_1 + F_2) - (C_{\mathrm{dl}} + C_{\mathrm{sl}})]_{s,t} \right\} \\
&= \sum_s \left[\omega_s \sum_t (F_1 + F_2 - C_{\mathrm{other}})_{s,t} \right] - \sum_{l \in \Omega^{\mathrm{LC}}} (c_{\mathrm{I},l} \times x_l)
\end{aligned}
\tag{8-47}
$$

模型的约束条件如下所示。

(1)节点功率平衡方程：

$$P_{s,t} + Sf_{s,t} = d_{s,t} - r_{s,t}, \qquad \forall s, \forall t \tag{8-48}$$

式中，$P_{s,t}$ 为节点有功出力列向量；S 为节点支路关联矩阵；$f_{s,t}$ 为支路有功功率列向量；$d_{s,t}$ 为场景 s 时刻 t 下的节点负荷有功功率列向量；$r_{s,t}$ 为场景 s 时刻 t 下的节点最小切负荷列向量。

(2) 已有线路潮流方程：

$$f_{l,s,t} = b_l(\theta_{l_1,s,t} - \theta_{l_2,s,t}) , \qquad \forall l \in \Omega^{\mathrm{LE}}, \forall s, \forall t \tag{8-49}$$

式中，$f_{l,s,t}$ 为支路 l 的有功出力；b_l 为支路 l 的导纳；$\theta_{l_1,s,t}$ 为支路 l 始端节点相角；$\theta_{l_2,s,t}$ 为支路 l 末端节点相角；Ω^{LE} 为已建输电线路集合。

(3) 待选线路潮流约束：

$$\left| f_{l,s,t} - b_l(\theta_{l_1,s,t} - \theta_{l_2,s,t}) \right| \leqslant M(1-x_l) , \qquad \forall l \in \Omega^{\mathrm{LC}}, \forall s, \forall t \tag{8-50}$$

各符号意义与式 (8-49) 类似，M 是一个极大的常数，即通过大 M 法将原有非线性问题线性化。

(4) 已有线路容量约束：

$$\Pr\left(\left| f_{l,s,t} \right| \leqslant f_{l,\max} \right) \geqslant \alpha, \qquad \forall l \in \Omega^{\mathrm{LE}}, \forall s, \forall t \tag{8-51}$$

式中，$f_{l,\max}$ 为支路 l 的传输功率限值。为了处理各种不确定性因素，本节采用基于概率理论的电网规划方法，引入机会约束来进行不确定性信息下的线路容量约束建模。$\Pr\{*\}$ 表示 {} 中的事件成立的概率，α 为设定的线路不越限概率数值。该约束意味着规划模型允许所形成的规划方案在某些比较极端的情况下线路可以过负荷，但这种情况发生的概率必须小于某一置信水平。

(5) 待选线路容量约束：

$$\Pr\left(\left| f_{l,s,t} \right| \leqslant x_l f_{l,\max} \right) \geqslant \alpha, \qquad \forall l \in \Omega^{\mathrm{LC}}, \forall s, \forall t \tag{8-52}$$

各符号意义与式 (8-51) 类似，同样采用机会约束的形式。

(6) 发电机出力约束：

$$P_{i,\min} \leqslant P_{i,s,t} \leqslant P_{i,\max} , \qquad \forall i \in \Omega^{\mathrm{G}}, \forall s, \forall t \tag{8-53}$$

式中，Ω^{G} 为所有发电机组集合；$P_{i,\min}$ 为发电机出力下限；$P_{i,\max}$ 为发电机出力上限。发电机组包括常规机组、风电机组、光伏机组等，不同发电机组的上下限显然不同。

(7) 高比例可再生能源消纳约束：

$$\frac{\sum\limits_{s}\left[\omega_s\sum\limits_{t}\sum\limits_{i}(P_{i,s,t}\Delta t_{s,t})\right]}{\sum\limits_{s}\left[\omega_s\sum\limits_{t}\sum\limits_{j}(P_{j,s,t}\Delta t_{s,t})\right]}\geqslant\delta,\quad\forall i\in\Omega^{\mathrm{RE}},\forall j\in\Omega^{\mathrm{G}},\forall s,\forall t \qquad (8\text{-}54)$$

式中，Ω^{RE} 为可再生能源机组集合；$P_{i,s,t}$ 表示发电机组 i 的有功出力；$\Delta t_{s,t}$ 表示场景 s 时刻 t 的持续时间；δ 为规定的可再生能源消纳比例最小值。

与前几章保持一致，在高比例可再生能源接入下采用多场景规划技术。各场景内的电量采用累加的方式计算。以各场景的年电量贡献率作为场景概率即权重 ω_s，以 ω_s 乘以 8760 再除以场景包含的时刻数，即可得到各场景的等效年出现次数，再乘以各场景下的电量，即可得到全年电量值。式 (8-54) 的左侧，如果按照实际电量来计算，分子分母都有"8760 除以场景包含的时刻数"，是一个定值可以约简掉，因此式 (8-54) 左侧即可表征实际可再生能源消纳比例。

(8) 切负荷约束：

$$0\leqslant r_{s,t}\leqslant d_{s,t},\quad\forall s,\forall t \qquad (8\text{-}55)$$

(9) 决策变量约束：

$$x_l\in\{0,1\},\quad\forall l\in\Omega^{\mathrm{LC}} \qquad (8\text{-}56)$$

(10) 直流输电约束：

交直流输电网规划模型与传统交流输电网规划模型的不同，一方面在于目标函数考虑了直流的价值与风险，决策变量包括交流和直流输电线路，另一方面在于约束条件包括了直流输电约束。直流输电的潮流方程不仅取决于换流器的类型，还与换流器的控制方式有关。以概率可用输电能力为例，直流输电约束可以参见 8.2 节风险指标计算过程中的式 (8-26)～式 (8-30)。

8.3.2　多目标规划模型求解算法

一个典型的多目标优化问题：

$$\min_{\boldsymbol{x}\in S}\{f_i(x)\},i=1,\cdots,n\ (n\geqslant 2),\ S=\{x:h(x)=0,g(x)\leqslant 0\} \qquad (8\text{-}57)$$

式中，n 为待优化的目标个数；$\boldsymbol{x}$ 为解向量；$f_i(x)$ 为待优化的第 i 个目标函数；$h(x)$ 和 $g(x)$ 分别为等式和不等式约束；S 为定义域。

目前，在多目标领域普遍接受和应用的是 Pareto 最优概念，即多目标优化不是求解某特定参数下的最优解，而是提供一组 Pareto 前端解集，或称非劣解集。以模型 (8-57) 为例，不存在一个单独的解 x^*，使所有的目标函数 $f_i(x^*)$ 同时最小。当且仅当不存在这样的点 $x \in S$，对于所有的 $i = 1, \cdots, n$，都有 $f_i(x) \leqslant f_i(x^*)$，且至少有一个为严格不等式。即当一个目标的提升必须以牺牲其他目标为代价时，则称该点 x^* 是一个 Pareto 最优解。Pareto 最优概念是建立在集合论基础上对多目标解的一种向量评估方式，它是直接生成多目标优化问题非劣解的有效方法。

带精英策略的非支配排序遗传算法 (NSGA-II)[12] 是目前最流行的多目标求解算法之一，也是公认效果收敛性最好的算法。NSGA-II 算法是 Srinivas 和 Deb 于 2000 年在 NSGA 的基础上提出的，它比 NSGA 算法更加优越。这是因为首先它采用了快速非支配排序算法，计算复杂度比 NSGA 大大降低；其次它采用了拥挤度和拥挤度比较算子，代替了需要指定的共享半径，并在快速排序后的同级比较中作为胜出标准，使准 Pareto 域中的个体能扩展到整个 Pareto 域，并均匀分布，保持了种群的多样性；最后它引入了精英策略，扩大了采样空间，防止最佳个体的丢失，提高了算法的运算速度和鲁棒性。

针对交直流输电网多目标规划模型，基于 NSGA-II 算法的规划模型求解流程如下所述。

步骤 1：场景生成和削减。

场景生成、场景聚类以及典型与极端出力的场景选取，得到能够代表全年的场景及场景概率。

步骤 2：输入数据。

输入发电机组信息，包括常规发电机组、可再生能源机组的出力特性曲线或特征参数；输入价值和风险的基础数据，包括电价、单位维护成本、设备寿命周期、煤耗值、污染物排放率、各种不确定因素的出力和故障概率等；输入已有网架信息，包括线路首末节点、阻抗、长度、容量等；输入待选交直流输电线路位置、数量、投资费用等；输入负荷数据。

步骤 3：设置初始运行参数。

设置机组初始运行状态；设置高比例可再生能源消纳下限；设置 NSGA-II 算法的交叉、变异概率，种群数量，最大迭代次数等信息。将初始迭代次数 k 设置为 0，在保证网络连通性的基础上初始化规划方案种群，对种群个体进行 0-1 二进制编码，1 表示该设备投建，0 表示该设备不投建。初始化完成后，每一个个体代表一个规划方案。

步骤 4：产生第一代规划方案子群。

通过潮流计算等模型约束条件 (8.3.1 节)，即式 (8-48)～式 (8-56)，选择可行的初始化种群作为父代，同时计算各规划方案的目标函数值，即价值指标 (式 (8-45))

和概率可用输电能力指标(式(8-46)),通过遗传算法的选择、交叉、变异三个基本操作得到第一代子代种群。

步骤 5:快速非支配排序。

从第二代开始,将父代种群与子代种群合并。针对个体 $x_i(i=1,2,\cdots,m)$,m 为种群数量,快速非支配排序算法需要保存两个量:支配个体 x_p 的所有个体数量 n_p ,以及被个体 x_p 支配的个体组成的基荷 S_p 。首先找到种群中所有 $n_p=0$ 的个体,保存在集合 F_1 中;然后集合 F_1 中的每一个个体 x_i 其所支配的个体集合为 S_i ,遍历 S_i 中的每一个个体 x_j ,执行 $n_j=n_j-1$,若 $n_j=0$ 则将个体 x_j 保存在集合 H 中;最后记 F_1 中得到的个体为第一个非支配层的个体,并以 H 作为当前集合,重复上述操作,直到整个种群被分级。

步骤 6:拥挤距离计算。

对每个非支配层中的个体进行拥挤距离计算。个体 x_i 的拥挤距离是目标空间上与 x_i 相邻的个体 x_{i+1} 和 x_{i-1} 的所有目标函数值之差的和,定义为 $V[x_i]$,针对某一个目标函数的拥挤距离定义为 $V[x_i]_d(d=1,2)$ 。首先根据每个目标函数对种群中的所有个体按升序进行排序,第一个和最后一个个体的拥挤距离设为无穷大,即 $L[x_0]=L[x_n]=\infty$;然后按照式(8-58)计算其他个体的拥挤距离。

$$L(x_i) = \sum_{d=1}^{2} [V(x_{i+1})_d - V(x_{i-1})_d]/(V_{d,\max} - V_{d,\min}), \quad i \neq 0,m \qquad (8-58)$$

通过选择拥挤距离较大的个体,可使计算结果在目标空间比较均匀地分布,以维持种群多样性。

步骤 7:精英策略,生成新一代规划方案父群。

精英策略保留父代中的优良个体直接进入子代,以防止获得的 pareto 最优解丢失。按照非支配序从低到高顺序、拥挤距离由大到小的顺序,以及精英策略,生成新一代父代种群。

步骤 8:生成新一代规划方案子群。

通过遗传算法的选择、交叉、变异三个基本操作得到新一代子代种群,确保子群规划方案满足潮流计算等模型约束条件(8.3.1 节),即式(8-48)~式(8-56),同时计算各规划方案的目标函数值,即价值指标(式(8-45))和概率可用输电能力指标(式(8-46))。重复步骤 5~步骤 8,直到算法收敛。

步骤 9:算法收敛性判断。

设置收敛性判据,即两次迭代之间的目标函数误差小于规定阈值,判断算法是否收敛。如果算法收敛,输出种群,进行解码得到规划结果及相应的目标函数值。

8.4　应用结果与分析

　　基于附录 2 中国某地区实际电网的标准算例系统进行算例验证。该系统有 9 条待选直流线路，包含 LCC 和 VSC 两种形式，根据全国电力可靠性指标统计结果将综合故障率取为 0.0104 次/(100km 每年)。有 88 条待选交流线路，将综合故障率取为 0.0003/(100km 每年)。输电线路折旧期为 30 年，净残值率为 5%，折现率为 3.2%，利率为 7%。维护成本取为投资总额的 1%，人工成本取为投资总额的 2%来代替，间接故障成本与直接故障成本的比例取为 100，线路的报废处理费用为 1 万元/km。该地区输配电价近似为 0.07 元/kW·h，2018 年生产总值合计为 51453 亿元，2018 年全社会用电量合计 6760 亿 kW·h，采用产电比方法计算得到的单位缺电赔偿费用约为 7.6 元/kW·h。NSGA-Ⅱ算法的种群规模为 10，迭代次数为 1000，交叉概率为 0.4~0.8，变异概率为 0.01~0.1，线路不越限概率数值设为 0.95。

　　计算环境为 DELL T7910 工作站，配置有 2 个 Intel E5 2690 V4 CPU 和 16 个 REG ECC DDR4 2400 32GB 内存，采用 MATLAB 语言编程实现，基于第 4 章方法生成场景并进行典型与极端出力场景选取后，选取 24 个典型场景进行计算，在计算过程中，由于没有直流的无功数据和换流器相关参数，因此对直流输电线路进行了简化，仅对直流输电线路的功率进行约束。计算结果如表 8-1 所示。

表 8-1　标准算例 pareto 前端解集

序号	目标 1：价值指标/百亿元	目标 2：概率可用输电能力/GW	具体方案		新建线路/条
			相同线路	不同线路	
1	12.60	218.5	13-15(2)、5-9(2)、10-9(2)、14-27(2)、6-5(2)、13-12(2)、3-16(2)、15-35(2)、11-10(2)、17-8(2)、35-38(2)、2-4(2)、2-6(2)、2-1(2)、3-4(2)、1-4(2)、29-32(2)	5-7(2)、22-19(2)、7-8(2)、25-13(2)、25-26(2)、35-37(2)、18-17(2)、22-17(2)、16-17(2)	52
2	12.56	223.6	13-15(2)、5-9(2)、10-9(2)、14-27(2)、6-5(2)、13-12(2)、3-16(2)、15-35(2)、11-10(2)、17-8(2)、35-38(2)、2-4(2)、2-6(2)、2-1(2)、3-4(2)、1-4(2)、29-32(2)	5-7(2)、22-19(2)、7-8(2)、27-26(2)、31-32(2)、22-17(4)、16-17(4)、19-23(2)	54
3	12.53	229.4	13-15(2)、5-9(2)、10-9(2)、14-27(2)、6-5(2)、13-12(2)、3-16(2)、15-35(2)、11-10(2)、17-8(2)、35-38(2)、2-4(2)、2-6(2)、2-1(2)、3-4(2)、1-4(2)、29-32(2)	22-19(2)、12-11(2)、23-20(2)、9-8(2)、7-8(2)、25-13(2)、27-26(2)、24-26(2)、25-26(2)、31-32(2)、18-17(2)、22-17(2)、16-17(2)、19-23(2)	62
4	12.51	235.1	13-15(2)、5-9(2)、10-9(2)、14-27(2)、6-5(2)、13-12(2)、3-16(2)、15-35(2)、11-10(2)、17-8(2)、35-38(2)、2-4(2)、2-6(2)、2-1(2)、3-4(2)、1-4(2)、29-32(2)	5-7(2)、22-19(2)、26-20(2)、9-8(2)、7-8(2)、25-13(2)、27-26(2)、25-26(2)、31-32(2)、22-17(4)、16-17(4)、38-30(2)	64

续表

序号	目标1:价值指标/百亿元	目标2:概率可用输电能力/GW	具体方案		新建线路/条
			相同线路	不同线路	
5	12.48	239.7	13-15(2), 5-9(2), 10-9(2), 14-27(2), 6-5(2), 13-12(2), 3-16(2), 15-35(2), 11-10(2), 17-8(2), 35-38(2), 2-4(2), 2-6(2), 2-1(2), 3-4(2), 1-4(2), 29-32(2)	5-7(2), 4-7(2), 22-19(2), 26-20(2), 7-8(2), 25-13(2), 27-26(2), 25-26(2), 31-32(2), 22-17(4), 16-17(4), 38-30(2)	64
6	12.45	242.3	13-15(2), 5-9(2), 10-9(2), 14-27(2), 6-5(2), 13-12(2), 3-16(2), 15-35(2), 11-10(2), 17-8(2), 35-38(2), 2-4(2), 2-6(2), 2-1(2), 3-4(2), 1-4(2), 29-32(2)	5-7(2), 4-7(2), 22-19(2), 26-20(2), 9-8(2), 25-13(2), 27-26(2), 25-26(2), 31-32(2), 22-17(4), 16-17(4), 38-30(2)	64
7	12.42	245.6	13-15(2), 5-9(2), 10-9(2), 14-27(2), 6-5(2), 13-12(2), 3-16(2), 15-35(2), 11-10(2), 17-8(2), 35-38(2), 2-4(2), 2-6(2), 2-1(2), 3-4(2), 1-4(2), 29-32(2)	5-7(2), 22-19(2), 7-8(2), 25-13(2), 25-26(2), 31-32(2), 35-37(2), 18-17(2), 22-17(4), 16-17(4), 38-30(2), 12-37(1,DC)	61
8	12.41	247.7	13-15(2), 5-9(2), 10-9(2), 14-27(2), 6-5(2), 13-12(2), 3-16(2), 15-35(2), 11-10(2), 17-8(2), 35-38(2), 2-4(2), 2-6(2), 2-1(2), 3-4(2), 1-4(2), 29-32(2)	5-7(2), 22-19(2), 7-8(2), 25-13(2), 25-26(2), 35-37(2), 18-17(2), 22-17(4), 16-17(4), 19-23(2), 12-37(1,DC)	59
9	12.38	249.1	13-15(2), 5-9(2), 10-9(2), 14-27(2), 6-5(2), 13-12(2), 3-16(2), 15-35(2), 11-10(2), 17-8(2), 35-38(2), 2-4(2), 2-6(2), 2-1(2), 3-4(2), 1-4(2), 29-32(2)	5-7(2), 22-19(2), 26-20(2), 9-8(2), 7-8(2), 27-26(2), 25-26(2), 31-32(2), 18-17(2), 22-17(2), 16-17(4), 19-23(2), 38-30(2), 12-37(1,DC)	63
10	12.35	250.9	13-15(2), 5-9(2), 10-9(2), 14-27(2), 6-5(2), 13-12(2), 3-16(2), 15-35(2), 11-10(2), 17-8(2), 35-38(2), 2-4(2), 2-6(2), 2-1(2), 3-4(2), 1-4(2), 29-32(2)	5-7(2), 4-7(2), 18-19(2), 26-20(2), 7-8(2), 25-13(2), 24-26(2), 25-26(2), 31-32(2), 35-37(2), 18-17(2), 22-17(4), 16-17(4), 19-23(2), 12-37(1,DC)	67

注：以 13-15(2) 为例表示新建首节点 13 末节点 15 的线路 2 条，括号内若有 DC 意味着是直流线路。

由表 8-1 可知，①Pareto 前端解集方案的架线回路数平均为 61 条，价值指标平均为 12.47 亿元，概率可用输电能力指标平均为 238.19GW，价值指标越大越好，概率可用输电能力指标也是越大越好，上述 10 个方案都是最优解，任何一个目标的提升都必须以牺牲另一个目标为代价；②线路投资成本大，LCC 成本不一定就大，价值不一定就小，线路投资成本小，LCC 成本不一定就小，价值不一定就大，这是因为 LCC 成本中包含了故障成本、维护成本在内的全寿命周预期可能成本，有些方案虽然投资小但是可靠性不高导致故障成本、维护成本等较高，从而产生较高的 LCC 成本，这也意味着考虑价值指标比传统的投资成本更为全面；③考虑不确定性因素下的概率可用输电能力风险指标，保障了规划方案在负荷扰动以及发电机、线路故障、可再生能源接入等因素的影响下抗不确定性扰动的能力，线路越限概率不超过 0.05，也实现了系统在不确定性环境下保持较好的可用输电能力；④pareto 前端解集方案中相同的线路有 13-15（2）、5-9（2）、10-9（2）、14-27（2）、6-5（2）、13-12（2）、3-16（2）、15-35（2）、11-10（2）、17-8（2）、35-38（2）、2-4（2）、2-6（2）、2-1（2）、3-4（2）、1-4（2）、29-32（2），合计线路 34 条，占平均架线回路数的 58%，其中 6-5、2-4、2-6、2-1、3-4、1-4 属于 D1 区域，13-15、10-9、13-12、11-10 属于 D2 区域，14-27、17-8 属于 D3 区域，29-32 属于 D4 区域，35-38 属于 D5 区域，3-16、5-9、15-35 属于区域间联络线，这意味着 D1 和 D2 本地网络结构加强方式基本一致，可变范围不大；⑤直流输电线路单位投资成本高于交流线路，同时现有的故障率水平也要高于交流线路，因此其价值和风险与交流线路相比都不占优，规划方案中较少选择直流线路投资，仅有方案 7、8、9、10 选择直流线路，并且选择的直流线路都是 12-37，这是一条 LCC-HVDC，连接 D2 区域和 D5 区域。

传统的输电网规划方法仅对交流输电网进行，较少考虑直流线路的影响。在交直流输电网规划中需要增加考虑直流线路的建模，包括无功电压参数、控制方式等，采用交流潮流进行模型求解。简化考虑也需要将直流线路等效为多状态元件，考虑直流线路的多种功率运行方式，可以采用直流潮流进行模型求解。从应用结果分析中可以看出，价值能够提供比传统投资运行成本更为全面的经济度量，风险能够衡量抗不确定性因素扰动的能力，直流线路对输电网价值和风险都会产生影响。未来随着直流线路单位投资成本的降低以及安全可靠性水平的提高，交直流输电网规划方案将会更加多元化。此外，多目标规划方法可以实现价值和风险之间的平衡，有助于规划人员掌握最优规划方案的可能范围。

参 考 文 献

[1] Liu L, Cheng H Z, Yao L Z, et al. Multi-objective multi-stage transmission network expansion planning considering life cycle cost and risk value under uncertainties[J]. International Transactions on Electrical Energy Systems, 2013, 23(3): 438-450.

[2] 柳璐, 程浩忠, 马则良, 等. 考虑全寿命周期成本的输电网多目标规划[J]. 中国电机工程学报, 2012, 32(22): 46-54.

[3] 电力工业部. 电网建设项目经济评价暂行方法 [EB/OL]. [2019-10-25]. https://wenku.baidu.com/view/773a4c1255270722192ef740.html.

[4] 中华人民共和国国家发展和改革委员会. 省级电网输配电价定价办法（试行）[EB/OL]. [2019-10-25]. http://www.ndrc.gov.cn/gzdt/201701/t20170104_834330.html.

[5] 电力规划设计总院. 输变电工程经济评价导则: DL/T 5438-2009[S]. 北京: 中国电力出版社, 2009.

[6] Tian S X, Cheng H Z, Zeng P L, et al. A novel evaluation method of societal benefits of ultra high voltage power grid optimizing power energy allocation[J]. Journal of Renewable and Sustainable Energy, 2015, 7(6): 063103.

[7] 安艳丽. 风力发电运行价值分析与研究[D]. 保定: 河北农业大学, 2011.

[8] Guo L, Guo C X, Tang W H, et al. Evidence-based approach to power transmission risk assessment with component failure risk analysis[J]. IET Generation, Transmission and Distribution, 2012, 6(7): 665-672.

[9] Alizadeh B, Jadid S. Reliability constrained coordination of generation and transmission expansion planning in power systems using mixed integer programming[J]. IET Generation, Transmission and Distribution, 2011, 5(9): 948-960.

[10] 谢仕炜, 胡志坚, 宁月. 考虑最优负荷削减方向的电网多目标分层随机机会约束规划[J]. 电力自动化设备, 2017, 37(8): 35-42.

[11] 汤昶烽, 卫志农, 李志杰, 等. 基于因子分析和支持向量机的电网故障风险评估[J]. 电网技术, 2013, 37(4): 1039-1044.

[12] Deb K, Pratap A, Agarwal S, et al. A fast and elitist multiobjective genetic algorithm: NSGA-II[J]. IEEE Transactions on Evolutionary Computation, 2002, 6(2): 182-197.

第9章　交直流输电网规划综合评估与决策

在目前的输电网规划决策过程中，通常是根据部分容易处理的约束条件得到多个相对较优的可行方案，然后借助电网规划综合评价方法对这些可行规划方案进行分析决策，筛选出实际较优的可行规划方案。因此，综合评价方法在输电网规划中具有重要的实用价值。高比例可再生能源的并网，改变了电力系统的形态结构与运行特性，同时也对电力系统的规划、运行等各方面提出了更高的要求。现有的综合评价方法难以适用于高比例可再生能源电力系统的输电网规划。本章分析高比例可再生能源并网对输电网规划综合评价的影响，从安全可靠性、经济性、环保性、灵活性四个方面提出考虑高比例可再生能源并网的输电网规划综合评价指标体系，全面反映未来电力系统对电网规划方案的要求；进一步，分别建立基于综合权重法和基于突变级数法的输电网规划综合评价方法；最后，应用Garver-6 节点系统及 HRP-38 节点系统进行算例分析。

9.1　高比例可再生能源并网对输电网规划综合评价的影响

高比例可再生能源并网后，对电网规划评价的影响主要体现在以下几方面。

1) 高比例可再生能源引入强不确定性

风电、光伏等可再生能源的出力具有明显的随机性、间歇性特点，给电力系统的运行带来了不确定性，使电力系统运行形态的分散程度增加。首先，高比例可再生能源电力系统中，源端和荷端同时存在较大的不确定性，使得电力系统的运行状态和边界条件更加多样化，未来的电网运行需要具有更大的可行域，电网需要更大的灵活性[1]。在高比例可再生能源并网以后，灵活性将成为电网运行环节关注的重要指标，包括调峰、调频、备用等方面在内的灵活性量化评价指标将成为输电网规划综合评价中的必要组成部分。其次，强不确定性给电网的安全性提出了更高的挑战。在考虑高比例可再生能源的输电网规划综合评价指标体系中，安全可靠性指标需要进一步丰富和深化，以充分地反映高比例可再生能源并网带来的影响。同时，还需要考虑高比例可再生能源并网可能带来的规划准则的变化，如可再生能源送出与汇集线路可不必满足 N-1 等。

此外，高比例可再生能源并网以后，输电网规划评价指标的计算将由目前确定性的思路向不确定性的思路转变。当可再生能源占比较低时，传统的火电、水电、核电等能满足系统的电力电量平衡要求，非水可再生能源主要作为电力系统的电源补充。因此，传统电网规划评价中，对于评价指标的计算主要采用确定性的分析方法。而在高比例可再生能源并网下，可再生能源将在系统的电力电量平衡中承担较为重要的角色，系统的电力电量平衡呈现概率化的特点。在对高比例可再生能源并网的输电网规划方案进行评价时，需要引入不确定性的分析方法，计算输电网规划的评价指标，系统典型运行方式的选取也将发生变化[2]。

2) 可再生能源消纳的需求

传统电网规划的评价中，由于可再生能源特别是风电、光伏等间歇性可再生能源占比小，对于可再生能源的消纳问题关注较少。而随着可再生能源并网比例的增加，弃风、弃光、弃水问题日益严峻，如甘肃、新疆的弃风率近年来在20%～30%[3]。因此，消纳可再生能源将是未来输电网规划需要考虑的一个重要问题。

首先，消纳可再生能源既可以因节约燃料消耗带来一定的经济效益，又可以降低碳排放及污染物排放而带来显著的环保效益。因此，高比例可再生能源并网的输电网规划评价，不仅要满足负荷发电平衡，而且要将可再生能源的消纳能力作为评价规划方案的重要指标，即需要评估可再生能源各种出力方式下待选输电网规划方案对可再生能源的消纳能力，计算可再生能源总体弃电量，保证所选规划方案下能够满足既定的可再生能源消纳目标，进而从根本上缓解我国部分地区较为严重的弃风、弃光、弃水问题。

其次，高比例可再生能源的消纳将在一定程度上影响其他类型能源的送出，带来系统运行成本的上升。对于满足可再生能源消纳目标的电网规划方案，还需要评估这些方案下为消纳可再生能源而带来的成本，保证成本在可接受的范围之内，选取可再生能源消纳成本效益最高的规划方案。

综上所述，可再生能源的消纳压力将在一定程度上改变输电网规划目标，进而对输电网规划综合评价带来影响。既需要考虑可再生能源并网所带来的经济和环境效益，也需要衡量可再生能源消纳目标的完成度及消纳可再生能源引起的额外成本[2]。

3) 高度电力电子化与交直流混联的挑战

风电、光伏等可再生能源通过电力电子装置接入电网，柔性直流输电技术得到了广泛的应用。因此，高比例可再生能源的接入意味着电网中电力电子装备将不断增加。电力系统电力电子化减弱了电力系统的惯性和抗干扰性，使电力系统的稳定机理发生了根本性变化，电力系统的暂态特性难以用现有的理论予以解释与分析。

一方面，需要考虑不同电力电子装置的运行特性与控制策略，分析其稳定机理，建立合理的可靠性评估模型，在输电网规划综合评价中充分计及电力电子设备对电力系统安全可靠性的影响；另一方面，电网规划方案的经济性评价中需要考虑直流电网和交流电网在传送容量、距离以及成本上的差异，综合考虑成本效益，选择合适的输电方案。

9.2 考虑高比例可再生能源并网的输电网规划综合评价指标体系

9.2.1 指标体系的构建原则

指标体系是由多个相互联系、相互作用的评价指标，按照一定的层次结构组成的有机整体，是联系规划评价方案与规划方案的桥梁。只有建立科学合理的评价指标体系，才能得出科学公正的综合评价结论。在建立输电网规划方案评价指标体系时，各指标应尽可能全面地反映电网规划的需求。同时，也要兼顾指标数据获取的难度、计算量等实际情况。总的来说，指标体系的构建应遵循如下基本原则。

(1) 目的性原则：指标体系应准确地反映对电网规划方案的要求，以评价目的为导向，从而指导实际电网的规划[4]。

(2) 整体性原则：指标体系应该涵盖待评价规划方案所需的基本内容，能够准确地反映规划方案的全部必要信息。

(3) 独立性原则：指标体系要层次清晰、简明扼要。每个指标要内涵清楚，相对独立，避免重复性指标。

(4) 可操作性原则：指标计算所需的数据原则上应该从现有统计指标中产生，或者可以根据现有统计指标进行计算得到。实际中无法获取的指标原则上不应该出现在指标体系中。

(5) 可量化原则：为了避免定性评价带来的主观性、模糊性，评价指标要尽量可以量化计算。对于某些难以量化且十分重要的指标，可以利用专家经验给出定性评价值，实现定性与定量相结合。

9.2.2 指标体系的结构

为了从众多的可选指标中提炼出科学合理的评价指标体系，一般采用层次分析原理构建指标体系。层次分析是综合评价中分析复杂问题建立评价指标体系的关键技术，核心思想是通过建立清晰的层次结构来分解复杂问题。一般将复杂问题分解为目标层、准则层和方案层。当准则过多时，可进一步分解建立子准则层。层次结构如图 9-1 所示。

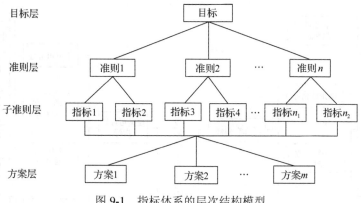

图 9-1　指标体系的层次结构模型

9.2.3　指标体系的构成

输电网规划综合评价的目标与要求是要综合、定量地考察输电网规划各方案对安全性、经济性、环保性等要求的满足情况以及与国民经济和社会发展水平的适应程度，为选择出最合理的规划方案提供依据。安全可靠性是输电网规划考虑的第一要素，输电网规划必须保证可靠地供给负荷，同时具备一定的事故防御能力。输电网规划方案需要考虑到经济性和环保性的要求，尽可能地以较小的经济成本换取较大的环境效益。合理的电网规划结构应能适应多种可能的运行方式，保证未来负荷增长和网架扩展的需求，因此灵活性指标也是不可或缺的。

此外，评价指标体系应该反映高比例可再生能源并网的特点。具体而言，可再生能源消纳能力应该作为考虑高比例可再生能源的输电网规划评价指标体系的重要指标，以引导电网建设提升可再生能源的消纳水平。指标体系还要体现交直流混联、高度电力电子化等对输电网的安全可靠性、经济性等的影响。

综上所述，可以将输电网规划综合评价指标分为安全可靠性指标、经济性指标、环保性指标和灵活性指标四个一级指标，每个一级指标又可以分解为若干二级指标，每个二级指标又可以分解为若干三级指标，指标体系的结构如图 9-2 所示。下面具体阐述各指标的意义及计算方法。

9.2.4　评价指标的计算方法

评价指标体系中各评价指标的定义及计算方法如图 9-2 所示。其中，加粗字体表示的是考虑高比例可再生能源并网的新指标，非加粗字体表示的是常规电网规划的评价指标。

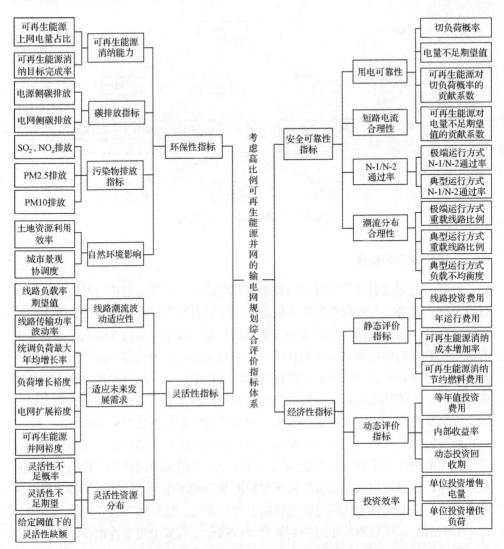

图 9-2　考虑高比例可再生能源并网的输电网规划综合评价指标体系

1. 安全可靠性指标

1)用电可靠性指标

当线路故障时,为了满足安全需要,有时不得不削减负荷。因此,需要对输电网规划方案的用电可靠性进行评价。主要包括切负荷概率和电量不足期望值。

(1)切负荷概率(loss of load probablity,LOLP)。对于任意一个系统故障状态 i,如果该状态下最小负荷削减量不为 0,则将该状态记为系统失效状态 S。对于系统的所有故障状态进行随机抽样,当抽样的数量足够大时,状态 i 的抽样频率

可作为对其发生概率的无偏估计。则系统失效状态对应的概率为

$$\Pr(S) = \frac{m(S)}{M} \tag{9-1}$$

式中，$m(S)$ 为系统失效状态 S 在随机抽样中出现的次数；M 为随机抽样总数。

　　需要说明的是，高比例可再生能源并网下，系统的故障状态除了常规电力系统的故障状态外，还需要考虑电网中广泛接入的各种电力电子装置、直流电网输变电设备所存在的各种故障状态。因此，在高比例可再生能源电力系统中，需要对电力电子化设备进行合理的数学建模，以合理评估其对系统切负荷概率的影响。

　　因此，可得到切负荷概率的计算公式为

$$\lambda = \sum_{l=1}^{N_L} \left[\sum_{S \in F_l} \Pr(S) \right] \frac{T_l}{T} \tag{9-2}$$

式中，N_L 为系统负荷状态数；F_l 为在负荷状态 l 下系统失效状态集合；T_l 为负荷状态 l 的持续时间；T 为负荷曲线持续时间。

　　(2) 电量不足期望值 (expected energy not supplied，EENS)。EENS 是指在运行期间内由于输变电设备随机故障而导致的负荷缺供电量的期望值，计算公式为

$$E_{EENS} = \sum_{l=1}^{N_L} T_l \sum_{S \in F_l} \Pr(S) E(S) \tag{9-3}$$

式中，$E(S)$ 为失效状态 S 下系统的负荷削减量。

　　由于风电、光伏等非水可再生能源出力的间歇性和随机性，给电力系统运行带来一定的不确定性，从而影响电力系统的切负荷概率与电量不足期望值。分别建立可再生能源对切负荷概率的贡献系数与可再生能源对电量不足期望值的贡献系数这两项指标，来反映可再生能源对电力系统用电可靠性的影响。

　　(3) 可再生能源对切负荷概率的贡献系数。该项指标定义为可再生能源接入前后系统切负荷概率的变化量，其表达式为

$$B_{R\text{-}LS} = \lambda_{N_0} - \lambda_{N_1} \tag{9-4}$$

式中，λ_{N_0}、λ_{N_1} 分别为可再生能源接入前、后的系统切负荷概率。

　　(4) 可再生能源对电量不足期望值的贡献系数。该指标的定义是高比例可再生能源并网后系统电量不足期望值的变化量与所接入的可再生能源电量的比值，能比较直接地反映高比例可再生能源并网后对系统可靠性的贡献，其表达式为

$$B_{\text{R-EENS}} = \frac{E_{\text{EENS},N_0} - E_{\text{EENS},N_1}}{E_{\text{RE}}} \tag{9-5}$$

式中，E_{EENS,N_0}、E_{EENS,N_1} 分别为可再生能源接入前、后系统电量不足期望值；E_{RE} 为可再生能源的并网电量。

上述(3)和(4)两项指标反映了输电网规划方案应对可再生能源不确定性的能力，如果可再生能源的接入能够有效地降低系统的切负荷概率和电量不足期望值，则说明输电网能更好地应对高比例可再生能源接入的影响，输电网规划方案的安全可靠性表现更好。

2) 短路电流合理性

随着系统不断扩大，如果电网结构不合理，则系统局部的短路电流不断增大，给电力设备的安全运行带来隐患。定义短路电流充裕度作为表征短路电流合理性的指标，其表达式为

$$短路电流充裕度 = \frac{1}{m} \sum_{i=1}^{m} \left(1 - \frac{母线\,i\,三相最大短路电流}{母线\,i\,的断路器额定开断电流} \right) \tag{9-6}$$

3) N-1、N-2 通过率

该指标是用来评价某一输电线路满足 N-1、N-2 标准的比例，用来校验电网结构强度和运行方式是否满足安全运行要求，反映了电网供电的安全性和抵抗大面积停电的能力。

满足 N-1、N-2 的输电线路定义为电网中任意一个(两个)元件(输电线路、变压器等)发生故障时，电网仍能通过操作开关等方式保持安全稳定运行，且保证电网中其他元件不会过负荷。因而，N-1、N-2 通过率等于满足 N-1、N-2 的设备数量占总校验设备比例。

高比例可再生能源并网后，电力系统运行点的变化由量变逐渐转化为质变，系统的负荷发电平衡、稳定机理、安全边界等都将发生本质变化。基于典型运行方式概念下的电力系统规划评价难以适应未来电力系统的规划，需要区分电力系统典型运行方式以及极端运行方式。因此，高比例可再生能源并网电力系统中，N-1、N-2 通过率可以进一步细分为极端运行方式 N-1/N-2 通过率和典型运行方式 N-1/N-2 通过率。

4) 潮流分布合理性指标

理想的电网规划方案下，不同输电线路的负载率(线路实际潮流与额定容量的比值)应该接近。若存在过多的重载线路，则该方案安全性较差，需要加强投资以缓解线路运行水平；反之，若存在大量的轻载线路，则该方案冗余性较高，投资

过于超前而造成浪费。因此，一个合理的电网结构，应该是各条线路的负载率接近，线路负载率的方差不能太大。可将潮流分布合理性指标具体划分为极端运行方式重载线路比例、典型运行方式重载线路比例、典型运行方式负载不均衡度 3 个指标。各指标的具体定义如下所示。

极端运行方式重载线路比例：极端运行方式下，重载线路数与所有线路总数之比。

典型运行方式重载线路比例：典型运行方式下，轻载线路数与所有线路总数之比。

典型运行方式负载不均衡度：典型运行方式下，所有线路负载率的方差为

$$负载不均衡度=\frac{1}{N}\sum_{i=1}^{N}(l_i-\overline{l})^2 \tag{9-7}$$

式中，N 为线路总数；l_i 为第 i 条线路的负载率；$\overline{l}$ 为所有线路负载率的平均值。

2. 经济性指标

经济性评价是电网规划综合评价的一个重要组成部分。电网规划中过多的投资必然导致资源的浪费。但若是投资不足，又将导致电力系统出现网络瓶颈，无法达到资源的优化配置。因此，对于待选电网规划方案，需要分析该方案在经济上是否合理。

输电网规划的费用主要包括线路投资费用和运行维护费用。电力系统通常采用的经济评价方法分为静态评价法和动态评价法两类。在评选项目投资的经济效益时，如果不考虑资金的时间价值，这种方法称为静态评价法。静态评价法不考虑资金的时间要素，而动态评价法则考虑资金的时间价值。本章同时列举静态评价法和动态评价法两类指标，实际应用中可根据需要选择。

常用的静态评价指标有线路投资费用、年运行费用等，常用的动态评价指标有等年值投资费用、内部收益率和动态投资回收期等。下面逐一介绍各种指标。

1) 静态评价指标

(1) 线路投资费用：在待评价规划方案下，新建输电线路所需的投资费用。

(2) 年运行费用：在待评价规划方案下，全年的系统发电运行费用与维护费用之和。

(3) 可再生能源消纳成本增加率：系统消纳可再生能源引起的额外成本增加。其定义为最大可再生能源消纳场景(最大可再生能源消纳场景是指当前电网规划方案下，能够消纳最大的可再生能源电量的运行场景)下系统的总运行成本，相对于最优运行(最经济运行)方式下的总运行成本的增加率。

(4)可再生能源消纳节约燃料费用：除了对电网本身建设成本及投资效率的评价，还需要考虑可再生能源的接入对电网经济性的影响。电网通过新建送电通道接纳可再生能源，虽然增加了一定的建设成本，但同时可以减少煤炭等化石能源的消耗，带来显著的燃料费用减少。因此，定义节约燃料费用指标来衡量可再生能源消纳带来的经济效益。其表达式为

$$C = \sum_{t=1}^{T} \sum_{i=1}^{m} c_i F_{i,t} \tag{9-8}$$

$$\Delta C = C_{N_0} - C_{N_1} \tag{9-9}$$

式中，$F_{i,t}$ 为 t 典型时刻对第 i 种燃料的需求量；c_i 为该燃料的价格；ΔC 表示节约燃料费用；C_{N_0}、C_{N_1} 分别为可再生能源接入前、后系统的总发电燃料费用。

2)动态评价指标

(1)等年值投资费用：将电网规划项目使用期内的投资费用换算成等额的每一年的等价费用，即等年值。其计算公式为

$$A = \Pi \frac{\gamma(1+\gamma)^Y}{(1+\gamma)^Y - 1} \tag{9-10}$$

式中，Π 为折算到项目建成年的总投资费用；γ 为折现率；Y 为项目的总使用年限。

(2)内部收益率：电网规划项目计算期内经济或财务净现值累计为 0 的折现率，计算表达式为

$$\sum_{t=1}^{Y} (F_{ci,t} - F_{co,t})(1 + F_{IRR})^{-t} = 0 \tag{9-11}$$

式中，F_{IRR} 为所求的内部收益率；$F_{ci,t}$ 为第 t 期现金流入量；$F_{co,t}$ 为第 t 期现金流出量；Y 为项目计算期。

(3)动态投资回收期：在考虑货币时间价值的条件下，以投资项目净现金流量的现值抵偿原始投资现值所需要的全部时间，计算表达式为

$$\sum_{t=0}^{T} (F_{ci,t} - F_{co,t})(1 + \gamma)^{-t} = 0 \tag{9-12}$$

式中，T 为所求的动态投资回收期。

3)投资效率

投资效率反映电网单位投资可以满足的供电负荷和供电电量的需求，包括单

位投资增售电量和单位投资增供负荷两类。

(1)单位投资增售电量。单位投资增售电量反映了电网新增投资所带来的电网供电电量的增加，反映了电网规划项目的性价比。其定义为规划年销售电量减去现状年销售电量与现状年到规划年的新增电网投资之比，即

$$单位投资增售电量=\frac{新增电网售电量}{新增电网投资} \tag{9-13}$$

(2)单位投资增供负荷。与单位投资增售电量类似，单位投资增供负荷也可以反映电网单位投资可以增加的供电负荷能力，其定义为与现状年相比，规划年可新增的供电负荷与新增电网投资之比，即

$$单位投资增供负荷=\frac{新增电网负荷}{新增电网投资} \tag{9-14}$$

3. 环保性指标

输电网规划方案对于促进可再生能源的消纳、降低碳排放具有重要的意义，因此需要评价不同方案对于可再生能源的接纳能力及其碳排放、污染物排放等环保性指标，对规划方案的环保性进行评价。此外，输变电工程的建设不可避免地要进入人口密集地区，输变电工程对土地、水源等自然生态的影响以及高压输电线路引起的电磁干扰对人体健康及日常生活的影响，都是需要关注的问题。在对输电网规划方案进行比选时需要对环保性进行全面而细致的评价。

1)可再生能源消纳能力

(1)可再生能源上网电量占比：可再生能源上网电量与电网总发电量之比。

(2)可再生能源弃能量：电网运行过程中，不可避免地会出现弃风、弃光等现象。电网规划过程中，应该考虑尽可能地减少可再生能源的弃电量，提升电网对可再生能源的消纳能力。

(3)可再生能源消纳目标完成率：电网规划方案应尽可能地满足既定的可再生能源消纳目标，可再生能源消纳目标完成率定义为在给定方案下，最大可再生能源消纳量(最大可再生能源消纳场景下能消纳的可再生能源电量)与既定的可再生能源消纳目标之比，包括年度可再生能源消纳目标完成率和月度可再生能源消纳目标完成率。

2)碳排放指标

(1)电源侧碳排放。不同的电网规划方案对于不同类型电源的接纳能力有影响，一个好的电网规划方案应该与电源结构和布局相协调，尽可能地接纳低碳电

源，降低系统运行碳排放。电源侧碳排放指在待选电网规划方案下，电源发电所造成的碳排放。该指标可以通过运行模拟计算得到。

(2)电网侧碳排放。电网在运行过程中同样造成碳排放，主要是网损所导致的电量损耗而对应的额外碳排放量。其表达式分别为

$$网损碳排放=网损电量\times电网基准排放因子 \tag{9-15}$$

3)污染物排放

火电机组运行过程中会产生各类污染物，因此各类污染物的排放量也应该作为电网规划方案评价的环保性指标，包括 SO_2、NO_x 排放量，PM2.5 排放量，PM10 排放量等。

4)自然环境影响

自然环境影响主要用于评估电网规划项目建设过程中对周边环境产生的不良影响。本章根据输电网规划方案对环境影响的实际情况和获取数据的难易程度选取土地资源利用效率、城市景观协调度两项指标来评估环境影响。

(1)土地资源利用效率。输电网规划工程会占用沿线农田、林地和住宅，显然资源占用越少的方案越好。同时占用同样面积的输电线路输送电量越大这说明改线路的利用越充分。因此，采用土地资源利用效率来衡量规划方案的环保性，其表达式为

$$土地资源利用效率=\frac{1}{K}\sum_{i=1}^{K}\frac{新增线路走廊\,i\,的输电容量}{新增线路走廊\,i\,的宽度} \tag{9-16}$$

式中，K 为新增线路走廊总数。

土地资源利用效率的单位为 MW/m，表示单位线路走廊宽度对应的输送线路容量。

(2)城市景观协调度。城市景观协调度主要体现在视觉影响上，包括视觉美和心理舒适等主观感受因素。景观影响评价可采用的主要方法是对规划范围内各种类型的景观实景照片进行随机采样，最后选取有代表性的景观作为评价的样本材料，采用叠图法[5]来预测规划线路与城市景观的协调程度。由于这是一种主观评价指标，因此可以用专家经验法进行评价。

4. 灵活性指标

在高比例可再生能源接入的背景下，源-荷的双重不确定性将对电网产生巨大冲击，而电网结构限制作为主要因素影响电力系统的灵活运行。另外，输电网的建设应该符合可持续发展的理念，既满足当前负荷需求，又适应未来发展的需要。

因此，需要对输电网规划方案的灵活性进行评价。

1) 线路潮流波动适应性

良好的输电网结构应该具备较高的潮流惯性，即能够表现出良好的潮流波动平抑能力。线路潮流波动适应性指标包括线路负载率期望值和支路传输功率波动率。

(1) 线路负载率期望值。支路负载率期望值 α_{LRB} 反映了高比例可再生能源接入后输电网传输能力的利用率，计算公式为

$$\alpha_{\mathrm{LRB}} = \frac{1}{N} \sum_{i=1}^{N} \frac{\int_{-\infty}^{+\infty} |P_i \varphi(P_i)|}{P_{i,\max}} \tag{9-17}$$

式中，P_i 为第 i 条线路的传输功率；$\varphi(P_i)$ 为第 i 条线路的支路传输功率概率密度函数；$P_{i,\max}$ 为第 i 条线路的最大极限传输功率；N 为线路数。

(2) 支路传输功率波动率。支路传输功率波动率 α_{PFB} 是指支路传输功率波动量总和与所有支路传输功率最大波动量总和的比值，反映了电网对随机性的抗扰动能力。

$$\alpha_{\mathrm{PFB}} = \frac{\sum\limits_{i=1}^{N} \left| E(P_i^2) - [E(P_i)]^2 \right|}{\sum\limits_{i=1}^{N} \max \left\{ \left| P_{i,\max} - E(P_i) \right|^2, \left| E(P_i)^2 \right| \right\}} \tag{9-18}$$

式中，$E(P_i)$ 和 $E(P_i^2)$ 分别表示第 i 条支路传输功率的期望值和第 i 条支路传输功率平方的期望值；$\left| E(P_i^2) - [E(P_i)]^2 \right|$ 表示第 i 条支路传输功率波动量；$\max \left\{ \left| P_{i,\max} - E(P_i) \right|^2, \left| E(P_i)^2 \right| \right\}$ 表示第 i 条支路传输功率的最大波动量。

2) 适应未来发展需求

电网规划方案应该能满足未来的发展需求，具备一定的负荷供给裕度以及可再生能源消纳裕度。

(1) 统调负荷最大年均增长率。电网规划方案应该要适应未来负荷增长的需求。在其他条件相同下，电网所能满足的负荷增长率越高，则规划方案越好。定义统调负荷最大年均增长率，为评价区域内现状年到规划年统调负荷允许的最大的年增长率。

(2) 负荷增长裕度。负荷增长裕度是指在输电网络正常情况下，同比例增加各节点的负荷，直到有线路达到其极限容量，所增加的负荷大小即代表了网络扩展裕度。负荷扩展裕度与统调负荷最大年均增长率有一定的共通之处。

(3)电网扩展裕度。电网扩展裕度是指输电网中各节点最大允许新增的出线数之和与最大允许出线数之比。其表达式为

$$电网扩展裕度 = \frac{\sum_{i=1}^{n}(M_i - L_i)}{\sum_{i=1}^{n} M_i} \tag{9-19}$$

式中，M_i 为节点 i 最大允许出线数；L_i 为节点 i 已有出线数；n 为网络的节点数。

(4)可再生能源并网裕度。可再生能源并网裕度是指在现有电网规划方案下，还可以接纳的可再生能源基地最大并网容量。

$$可再生能源并网裕度 = R_{RE,max} - R_{RE,cur} \tag{9-20}$$

式中，$R_{RE,max}$、$R_{RE,cur}$ 分别为现有输电网规划方案下可再生能源的最大并网容量（在满足安全性等要求下）及当前的可再生能源并网容量。

3) 灵活性资源分布

高比例可再生能源并网的电力系统中，灵活性资源的供给与需求都是服从特定分布的随机变量。可定义电力系统灵活性裕量为系统灵活性资源总供给与总需求之差，同样是一个随机变量。根据电力系统灵活性裕量的概率密度函数，可以得到电力系统灵活性资源的度量指标，包括灵活性不足概率、灵活性不足期望、给定阈值下的灵活性缺额，物理含义如图 9-3 所示[6]。

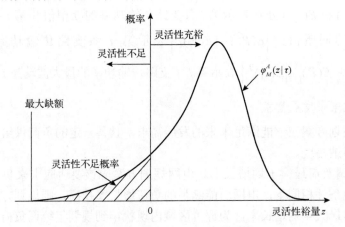

图 9-3 灵活性资源分布指标的物理含义

假设系统灵活性裕量的概率密度函数为 $f(z)$，则各项指标的计算公式如下所示。

(1)灵活性不足概率：

$$\delta_{FNS} = \int_{-\infty}^{0} f(z) \mathrm{d}z \tag{9-21}$$

(2)灵活性不足期望：

$$\delta_{EFNS} = \int_{-\infty}^{0} -z f(z) \mathrm{d}z \tag{9-22}$$

(3)给定阈值下的灵活性缺额：

$$\delta_{FDS}(\beta) = \max\left[\varsigma : \int_{-\infty}^{\varsigma} -z f(z) \mathrm{d}z \leqslant \beta \right] \tag{9-23}$$

灵活性裕量的概率分布需要由各类灵活性资源的出力概率分布、负荷及可再生能源等不确定因素的概率分布函数进行卷差计算得到，具体计算步骤可参见文献[7]。

9.3　基于综合权重法的输电网规划综合评价模型

9.3.1　基于综合权重法的输电网规划综合评价整体框架

在对待选输电网规划方案进行评价时，根据各评价指标值，确定与各项评价指标项对应的权重系数，即可得到各待选规划方案的综合评价值。

确定指标权重的方法有主观赋权法和客观赋权法两类。主观赋权法是指根据各评价指标的相对重要程度确定指标的权重，常用的方法有层次分析法、G-1 法等。这类方法通过将评价对象两两比较构造判断矩阵，把决策过程数学化，可靠性较高，适用范围广。但是，主观赋权法的主观性较强，容易忽视不同指标所反映的客观信息。

客观赋权法则是根据指标数据反映的各样本的差异性，充分地利用样本数据所提供的差异信息对系统进行比较，常用的方法如熵权法。这类方法由于忽略了人的知识与经验，最后得到各指标的权重系数可能会与预先估计的结果大相径庭。

综合赋权法则将主观赋权法和客观赋权法相结合，可充分地利用二者的优势，既可以利用样本数据所反映的差异信息，又能根据主观判断进行权重的衡量[8]。综合赋权法的思路是分别利用主观赋权法和客观赋权法对指标进行赋权，然后将两种方法得到的各指标权重进行加权平均，得到最终的各指标综合权重。加权平均时，采用的主客观权重系数由人为进行设定，可根据实际问题的需要和对主观判断的侧重性进行调整。

基于综合权重法的输电网规划综合评价的整体框架如图 9-4 所示。

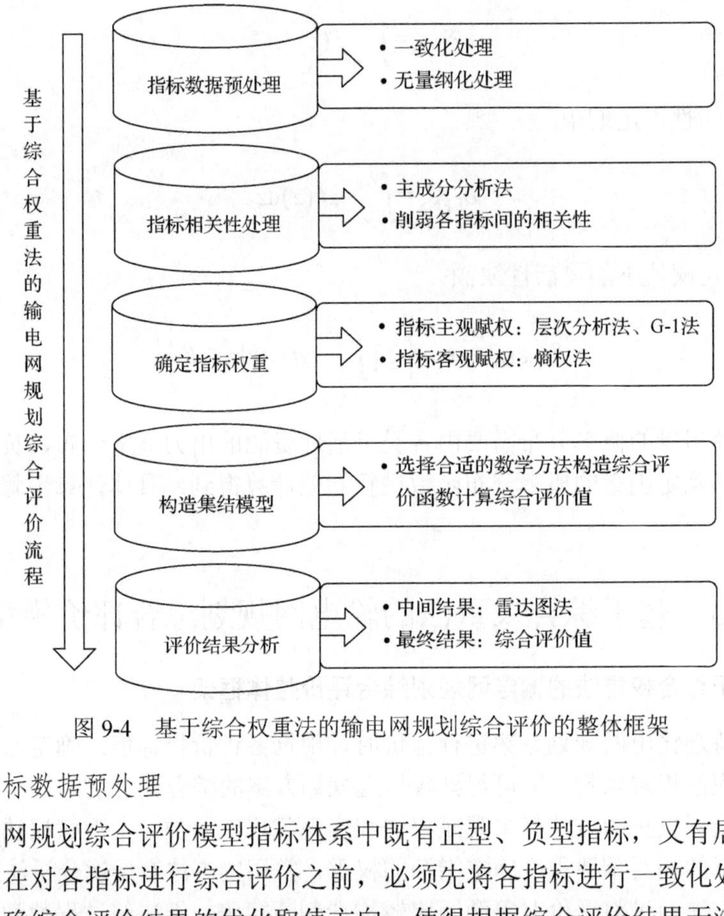

图 9-4　基于综合权重法的输电网规划综合评价的整体框架

1) 指标数据预处理

输电网规划综合评价模型指标体系中既有正型、负型指标，又有居中和适度型指标。在对各指标进行综合评价之前，必须先将各指标进行一致化处理，否则就无法明确综合评价结果的优化取值方向，使得根据综合评价结果无法判定电网规划方案的优劣。另外，指标体系中各单项指标的单位和数量级往往不同，使得各指标间存在不可公度性，因此需要对各指标做适当的无量纲化处理，否则可能在后续的综合评价中出现"大数吃小数"的现象，导致错误的评价结论。将一致化处理和无量纲化处理合称为指标的"数据预处理"阶段。预处理统一数据的形式，将由电网实际统计得来的"生数据"转换为规范化的"熟数据"，可用于下一步的计算分析。

2) 指标相关性处理

指标体系的构建原则之一是避免指标之间的交叉重叠，使每个指标都具有很好的代表性。因此去除指标之间的相关性，筛去无效指标和冗余指标对于精简指标体系、简化计算过程、优化评价结果都有着重要的意义。然而，影响电网规划的要素众多，需要设计较多的指标。同时，各要素之间可能具有内在联系，这就使得各指标间可能存在一定的相关关系，即多个指标反映的信息有一定的重叠。

对此，需要对数据进行相关性处理，采用主成分分析法可以将原来的指标体系重新组合成一组新的互相无关的若干综合指标，同时根据实际需要从中可以取出几个较少的综合指标尽可能多地反映原来变量的信息，从而减小各指标之间的相关性。

3) 确定指标权重

指标权重的确定是综合评价方法的核心问题。指标体系中各指标对电网规划优劣性的体现程度有所差异，因此应分别赋予合适的权重系数，以体现不同指标对最终评价结果的贡献程度。

根据关注点的不同，可将指标权重系数的确定方法分为三类。

(1)根据指标的相对重要性程度赋权，其确定途径又可分为客观途径和主观途径两大类。客观途径是根据系统的结构比重、机理形成等计算权重系数，不涉及人为主观因素。实际系统中由于系统在运行过程中或受外部环境影响，或受主观因素影响，更普遍通过主观途径来确定权重系数，即决策者首先对各指标的相对重要性程度或各对象的优劣进行比较判断，再根据比较信息计算权重系数，常用的方法包括特征值法、层次分析法、G-1 法、G-2 法等。

(2)根据指标数据的离散程度赋权。在对 n 个对象的综合评价中，如果某一项指标的波动程度非常小，那么即使赋以较高权重，其对最终评价结果的影响仍较小。为了突出比较各方案的差异，避免确定权重系数时受人为因素的干扰，可以根据各指标所提供信息量的大小来确定相应的权重系数，常用的方法包括极差法、熵权法等。

(3)二者结合的综合赋权。以上两大类方法各有长短：根据相对重要性程度赋权的方法反映了决策者的主观直觉，却容易受决策者缺乏相关经验及知识的影响；根据数据离散程度赋权的方法完全基于数学理论及方法，计算结果客观准确，但却完全忽略了决策者主观因素的影响，与许多综合评价过程的初衷不符。因此，可以考虑将以上两种方法结合，使得所确定的权重系数同时体现决策者的主观信息和数据分布的客观信息。

图 9-2 所示四个一级指标覆盖的信息较为广泛，无法获得直接的数据支撑，因此适合采用主观赋权法，本书将采用无须检验判断矩阵一致性的 G-1 法对一级指标赋权。对二级和三级指标，由于有了数据的直接支撑，为了充分地利用各样本数据离散程度所带来的比较信息，同时也为了使得赋权结果符合电网的实际情况和专家意见，采用 G-1 法和熵权法结合的综合权重法对二级和三级指标赋权。各方法的具体计算原理将在下面予以详细阐述。

4) 构造集结模型

为了全面地综合分析评价多个输电网规划方案的优劣，需根据各评价指标的实际影响作用，确定相应的权重向量，并选择合适的数学方法构造综合评价函数(即集结模型)计算综合评价值，并按取值的大小对多个电网规划方案进行排序比较。

5) 评价结果分析

建立综合评价模型的目的在于为输电网规划方案的优选提供指导和建议，然而由于指标体系中的指标数目较多，且各项指标没有明确的参考阈值，电网管理者单纯由纷杂的指标数值集无法直观地把握各电网规划方案的优劣性。对此，需要设计适当的展示方法将评价结果直观地展示给电网管理者。

9.3.2 输电网规划方案综合评价具体流程

1. 指标数据预处理

数据预处理包括指标类型一致化和指标无量纲化两个步骤。经过预处理，可以消除各指标数据在性质和数量级上的差异，将"生数据"转换为"熟数据"，为后期各指标的综合评价做好准备。

1) 指标类型一致化

所设计的输电网规划综合评价指标体系中的指标有如下 5 种类型。

(1) 正型：总是期望指标的取值越大越好。

(2) 负型：总是期望指标的取值越小越好。

(3) 适度型指标：总是期望指标的取值既不要太大，也不要太小为好，即取适当的中间值为最好。

设 x 为一指标数据，对负型指标和适度型指标做如下一致化处理，可将其转化为正型指标。

对于负型指标，令

$$x^* = M - x \tag{9-24}$$

或

$$x^* = \frac{1}{x}, \quad x > 0 \tag{9-25}$$

式中，M 为指标 x 的允许或最大上界。

对于适度型指标，令

$$x^* = \begin{cases} 1.0 - \dfrac{q_1 - x}{\max\{q_1 - m, M - q_2\}}, & x < q_1 \\ 1.0, & x \in [q_1, q_2] \\ 1.0 - \dfrac{x - q_2}{\max\{q_1 - m, M - q_2\}}, & x > q_2 \end{cases} \qquad (9\text{-}26)$$

式中，$[q_1, q_2]$ 为指标 x 的最佳稳定区间；M、m 分别为指标 x 的允许上下界。

经过以上一致化处理，可将负型指标和适度型指标均转化为正型指标。在此基础上，可以确定指标体系的各层次综合评价结果也均是取值越大越好。

（4）一票否决型指标。有些指标有相关的规程或导则的硬性约束，满足约束条件，归一化结果为 1；不满足约束条件，则归一化结果为 0。如线路 N-1 通过率，只要有线路不满足 N-1 条件，即电网规划方案的 N-1 通过率不为 1，则该方案的 N-1 通过率指标的归一化结果为 0。

（5）分档型指标。对于某些定性指标，无法将其转化为定量的数据值，只能根据经验将其转化为不同的等级，如分成很好、好、较好、较差、差、很差等 6 个等级，对不同等级赋予不同的分数值，从而将定性指标定量化。如环保性指标中的噪声影响和电磁干扰等指标。

2）指标无量纲化

指标的无量纲化又称为指标数据的标准化、规范化，是通过数学变换来消除原始指标量纲的影响。指标无量纲化的方法较多，在此对常用的标准化处理法和极值处理法进行介绍，其他方法还包括线性比例法、归一化处理法、向量规范法等。

假设所有指标均已经过一致化处理，无量纲化的对象仅为正型指标。设某一指标 $x_j (j = 1, \cdots, m)$ 为正型指标，其观测值为 $\{x_{ij} \mid i = 1, \cdots, n; j = 1, \cdots, m\}$。

标准化处理法：

$$x_{ij}^* = \frac{x_{ij} - \overline{x}_j}{s_j} \qquad (9\text{-}27)$$

式中，x_{ij}^* 为无量纲化的指标样本值；$\overline{x}_j$、$s_j (j = 1, 2, \cdots, m)$ 分别为第 j 项指标观测样本的平均值和均方差。

由标准化处理法得到的无量纲化样本值有正有负，样本平均值为 0，方差为 1，因此不适用于要求指标值均大于零的熵值法、几何加权平均法等。另外，处理得到的样本区间不确定，即不能保证对任意原始数据的无量纲化处理结果都处在一个确定的取值范围内。

极值处理法：

$$x_{ij}^* = \frac{x_{ij} - m_j}{M_j - m_j} \tag{9-28}$$

式中，M_j、m_j 分别为指标 x_j 观测样本的最大值、最小值。

由极值处理法得到的无量纲化样本最大值为 1，最小值为 0。

2. 指标数据相关性分析

指标之间的相关性很难通过主观认识直接判断出来，因此用实际数据之间的内在联系来进行客观筛选，比通过专家经验来进行主观筛选更加可靠。

主成分分析法是统计学中将高维空间变量指标转化为低维空间变量指标常用的数据处理方法[9]。在研究对象的多个变量指标中，用少数几个综合变量代替原高维变量以达到分析评价问题的目的。这少数指标综合了原研究对象尽可能多的信息以减少信息的失真和损失，而且指标之间彼此相互独立，避免综合评价过程中出现重复评价的现象。

一般来说，指标体系中的高级指标(如一级指标)都是经过反复斟酌推荐而成的，而且数量较少，其每一项指标都包含了相当大的信息量，去除任何一个都会造成指标体系的不完善，因此对于高级指标无须筛选，筛选工作主要针对那些可以直接量化的低级指标。例如，存在一个由两级指标组成的指标体系，仅对其二级指标进行筛选，而视每个一级指标对应的二级指标为一个独立的系统。

首先利用主成分分析法，提取各系统的主成分。通常第一主成分包含该系统的绝大部分信息，并能够反映出系统的综合信息，而其他主成分则没有反映样本的综合信息，而只是代表了这些信息特征的某一方面，为简化计算，可以只分离出第一主成分。分离出第一主成分之后，求出各项二级指标对第一主成分的构成系数。构成系数越大，说明该项二级指标对于所对应的一级指标的信息贡献率越大，因此应保留构成系数大的二级指标，删除构成系数小的二级指标。一般来说，如果某一项二级指标对第一主成分的构成系数小于 0.01 时，即可认为该指标对整个指标体系的影响微乎其微，应予以删除。

主成分分析法的步骤如下所示。

(1)设有某一级指标下有 n 个二级指标，每个二级指标有 m 个数据样本(均已进行标准化处理)，可得数据样本矩阵为

$$X = (X_{ij})_{m \times n}, \quad i = 1, 2, \cdots, m; j = 1, 2, \cdots, n \tag{9-29}$$

式中，X_{ij} 为第 j 项指标第 i 个样本数据。

(2)根据电网标准化数据矩阵 X 求出样本的协方差矩阵 Z，该矩阵能够反映各指标数据之间的相关性。其中，$Z_{ij}(i,j=1,2,\cdots,n)$ 为指标变量 X_i 与 X_j 的相关系数。Z 为实对称矩阵(即 $Z_{ij}=Z_{ji}$)，因此只需计算其上三角元素或下三角元素即可，其计算公式为

$$Z_{ij}=\frac{\sum_{k=1}^{m}\left(X_k-\bar{X}_i\right)\left(X_{kj}-\bar{X}_j\right)}{\sqrt{\sum_{k=1}^{m}\left(X_{kb}-\bar{X}_i\right)^2\sum_{k=1}^{m}\left(X_{kj}-\bar{X}_j\right)^2}} \tag{9-30}$$

(3)求出协方差矩阵 Z 的特征根 λ_i 并按从大到小的顺序排列，求解其所对应的特征向量 l_i，$i=1,2,\cdots,n$。特征值为各主成分的方差，它的大小反映了各主成分的影响力。主成分 Z_i 的贡献率为

$$\rho_i=\frac{\lambda_i}{\sum_{k=1}^{n}\lambda_k} \tag{9-31}$$

累计贡献率为

$$\rho_{i\Sigma}=\frac{\sum_{k=1}^{i}\lambda_i}{\sum_{k=1}^{n}\lambda_k} \tag{9-32}$$

一般选取累计贡献率达到 85%～95%的特征值所对应的主成分。

由特征值 λ_i 对应的特征向量 l_i 可以求得对应主成分的样本数据值。对第 i 个数据样本，可求得其各组成成分的样本值为

$$\Lambda_i=\begin{bmatrix} l_{11} & l_{12} & \cdots & l_{1n} \\ l_{21} & l_{22} & \cdots & l_{2n} \\ \vdots & \vdots & & \vdots \\ l_{m1} & l_{m2} & \cdots & l_{mn} \end{bmatrix}\begin{bmatrix} X_{i1} \\ X_{i2} \\ \vdots \\ X_{in} \end{bmatrix} \tag{9-33}$$

对于相关性分析，如果发现某一指标与其余多个指标之间的相关系数都很大，则可以认为该指标与其他指标之间存在信息交叠，是一个冗余指标，一般情况下应当删除。但是如果相关性分析的结果与主成分分析相反，应以主成分分析的评

价结果为主，例如，某一指标在第一主成分的构成中占有很大比重，那么即使它与多个指标线性相关，也不可删除。

经过筛选后的指标体系更加精简，指标之间的相关性被大大削弱，每个指标所覆盖的信息量将大大增加，这将使得后续的评价过程更加简单明了，同时也增加了评价结果的可信度。

3. 指标综合赋权

为了体现各指标对电网规划方案重要程度的差异，应分别赋予适当的权重。在此首先阐述根据指标相对重要程度赋权的层次分析(analytical hierarchy process，AHP)法、G-1 法和根据指标数据离散程度赋权的熵权法的计算原理，之后将两者结合，即为综合赋权法。

1) 层次分析法

层次分析法是由美国匹茨堡大学 Saaty 于 20 世纪 70 年代初提出的一种定性和定量相结合的层次权重决策分析方法[10]。在对输电网规划综合评价各指标间关系深入分析的基础上，结合 AHP 法将有关的各个因素按照不同属性自上而下地分解成两个层次：上层为目标层，决策目标可以是各项一级指标；下层为指标层，包含因素为待赋权的各项指标。

在指标层，将各单项指标关于评价目标的重要性程度做两两比较判断，可以得到判断矩阵 A，具体比较尺度如表 9-1 所示。由此对于一个含有 n 个指标的体系，可以形成一个 $n \times n$ 的判断矩阵。

表 9-1　AHP 法分级比较尺度表

赋值	意义
1	指标 x_{k-1} 与 x_k 相比，同样重要
3	指标 x_{k-1} 与 x_k 相比，前者比后者稍微重要
5	指标 x_{k-1} 与 x_k 相比，前者比后者明显重要
7	指标 x_{k-1} 与 x_k 相比，前者比后者强烈重要
9	指标 x_{k-1} 与 x_k 相比，前者比后者极端重要
2, 4, 6, 8	上述相邻判断的中间值
倒数	$a_{ji} = 1/a_{ij}$

理想的判断矩阵应满足一致性条件。一致性条件是指判断矩阵 A 中的元素具有传递性，即有条件 $a_{ij}a_{jk} = a_{ik}(i, j, k = 1, 2, \cdots, n)$ 成立。然而，受评判条件所限，

实际的判断矩阵常常不能满足一致性条件。对此，需要对矩阵的判断质量进行一致性检验。

衡量判断矩阵不一致程度的数量指标称为一致性指标 ϑ_{CI}，其计算公式为

$$\vartheta_{CI} = \frac{\lambda_{max} - n}{n - 1} \tag{9-34}$$

式中，λ_{max} 为判断矩阵的最大特征值。

判断矩阵的不一致性与其阶数相关。事实上，判断矩阵的阶数越大，元素间两两比较判断就越难达到一致性。为了得到对不同阶数的判断矩阵均适用的一致性检验临界值，还需要考虑一致性与矩阵阶数的关系。为此，引入平均随机一致性指标 ϑ_{RI}，对 ϑ_{CI} 进行修正。通过大量随机抽样计算得到 ϑ_{RI} 的样本均值如表 9-2 所示。

表 9-2　平均随机一致性指标 ϑ_{RI} 值

阶数 n	2	3	4	5	6	7	8
ϑ_{RI}	0	0.5419	0.8931	1.1185	1.2494	1.3450	1.4200
阶数 n	9	10	11	12	13	14	15
ϑ_{RI}	1.4616	1.4874	1.5156	1.5405	1.5583	1.5779	1.5894

将判断矩阵的一致性指标 ϑ_{CI} 与同阶平均随机一致性指标 ϑ_{RI} 之比称为随机一致性比例 ϑ_{CR}。当 $\vartheta_{CR} = \dfrac{\vartheta_{CI}}{\vartheta_{RI}} < 0.1$ 时，认为判断矩阵的不一致性可以接受，否则就需要对判断矩阵进行重新赋值，直至满足一致性条件。

对于满足一致性条件的判断矩阵，将其最大特征值所对应的特征向量归一化为各评价指标的权重系数。

2）G-1 法

使用 AHP 法时，判断矩阵的不一致性会严重影响指标权重的计算结果。同时，随着评价指标数目的增加，判断矩阵的计算量也会成倍增长。为此，可以采用无须检验判断矩阵一致性的 G-1 法。

G-1 法的关键是为各指标的重要性进行排序。首先在所有指标中选出最重要的指标，排在第一位，记为 x_1，然后从剩余指标中选出最重要的一个，排在第二位，记为 x_2，以此类推，最终得到一个序关系唯一的指标重要性排序表，记为 X，如表 9-3 所示。

表 9-3　G-1 法比较尺度表

赋值	意义
1.0	指标 x_{k-1} 与 x_k 相比，同样重要
1.2	指标 x_{k-1} 与 x_k 相比，前者比后者稍微重要
1.4	指标 x_{k-1} 与 x_k 相比，前者比后者明显重要
1.6	指标 x_{k-1} 与 x_k 相比，前者比后者强烈重要
1.8	指标 x_{k-1} 与 x_k 相比，前者比后者极端重要
1.1, 1.3, 1.5, 1.7	上述相邻判断的中间值

专家对 X 中相邻评价指标 x_{k-1} 与 x_k 的相对重要程度之比进行评判，可以用 ς_k 来表示：

$$\varsigma_k = p_{k-1} / p_k, \quad k = 2, 3, \cdots, n \tag{9-35}$$

式中，p_k 为指标集 X 中第 k 项评价指标对应的相对重要程度。确定评价指标的序关系并对其重要性程度赋值后，可以通过如下公式计算得到各项指标的权重：

$$\omega'_n = \left(1 + \sum_{k=2}^{n} \prod_{i=k}^{n} \varsigma_i \right)^{-1} \tag{9-36}$$

$$\omega'_{k-1} = \varsigma_k \omega'_k, \quad k = n, n-1, \cdots, 2 \tag{9-37}$$

3）熵权法

熵权法是一种根据各项指标观测值所提供的信息量的大小来确定指标权重的方法[11]。熵是热力学中的一个概念，最早由 Shannon 引入信息论[12]。按照信息论的定义，信息熵反映了信息的无序化程度，其值越小则提供的信息效用值越大。若系统可能处于多种不同状态，且每种状态出现的概率分别为 $p_i (i = 1, 2, \cdots, m)$，则该系统的熵定义为

$$e = -\sum_{i=1}^{m} p_i \ln p_i \tag{9-38}$$

从式(9-38)可以看出，当系统各种状态出现的概率完全相同，即 $p_i = 1/m$ $(i = 1, 2, \cdots, m)$ 时，该系统的熵最大，此时由该系统向综合决策者提供的信息效用值最小。

熵权法的基本思想是若某项指标熵值较小，则说明该指标数据序列的变异程度较大，应重视该评价指标对于整个评价模型的作用，其权重也应较大，否则就

应减小其权重系数。

仍基于式(9-29)所示的电网数据样本矩阵进行分析，假定各指标下各电网的样本数据均大于零，则基于熵权法确定各权重系数的步骤如下所示。

计算第 j 项指标下，第 i 个电网对象的特征比重：

$$p_{ij} = X_{ij} \bigg/ \sum_{k=1}^{m} X_{kj} \tag{9-39}$$

计算第 j 项指标的熵值：

$$e_j = -k \sum_{i=1}^{m} p_{ij} \ln p_{ij} \tag{9-40}$$

式中，$k = 1/\ln m$。

计算第 j 项指标的差异性系数：

$$g_j = 1 - e_j \tag{9-41}$$

确定第 j 项指标的客观权重系数：

$$\omega_j'' = g_j \bigg/ \sum_{k=1}^{n} g_k \tag{9-42}$$

4)综合权重法

从以上计算过程可以看出，熵权法可以充分地利用样本数据所提供的差异信息对系统进行比较，但由于忽略了人的知识与经验，最后得到各指标的权重系数可能会与预先估计的结果大相径庭，而 AHP 法、G-1 法的赋权结果符合决策者预期，却未能充分地利用样本数据所提供的差异信息。对此，可以将以上两类方法结合，形成综合赋权法。设 ω_j'、ω_j'' 分别为基于指标相对重要程度和数据离散程度评判得到的权重系数，则称

$$\omega_j = k_1 \omega_j' + k_2 \omega_j'' \tag{9-43}$$

为综合权重法得到的指标 j 的权重系数。式中，k_1、k_2 为待定常数，需满足 $k_1 > 0$、$k_2 > 0$ 且 $k_1 + k_2 = 1$。

4. 构造集结模型

常用的集结模型包括以下几种。

(1)线性加权综合法。用各指标值的线性加权函数作为综合评价模型，可使各

评价指标得以线性补偿。权重系数的设计对评价结果的影响明显，权重较大指标值对综合指标作用较大。该方法适用于各评价指标之间相互独立的情况，各指标不完全独立时将由于各指标间信息的重复，使得评价结果不能客观地反映实际情况。

(2)非线性加权综合法。用非线性函数 $y = \prod_{i=1}^{n} X_i^{\omega_i}$ 作为综合评价模型对 n 个系统进行综合评价，其中 w_i 为权重系数，且要求 $x_i \geqslant 1$。非线性加权综合法适用于各指标间有较强关联的场合。由于使用的是连乘运算，因此该方法突出了评价对象指标值的一致性，即可以平衡评价指标值较小的指标影响的作用，此时评价结果受权重系数的影响较小，而对指标值的差异相对较敏感。

(3)逼近理想点方法等。对于有理想点的综合评价问题，可以将每一个对象与理想点比较，认为与理想点最接近的对象是最好的。定义两者之间的加权距离为 $y_i = \sum_{j=1}^{m} w_j f(X_{ij} X_j^*), i = 1, 2, \cdots, n$，其中 w_j 为权系数，$f(X_{ij} X_j^*)$ 为 X_{ij} 与 X_j^* 之间的某种意义下距离，通常情况下可简单取欧氏距离。

由于线性加权法计算原理简单，可操作性强，且上面已对指标间的相关性进行了处理，因此本章评价方法中选用线性加权集结模型。

5. 综合评价结果展示

根据所设计指标体系的层次结构，本章提出包含如下两个层次的展示方法。

(1)综合指标展示方法——雷达图法[13]。将综合评价得到的一级指标值以雷达图的方式展示，能够全面直观地体现电网规划方案在安全可靠性、经济性、灵活性、环保性上的综合性能。

(2)量化评价结果——指标体系综合评价值。通过对各一级指标的加权综合，可以得到电网规划方案综合水平的最终量化评价值。基于该评价值可以对不同输电网规划方案的综合水平进行比较，从而为电网规划的决策提供参考。

9.3.3　综合评价的雷达图法

对于输电网规划决策层而言，单项指标评价可以细致地将各项指标在大区域内的优劣情况直观地展示出来。然而，仅有单项指标评价方法还不能很好地满足其工作需求，输电网规划综合评价指标体系应为其提供精炼、灵活、易用的综合指标分析方法以及直观、实用的表现方法。为此，本节在前面工作的基础上，建立基于雷达图的综合评价直观展示方法，为输电网发展规划决策者提供全面有效的信息。

1. 雷达图法的基本原理

在输电网规划综合评价指标体系中，通过无量纲化处理、加权计算各项关键指标，可以获得定量的综合评价值，但也掩盖了各关键指标所蕴含的电网状态信息。

雷达图法是一种多变量对比分析、综合评价技术，由于该技术采用的图形形似导航雷达显示屏上的图形而得名[13]。传统的雷达图法是典型的图形评价方法，并作为一种定性方法应用于综合评价，主要通过先绘制评价对象各项指标的雷达图，再由评价者通过对照各类典型雷达图或历史上得到该评价对象的雷达图，定性地给出评价对象在各个指标维度上的综合表现。

2. 雷达图法的基本流程

(1)将所有指标均转换为类型一致的极大型指标，并均通过无量纲化处理将各指标转化为在[0,1]上的无量纲数值。

(2)作单位圆，从圆心引出 p 条射线，每条射线代表一个评价指标，各条射线与圆周的交点代表各指标值的上限，即该指标的最优水平。

(3)根据各指标经过类型一致化、无量纲化转换后的数值，在每条射线上标出各指标的取值点。

(4)用直线连接相邻两条射线上代表指标取值的点，最终形成一个形状不规则的多边形，如图 9-5 所示，该多边形为反映综合评价结果的雷达图。

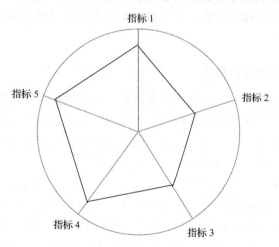

图 9-5 展示不同指标值的雷达图

输电网规划综合评价指标体系规模较为庞大，底层指标数目较多。为了充分地利用雷达图直观地展现多指标评价结果的优势，仅对数目相对较少的主要指标进行雷达图展示。在评价方法中，已将各底层指标数据进行了标准化处理，所得数据均在[0,1]上。进一步，对各级指标进行赋权，再由各底层指标值的综合得到一级指标的评价值。如此求得的一级指标的评价值仍然在[0,1]内，符合雷达图的使用条件。

雷达图上，各指标取值点与圆心的距离代表了各指标的优劣情况；雷达图越趋近外圆，说明待评价的输电网规划方案的整体水平越高；雷达图的形状越趋近于圆形，代表评价对象的各项指标发展越均衡。通过做出各项指标的雷达图，不仅可以直观地评价对象的总体水平，也可以一目了然地识别出各单项指标的均衡发展情况，易于发现影响评价对象整体水平的薄弱环节；既可以用于同一时期、不同评价对象之间整体水平的横向对比，也可以用于同一评价对象、在不同时期整体水平的纵向对比。

9.4　基于突变级数法的输电网规划综合评价模型

利用突变级数法进行评价时，首先将评价对象分成多个层次。对于输电网规划的综合评价而言，就是将电网规划的评价分成多个层次，如本书提出的安全可靠性、经济性、环保性、灵活性等4个层。根据每一层指标的结构确定合适的突变系统模型及势函数，常用的突变系统模型有尖点突变系统、燕尾突变系统、蝴蝶突变系统等3种。然后，以模糊集合的概念为基础，将各评价因素的模糊性通过隶属度函数进行量化，得到突变模糊隶属度函数。再由归一化公式进行综合量化运算，将所有的指标归一为一个参数，即得到最终的总隶属函数，从而对评价目标进行排序决策。

9.4.1　突变级数法的评价原理

现有的评价方法或多或少存在不足之处，如层次分析法对指标权重的确定主观性较大、模糊评价法的计算过程过于复杂等。突变理论主要研究势函数，依据势函数将临界点分类，它处理不连续特性时并不涉及任何特殊的内在机制，这就使得它特别适用于研究对内部作用尚未知的系统[14-16]。

势函数中的变量主要有两类：①状态变量，反映系统的行为变量；②控制变量，作为影响行为状态的因素。基于突变理论的突变级数法，汲取了现有层次分析法和模糊评价法的优点，通过对分歧集的归一化处理，最终得到总的突变模糊隶属度函数。由于该方法没有对各指标采用权重，它考虑了各评价指标的相对重要性，把定性与定量相结合，从而减少了主观性又不失科学性，而且计算简易准确，目前在综合评价方面得到了广泛的应用[14]。

初等突变理论有7个基本模型，最常见的突变系统模型为尖点突变系统、燕尾突变系统、蝴蝶突变系统。3种常见的突变系统模型的势函数分别如下所示。

尖点突变系统模型：

$$f(x) = x^4 + ax^2 + bx \tag{9-44}$$

燕尾突变系统模型：

$$f(x) = \frac{1}{5}x^5 + \frac{1}{3}ax^3 + \frac{1}{2}bx^2 + cx \tag{9-45}$$

蝴蝶突变系统模型：

$$f(x) = \frac{1}{6}x^6 + \frac{1}{4}ax^4 + \frac{1}{3}bx^3 + \frac{1}{2}cx^2 + dx \tag{9-46}$$

基于突变理论的突变级数法将评价总指标进行多层次分主次的矛盾分解或分组，排列成树状目标层次结构，由评价总指标逐渐分解到下一层子指标。一般而言，突变系统的某状态变量的控制变量不超过 4 个，相应地一般各层指标数也不超过 4 个。实际当中若是某一层指标超过 4 个，可以预先对相似的指标进行合并，或是舍弃一些相对次要或者不易获取的指标。上述模型中，x 为突变系统中的状态变量；$f(x)$ 为状态变量 x 的势函数；a、b、c、d 均为状态变量的控制变量。

在突变系统中，突变势函数的状态变量和控制变量是相互矛盾的两个方面。将主要控制变量写在前面，次要控制变量写在后面。如果一个指标可以分解为 2 个下层指标(子指标)，该系统可视为尖点突变系统；如果一个指标可以分解为 3 个下层指标，该系统可视为燕尾突变系统；如果一个指标可以分解为 4 个下层指标，该系统可视为蝴蝶突变系统[15]。

由突变系统模型的分歧点集方程[14]可以推出归一化公式。归一化公式把系统内各控制变量的不同质态化为同一质态，即把控制变量统一化为状态变量表示的质态。

设突变系统的势函数为 $f(x)$，根据突变理论，它的所有临界点集合成平衡曲面 V，其方程通过求 $f(x)$ 的一阶导数而得到，即 $f'(x) = 0$。它的奇点集通过对 $f(x)$ 求二阶导而得到，即 $f''(x) = 0$。由 $f'(x) = 0$ 和 $f''(x) = 0$ 消去 x，则得到突变系统的分歧点集方程，分歧点集方程表明诸控制变量满足此方程时，系统就会发生突变。如对尖点突变系统，其相空间是三维的，根据 $f'(x) = 0$，可得到平衡曲面 V 由 $4x^3 + 2ax + b = 0$ 给出。奇点集是满足方程 $f''(x) = 0$，即 $12x^2 + 2a = 0$ 的 V 的子集。由两个方程消去 x，得到 $8a^3 + 27b^2 = 0$，找到分歧点集。然后化为突变模糊隶属函数可得到如下归一化公式：

$$x_a = a^{1/2}, x_b = b^{1/3} \tag{9-47}$$

式中，x_a 为对应控制变量 a 的状态变量的值；x_b 为对应控制变量 b 的状态变量的值。

同理可得到燕尾突变系统的归一化公式为

$$x_a = a^{1/2}, x_b = b^{1/3}, x_c = c^{1/4} \tag{9-48}$$

蝴蝶突变系统的归一化公式为

$$x_a = a^{1/2}, x_b = b^{1/3}, x_c = c^{1/4}, x_d = d^{1/5} \tag{9-49}$$

利用归一化公式进行综合评价，状态变量所对应的各个控制变量计算出的值可以按照评价准则得到最终的状态变量的值：①非互补准则：状态变量的各个控制变量之间的作用不可互相替代，按"大中取小"原则取值，即取最小值作为状态变量的值。②互补准则：若状态变量的各个控制变量之间可相互弥补其不足时，取各个控制变量的均值作为状态变量的值。③过阈值互补原则：各个控制变量必须达到某一阈值后才能互补。

9.4.2 基于突变级数法的输电网规划综合评价流程

基于突变级数法的输电网规划综合评价流程，主要包括指标权重排序、指标突变模糊隶属度函数求取、综合评价值计算等3个主要步骤。

(1)指标权重排序。突变级数法在评价具体指标时，同一属性、同一层次的指标中，重要程度相对大的指标排在前面，相对次要的指标排在后面。9.3.2节中介绍的熵权法可以克服排序的主观性，根据熵值计算的结果对各种指标的权重大小进行排序，以保证各项指标所排顺序和对应的重要程度一致。通过熵权法的计算结果，权重大的排在前面，权重小的排在后面。从而可以确定各级指标的排列顺序。

(2)指标突变模糊隶属度函数求取。在确定了各级指标的排列顺序后，可以将指标的原始数据转化为突变模糊隶属度函数值。对于正型指标，由于其效益是越大越好，因此可以将样本的最大值作为基准，将其突变模糊隶属度函数值取为1；对于负型指标，则以样本中的最小值为基准，将其突变模糊隶属度函数值取为1；对于区间型指标，则以区间的中心点作为基准，将其突变模糊隶属度函数值取为1，离区间中心点越远，突变模糊隶属度函数值越小。采用这种原则，可以得到各个指标的突变模糊隶属度函数值。

(3)综合评价值计算。根据得到的各指标的突变模糊隶属度函数，以及各级指标之间的排序，根据各指标之间的关系，采用对应的评价准则(非互补准则、互补准则、过阈值互补准则)。即可得到各层指标值及最终的综合评价值。

9.5　测试结果与分析

9.5.1　基于综合权重法的 Garver-6 系统规划综合评价

1. 基础参数

采用本书建立的综合评价指标体系对国内外规划研究人员广泛采用的 Garver-6 节点测试系统进行综合评价决策，该系统的原始参数详见附录 1，4 个可行规划方案的网架结构如图 9-6 所示。

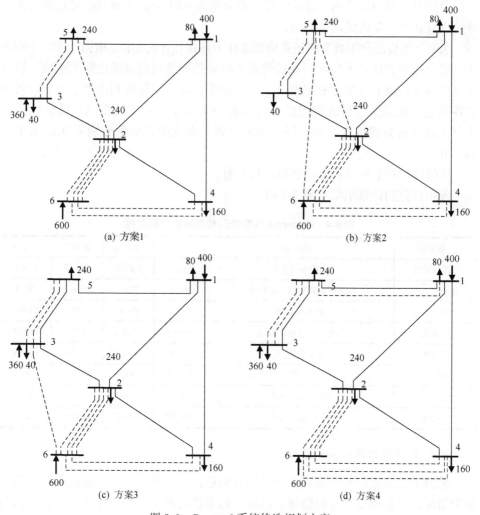

图 9-6　Garver-6 系统待选规划方案

2. 指标计算

在安全可靠性指标计算中，选取所有线路的停运概率为 0.0001，利用蒙特卡罗模拟法模拟负荷的随机特性，负荷曲线持续时间为 8760h，采用基于直流潮流的最小切负荷模型进行事故分析，计算得到负荷削减概率和年期望供电量。

利用 PSASP 中的潮流计算功能，计算各线路的有功潮流值。算例中设定负载率≥0.9 的线路为重载线路，负载率≤0.1 为轻载线路。

选取等年值投资费用和运行费用作为经济评价指标，设线路投资费用为 50 万元/km，折现率为 10%，使用年限为 20 年，利用等年值法计算线路投资费用。运行费用只计算网损费用，假设单位网损费用为 0.05 万元/MW·h，可根据每条线路的损耗计算一年内的网损费用。

选取土地资源利用效率和景观协调度作为环保性评价指标。根据《110~500kV 架空送电线路设计技术规程》规定的输电线路边导线与建筑物之间的距离，以及各电压等级线路的典型走廊宽度，利用上面给出的土地资源利用效率公式，可得到各规划方案的土地资源利用效率，如表 9-4 所示。对于城市景观协调度，在此分别赋予各方案很好、差、好、中的评语，对应的评语值分别为 0.9、0.45、0.6、0.5。

选择电网拓展裕度作为灵活性评价指标。

各指标值的计算结果如表 9-4 所示。

表 9-4　Garver-6 系统待选规划方案指标数据

一级指标	二级指标	方案 1	方案 2	方案 3	方案 4
安全可靠性	负荷削减概率	0.0131	0.0082	0.0087	0.003
安全可靠性	电量不足期望值/(MW·h)	4903	2067	2666.8	487.4
安全可靠性	最大负载率	0.9894	0.9345	0.9455	0.8467
经济性	等年值投资费用/万元	1356.7	1532.8	1574	1585.7
经济性	年运行费用/万元	43.8	38.11	36.79	39.86
环保性	土地资源利用效率/(MW/m)	8.1071	7.8321	8.6071	9.8571
环保性	城市景观协调度	0.9	0.45	0.6	0.5
灵活性	电网拓展裕度	0.4167	0.4167	0.375	0.3333

3. 综合评价结果计算及展示

采用求倒数法和归一法对各项指标分别进行预处理，将所有指标均转化为效益型指标，即总期望指标取值越大越好。由于选取的指标数目较少，且各指标分别反映了不同方面的电网规划效益，各指标间相关性较弱，因此不做相关性处理。

以各项指标 4 个待选规划方案的最大值为基准,将各指标值延伸至 0~1。其中,前 5 项指标为负型指标,后 3 项指标为正型指标。

　　首先,选取电量不足期望值、最大负载率、等年值投资费用、土地资源利用效率、电网拓展裕度 5 项指标对上述 4 个电网规划方案进行评价结果计算展示。首先,对这 5 项指标进行归一化处理,其中前 3 项指标是负型指标,后 2 项指标为正型指标。对于正型指标,以不同方案下该指标值中的最大值为基准。对于负型指标,以不同方案下该指标值中的最小值为基准。可得到各指标的归一化结果如表 9-5 所示。将上述 5 项指标用雷达图表示,如图 9-7 所示。

表 9-5　指标归一化结果

指标名称	方案 1	方案 2	方案 3	方案 4
电量不足期望值	0.099367734	0.235704	0.182691	1
最大负载率	0.855771174	0.906046	0.895505	1
等年值投资费用	1	0.885112	0.861944	0.855584
土地资源利用效率	0.822462996	0.896014	0.873188	1
电网拓展裕度	1	1	0.899928	0.799856

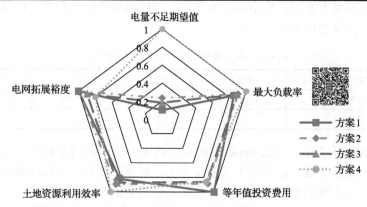

图 9-7　输电网规划方案的雷达图(彩图请扫二维码)

　　从图 9-7 可以看出,方案 4 在电量不足期望值、最大负载率和土地资源利用效率 3 项指标上优于其他方案,特别是在电量不足期望值上。说明方案 4 的安全可靠性和环保性更高,但同时该方案的等年值投资费用也最大。此外,方案 1 和方案 2 分别在等年值投资费用和电网拓展裕度上具有一定的优势。但是,方案 1 在电量不足期望值和最大负载率两项指标上明显劣于其他方案,安全可靠性不足。对于电网规划方案而言,满足电网运行的安全可靠性是第一位要求,而对于经济性的考量可以相对靠后。因此,从图 9-7 可以判断,方案 1 在所有方案中最差,而方案 4 则是最优的方案。

下面采用上面提到的综合评价方法，以及表 9-5 中计算得到的各项指标值，对 4 个待选电网规划方案进行量化综合评价。

采用 G-1 法和熵权法对各项指标分别进行主观赋权和客观赋权，取 $k_1 = 0.7$、$k_2 = 0.3$，即倾向于由主观赋权法得到的权重结果，可以求得对四项指标的综合赋权系数，如表 9-6 所示。

表 9-6　电网规划评价指标赋权

指标	主观赋权	客观赋权	综合权重
负荷削减概率	0.1124	0.3254	0.1763
电量不足期望值	0.1043	0.3022	0.1637
最大负载率	0.0963	0.2790	0.1511
等年值投资费用	0.1219	0.0006	0.0855
年运行费用	0.1016	0.0005	0.0713
土地资源利用效率	0.0981	0.0336	0.0787
城市景观协调度	0.0882	0.0303	0.0709
电网拓展裕度	0.1863	0.0284	0.1389

基于各规划方案的评价指标值及各指标对应的综合权重系数，可得到各规划方案的综合评价值如表 9-7 所示。

表 9-7　不同电网规划方案的综合评价值

规划方案	方案 1	方案 2	方案 3	方案 4
综合评价值	0.4623	0.5265	0.5100	1
排序	4	2	3	1

从表 9-7 可以看出，Garver-6 测试系统的 4 个待选规划方案中，方案 4 是最优规划，方案 2 次优，而方案 1 为最差方案。从方案 4 的各项指标数据及雷达图可以看出，该方案的负荷削减概率、电量不足期望值和最大负载率这三项指标明显优于其他方案，方案的安全可靠性强。同时该方案对土地资源的利用效率也较高，环保性表现也更好。从最后的评价结果可以看出，方案 4 的经济投资是物有所值的。而方案 1 虽然投资成本和运行费用最小，但是导致网络的安全可靠性较差，因此为最差方案。综合评价定量结果的判断与上面根据雷达图的定性判断一致。

9.5.2　基于突变级数法的 Garver-6 系统规划综合评价

首先，利用熵权法得到各指标的权重，按照权重大小得到各一级指标的排序为安全可靠性指标、环保性指标、灵活性指标、经济性指标；各二级指标的排序为负荷削减概率、电量不足期望值、最大负载率；等年值投资费用、年运行费用；土地资源利用效率、城市景观协调度。

根据各指标的数值可计算得到模糊隶属度函数值如表 9-8 所示。

表 9-8　各指标的突变模糊隶属度值

指标名称	方案 1	方案 2	方案 3	方案 4
负荷削减概率	0.2290	0.3659	0.3448	1
电量不足期望值	0.0994	0.2357	0.1827	1
最大负载率	0.8558	0.9060	0.8955	1
等年值投资费用	1	0.8851	0.8619	0.8556
年运行费用	0.8400	0.9654	1	0.9230
土地资源利用效率	0.8225	0.8960	0.8732	1
城市景观协调度	1	0.5	0.6667	0.5556
电网拓展裕度	1	1	0.8999	0.8000

采用互补原则计算各一级指标，即各项一级指标值等于所包含的二级指标的归一化值的均值(根据二级指标的重要性，利用相应的突变模型公式计算)。以安全可靠性指标为例，其负荷削减概率、电量不足期望值、最大负载率等包含 3 项二级指标，可利用燕尾突变系统公式进行该指标的归一化值计算。对于方案 1，根据互补原则得到方案 1 的安全可靠性指标值为 $(0.229008^{1/2} + 0.099368^{1/3} + 0.855771^{1/4})\,/\,3 = 0.634512$；依次类推，可得到不同输电网规划方案下的各项一级指标值；然后，在此基础上，按照非互补原则计算各输电网规划方案的综合评价值。

可得到最终的各项一级指标值及综合评价值如表 9-9 所示。

表 9-9　各方案的评价值

评价类型	方案 1	方案 2	方案 3	方案 4
安全可靠性指标	0.6345	0.7327	0.7091	1
经济性指标	0.9717	0.9646	0.9642	0.9493
环保性指标	0.9534	0.8701	0.9040	0.9110
灵活性指标	1	1	0.8999	0.7999
综合评价值	0.7966	0.8560	0.8421	0.9457
排序	4	2	3	1

根据表 9-9 的结果可知，4 个待选规划方案中，方案 4 最优、方案 2 次之、方案 3 再次之、方案 1 最差，与上面基于综合权重法得到的评价结果一致。

9.6　应用结果与分析

本节以附录 2 中的西北电网标准算例 HRP-38 系统为对象，进行规划方案综合评估。考虑如下 3 个可行的待选电网规划方案，如图 9-8 所示，其中深红色线路表示新建的输电线路。

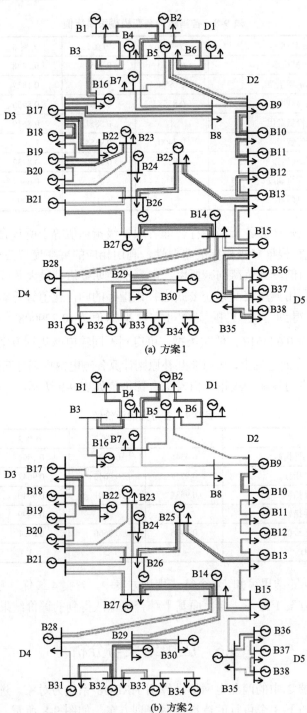

(a) 方案1

(b) 方案2

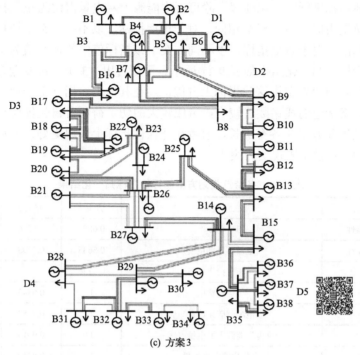

(c) 方案3

图 9-8　3 个待选规划方案的网络结构图(彩图请扫二维码)

　　从安全可靠性、经济性、环保性、灵活性四个一级指标中，总共选取 8 个二级指标进行计算，分别为切负荷概率、电量不足期望值、等年值投资费用、年运行费用、电源侧碳排放量、可再生能源上网电量占比、可再生能源弃能量、线路负载率期望值。通过电力系统运行模拟计算和电力系统可靠性分析计算上述指标，得到各指标的量化计算结果，如表 9-10 所示。

表 9-10　西北电网标准算例 HRP-38 系统待选规划方案指标数据

一级指标	二级指标	方案 1	方案 2	方案 3
安全可靠性	切负荷概率	0.000433	0.000611	0.000244
安全可靠性	电量不足期望值/(MW·h)	25691.83	33984.85	17693.41
经济性	等年值投资费用/亿元	280.05	62.63	491.55
经济性	年运行费用/亿元	4246.68	6205.93	4272.34
环保性	电源侧碳排放量/万吨	94239.60535	94691.43	94321.74
环保性	可再生能源上网电量占比	0.39075	0.3834	0.3900
环保性	可再生能源弃能量/(MW·h)	876.07	1036.84	892.10
灵活性	线路负载率期望值	0.5015	0.5819	0.4281

对上述指标进行归一化处理，除可再生能源上网电量占比为正型指标，其他指标都为负型指标。与 9.5 节相同，对于正型指标，以不同方案下该指标值中的最大值为基准。对于负型指标，以不同方案下该指标值中的最小值为基准，从而可得到各指标的归一化结果如表 9-11 所示。可以看出，3 个待选规划方案中，方案 2 只在等年值投资费用这项指标上占优，而在其他主要指标上表现都较差，原因在于该方案新建的线路数目较少，造成较大的切负荷和可再生能源弃能。相比之下，方案 1 和方案 3 各有所长，前者在环保性指标上表现更好，而后者则在安全可靠性和灵活性上表现更为突出。

表 9-11　各待选规划方案的评价指标归一化结果

一级指标	二级指标	方案 1	方案 2	方案 3
安全可靠性	切负荷概率	0.6887	0.5206	1
安全可靠性	电量不足期望值	0.5635	0.3993	1
经济性	等年值投资费用	0.2236	1	0.1274
经济性	年运行费用	1	0.6843	0.9940
环保性	电源侧碳排放量	1	0.9952	0.9991
环保性	可再生能源上网电量占比	1	0.9813	0.9978
环保性	可再生能源弃能量	1	0.8449	0.9820
灵活性	线路负载率期望值	0.8537	0.7358	1

采用 9.3 节提到的综合评价方法及表 9-11 中计算得到的各项指标值，对上述 3 个待选电网规划方案进行量化综合评价。

采用 G-1 法和熵权法对各项指标分别进行主观赋权和客观赋权，取 $k_1 = 0.7$、$k_2 = 0.3$，即倾向于由主观赋权法得到的权重结果，可以求得对四项指标的综合赋权系数，如表 9-12 所示。

表 9-12　电网规划评价指标赋权

指标	主观赋权	客观赋权	综合权重
切负荷概率	0.1322	0.0832	0.1175
电量不足期望值	0.1325	0.1165	0.1277
等年值投资费用	0.0865	0.1752	0.1131
年运行费用	0.1798	0.1653	0.1755
电源侧碳排放量	0.1364	0.1125	0.1292
可再生能源上网电量占比	0.1187	0.1230	0.1200
可再生能源弃能量	0.1354	0.1075	0.1270
线路负载率期望值	0.0785	0.1168	0.0900

基于各规划方案的评价指标值及各指标对应的综合权重系数,可得到各规划方案的综合评价值如表 9-13 所示。

表9-13　不同电网规划方案的综合评价值

规划方案	方案 1	方案 2	方案 3
综合评价值	0.8067	0.7652	0.8976
排序	2	3	1

从表 9-13 可以看出,待选规划方案中,方案 3 是最优规划方案,方案 1 次优,而方案 2 为最差方案。方案 2 投资线路过少,导致该规划方案在安全可靠性和灵活性方面表现都较差,因而在三种方案中综合效果最差;相反,方案 3 虽然需要付出更多的线路投资成本,但是在切负荷概率、电量不足期望值、线路负载率期望值三项指标上的表现明显优于方案 1 和方案 2,且在年运行费用和环保性指标上的表现与方案 1 相差无几,因此综合表现最优。实际上,线路投资费用在系统总费用中占比较小,通过新建更多的线路来提升系统其他方面的性能,有时可以起到事半功倍的效果,具体需要根据实际电网的情况进行考虑。以上结果也表明,电网规划是一个综合工程,需要考虑多方面的因素进行决策,单纯依靠某一类指标进行评判容易导致顾此失彼,影响整体优化决策。

参 考 文 献

[1] 康重庆, 姚良忠. 高比例可再生能源电力系统的关键科学问题与理论研究框架[J]. 电力系统自动化, 2017, 41 (3): 2-11.

[2] 程耀华, 张宁, 王佳明, 等. 面向高比例可再生能源并网的输电网规划方案综合评价[J]. 电力系统自动化, 2019, 43 (9): 33-43.

[3] 国家能源局. 2016 年西北区域新能源并网运行情况通报[EB/OL]. [2017-01-19]. http://www.nea.gov.cn/2017-01/19/c_135996630.html.

[4] 李昱龙. 输电网规划方案综合评价方法研究与应用[D]. 北京: 华北电力大学, 2012.

[5] 王龙, 岳邦瑞. 从手工简易到多维综合——叠图法的发展历程、技术局限及优化途径[J]. 中国园林, 2018, 34 (12): 57-62.

[6] 张程铭, 程浩忠, 柳璐, 等. 高比例可再生能源并网的输电网结构适应性指标及评估方法[J]. 电力系统自动化, 2017, 41 (21): 55-61.

[7] 鲁宗相, 李海波, 乔颖. 高比例可再生能源并网的电力系统灵活性评价与平衡机理[J]. 中国电机工程学报, 2017, 37 (1): 9-19.

[8] 孙彦龙, 康重庆, 陈宋宋, 等. 低碳电网评价指标体系与方法[J]. 电力系统自动化, 2014, 38 (17): 157-162.

[9] 聂宏展, 聂耸, 乔怡, 等. 基于主成分分析法的输电网规划方案综合决策[J]. 电网技术, 2010, 34 (6): 134-138.

[10] Saaty T L. A scaling method for priorities in hierarchical structures[J]. Journal of Mathematical Psychology, 1977, 15 (3): 234-281.

[11] Ke D, Pan L, Zhang H. Comprehensive fuzzy evaluation for power transmission network planning based on entropy weight method[C]. International Conference on Intelligent Computation Technology and Automation, Changsha, 2009: 676-680.

[12] Shannon C E. A mathematical theory of communication[J]. The Bell System Technical Journal, 1948, 27(3): 379-423.

[13] 李国栋, 李庚银, 杨晓东, 等. 基于雷达图法的电能质量综合评估模型[J]. 电力系统自动化, 2010, 34(14): 70-74.

[14] 都兴富. 突变理论在经济领域的应用[M]. 成都: 电子科技大学出版社, 1994.

[15] Poston T, Stewrt I. Catastrophe Theory and Its Applications[M]. Pitman, London: Dover Publications, 1978.

[16] 李艳, 陈晓宏, 张鹏飞. 突变级数法在区域生态系统健康评价中的应用[J]. 中国人口·资源与环境, 2007, 17(3): 50-54.

第 10 章　电力系统运行模拟与电气计算融合

随着我国跨区电网互联规模扩大、电网结构日趋复杂以及可再生能源快速发展，未来电网运行方式将变得更加复杂多样，电源运行方式对电网规划的影响逐渐增加，电网关键控制性运行安全约束可能并不发生在现行规划研究重点校核的大小负荷方式，仅针对典型运行方式的评估与分析无法满足高比例可再生能源并网的要求，有必要对时序化的场景进行逐一计算、典型聚类。电力系统运行模拟与电气计算的数据、模型不通用，目前主要通过人工解析的方式实现两种仿真软件的融合，而人工调整海量高比例可再生能源潮流方式收敛难度大、耗时多，难以满足海量潮流方式计算分析的要求[1]。为了提高高比例可再生能源并网的电网规划研究准确性，提升电力系统运行模拟与电气计算校核一体化过程中自动化水平，本章主要阐述满足电力系统运行模拟与潮流分析一体化的数据融合技术，提出基于时序模拟结果的潮流数据自动生成方法，建立大规模交直流电网病态潮流收敛性方法，并展示可视化结果。

10.1　基于 CIM/E 的多来源规划数据融合模型

为分析电网规划方案的适用性，现有电网规划中工作一般要开展针对规划方案的电力系统运行模拟，以及潮流、稳定和短路电流等电气计算[2]。现在国内外广泛采用的电力系统运行模拟软件包括 Gridview(ABB)、SPER(华中科技大学)、GOPT(清华大学)等，上述几种运行模拟软件中的数据格式不尽相同，Gridview 和GOPT 采用了 CSV 数据库文件存储仿真信息，SPER 采用了 XML[3]数据格式。从电气计算仿真看，现在国内外广泛采用的电气计算软件包括 PSS/E(Siemens)、PSCAD(加拿大曼尼托巴水电研究中心)、PSD-BPA 和 PSASP(中国电力科学研究院)等，电气计算软件的数据格式各不相同。本章以国内的电力系统运行模拟软件数据格式和电网规划领域广泛使用的 PSD-BPA 中的 DAT 潮流数据融合进行重点阐述。

PSD-BPA 软件的数据文件包括两类，潮流文件用 DAT 文件存储，机组稳定参数、直流控制参数和短路电流计算参数等用 SWI 文件存储。实现基于电力系统运行模拟的电气计算数据自动生成，首要是解析电力系统时序化运行模拟(如8760 小时)结果，包括网架结构拓扑关系、各类电源机组出力、负荷出力数据结果，并将解析结果按照 PSD-BPA 电气计算中的 DAT 潮流数据模型规则进行表达，自动写入 DAT 文件，实现电力系统运行模拟结果与潮流计算的数据融合。此外，在电网规划工作中，经常会根据调度实测的线路、变压器、电源机组对电网规划所用的 PSD-BPA 潮流、稳定数据进行修改完善，提高仿真计算精度和准确性，因此在数据融合方面还需要考虑规划电气计算数据与调度数据的融合问题[4]。

　　为解决数据从电力系统运行模拟至 PSD-BPA 电气计算数据，以及调度数据至规划 PSD-BPA 电气计算数据的解释表达、数据统一和标准化问题，引入 E 语言。国内电力系统运行模拟中采用的 XML 虽然是国际通用标准，但对数据的描述效率太低，随着文件数据的增加，解析效率直线下降，并且需要借助专用工具来检索文件内容，给后续维护带来一定的困难。电力系统数据模型描述语言(简称 E 语言)是国家电力调度通信中心制定的标准[5]，它是充分地考虑电力系统的实际需求，在 XML 标记语言的基础上开发的语言。E 语言继承了 XML 语言的优点和特点，文件格式较 XML 更加简洁明了，同时还扩展了几个特殊符号和描述语法，不仅可以高效地描述电力系统各种复杂或简单数据模型，而且对于大量数据的描述，E 语言效率比 XML 高得多，对于少量数据的描述，E 语言效率比 XML 稍高，计算机处理也更简单[6]。因此，可以应用 CIM/E 文件作为数据信息的描述和表达。

　　为了叙述方便，简记如下：规划潮流数据的 CIM/E 文件记为 CIM/E-DAT[7]；BPA 潮流数据文件记为 BPA-DAT，BPA-DAT 是中国电力科学研究院 PSD-BPA 软件中的潮流计算文件数据格式[8]；来源于调度的 D5000 潮流数据文件记为 D5000-CIM/E，D5000-CIM/E 是遵循了 CIM/E 格式的电网公司调度运行数据格式；来源于电力系统运行模拟的结果数据文件记为 XML-DAT(或 CSV-DAT)，XML-DAT(或 CSV-DAT)文件遵循了电力系统运行模拟中的数据模型规则。CIM/E-DAT 是调度、电力系统运行模拟、电气计算所用到的标准规划潮流数据文件，作为联系不同来源、不同仿真软件之间的桥梁，用于解决数据融合、交互的问题，实现调度、电力系统运行模拟、电气计算的规划潮流数据文件的标准化和共享。多源数据融合包含以下内容：BPA-DAT 与 CIM/E-DAT 的相互转换[9]，CIM/E-DAT 与 XML-DAT 的相互转换，D5000-CIM/E 至 CIM/E-DAT 转换，共 3 个接口。如图 10-1 所示。

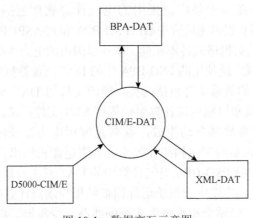

图 10-1　数据交互示意图

10.2　基于时序运行模拟结果的潮流数据自动生成技术

10.2.1　算法整体概述

　　交流潮流数据自动生成技术是自动获取电力系统运行模拟时序仿真结果得到的发电有功出力计划、负荷、电网拓扑等数据，在此基础上构建直流潮流文件，并对系统内各个节点进行无功自动配置，最后生成与时序运行模拟方式一一对应的交流潮流数据的技术[10]。交流潮流数据自动生成总体算法流程如图 10-2 所示。

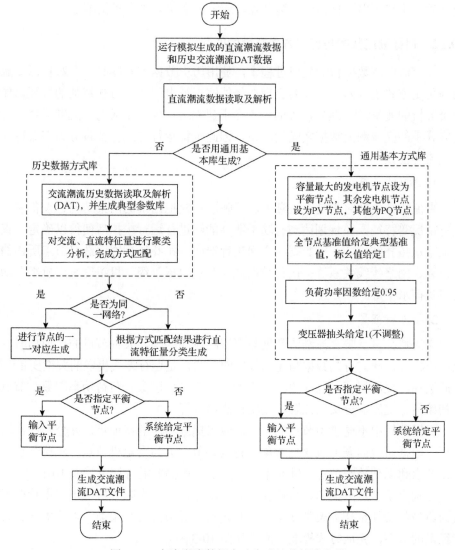

图 10-2　交流潮流数据自动生成总体算法流程

潮流数据生成技术首先对运行模拟结果文件进行解析读取，然后选择生成方式，分为基于历史数据方式库和通用基本方式库两种。前者解决有历史交流潮流数据可参照的节点无功配置问题，通过提取历史数据中各类型节点的特征量，如地理位置、并网电压、机组容量等，运用基于距离的聚类算法（K-means），得到不同运行方式下的节点无功配置典型值，然后对目标直流潮流文件进行运行方式匹配、配置无功，生成交流潮流方式数据[11,12]；后者解决没有历史交流潮流数据可参照的节点的无功参数配置问题，依托已提前完成编制的通用基本方式库，以一种通用的无功配置原则生成对应的交流潮流方式数据。除此之外，在选定生成方式后，用户可以选择指定平衡节点，或者由系统来设定平衡节点。

10.2.2　目标潮流数据与历史方式数据的匹配

在交流潮流数据自动生成过程中，使用历史数据方式库时，要对目标潮流数据与历史方式进行匹配，需要合理选择能够表征电网运行方式特征的特征量作为聚类分析的变量[13]。匹配过程的重点在于建立运行模拟生成的直流潮流数据与历史方式中的交流潮流数据之间的联系，因此也将运行方式特征量分为直流特征量和交流特征量[14]。

1) 直流特征量

直流特征量针对的是直流潮流，反映运行模拟结果的网架结构、设备参数和运行情况等特征，在规划达到有功平衡并能够进行运行模拟后便得以确定。直流特征量从拓扑结构和运行数据两方面进行选取，拓扑结构方面选择节点所在的地理位置、网络接线关系等；运行数据选择节点电压等级、机组容量、机组有功出力、负荷水平等。

2) 交流特征量

交流特征量反映交流潮流数据与直流潮流的区别，表征节点的无功功率、节点电压特征，建立有功数据与无功数据的关联，是运行方式提取的关键变量[15]。因此选择的交流特征量包括 PQ 节点的发电机功率因数、负荷功率因数、节点电压初始值、变压器分接头位置、无功补偿容量等。

根据网络中不同类型节点的特点，应当提取不同的特征量，并分别进行聚类分析。根据研究问题所包含的对象，将网络节点分为发电机节点、负荷节点、变压器节点和无功补偿节点。针对不同类型节点所提取的特征量见表 10-1。

在确定了节点分类和各自特征量的基础上，结合实际分析，进一步筛选数据较为典型的特征量作为聚类变量，并开始对各类节点进行聚类，以分析交、直流特征量的关系，完成方式提取，流程如图 10-3 所示。

表 10-1　各类节点对应的特征量

节点类型	直流特征量	交流特征量
发电机 PQ 节点	地理位置、并网电压等级、机组容量、有功出力	功率因数
发电机 PV 节点	地理位置、并网电压等级、机组容量、有功出力	节点电压
负荷节点	地理位置、电压等级、有功负荷水平	功率因数
变压器节点	地理位置、变压器种类、绕组数量、变比	分接头位置
无功补偿节点	地理位置、节点电压等级、网络连接关系	补偿容量

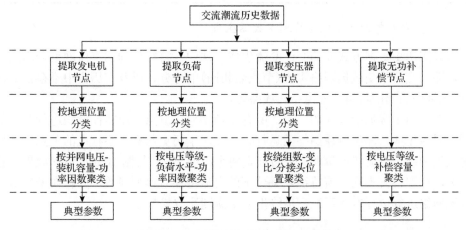

图 10-3　历史数据运行方式提取流程

对于发电机节点类型的给定，直流数据与历史数据重合的节点其类型一一对应给定，不重合的部分均按 PV 节点给定。并且对于作为 PV 节点的发电机节点，电压初值均按照基准值给定。

10.2.3　潮流数据生成技术

1. 基于通用基本方式库的潮流数据生成

基于通用基本方式库的潮流数据生成方法是通过已编制的通用基本方式库，对所有直流方式数据进行统一方式的生成，适用于没有历史数据的情况。系统中已编制的通用基本方式库如表 10-2 所示。

平衡节点的给定方面，当用户指定时，通过输入要指定的平衡节点名来完成设定，对于区域互联电网可设 1 个平衡节点；当采用系统指定时，系统选择容量最大的发电机节点作为平衡节点。

表 10-2　通用基本方式库

特征量	运行方式
节点类型	发电机节点设为 PV 节点,最大容量发电机为平衡节点,其他设为 PQ 节点
PV 和平衡节点电压	基准电压,即标幺值为 1.0
负荷功率因数	0.95
作为 PQ 节点的发电机功率因数	0.92
变压器分接头	不做调整
无功补偿	不做补偿

2. 基于历史数据方式库的潮流数据生成

采用历史数据方式库的交流潮流生成方法中,将待处理的直流网络分为两部分,即与交流历史数据网络重合(节点名相同)的部分,以及在历史中不存在的部分(规划中新增的机组、变电站、线路等)。

对于历史数据中存在的节点,所有无功功率、节点电压特征量均进行节点的一一对应生成,即保持原网络的运行方式。对于历史数据中不存在的节点,在历史数据中基于直流特征量和交流特征量两个维度,采取与图 10-3 相似的流程进行聚类,提取得到不同直流特征量条件下的交流特征量典型参数,并将典型参数与直流网络进行运行方式匹配,最终生成交流潮流方式数据。

10.3　大规模交直流电网病态潮流收敛性方法

目前国内外广泛采用的电气计算仿真工具已具备大规模交直流电力系统潮流计算的能力。牛顿-拉弗森法与快速解耦法是潮流计算最常用的两种算法。但是,基于如下原因,在某些实际应用环境下潮流计算无法快速有效的收敛[16,17]:①较为奇异的网络特性,如存在大量小阻抗/负阻抗支路、网络为辐射状等;②初值不合理;③在潮流可行域边界附近,雅可比矩阵奇异;④在规划阶段,高比例可再生能源并网增加了潮流方式的复杂性,由于缺乏对未来网络的先验知识,规划人员所定义的潮流方式无解。当电网规模逐渐扩大,潮流计算所涉及的数据量也急剧扩充,当潮流计算不收敛时,难以依赖人工进行数据校核和方式调整[18]。

此外对规划电网进行电气计算需要取得规划网架的交流潮流数据。由于时序运行模拟只能给出有功潮流信息,即使通过与历史方式的匹配自动给出了节点无功配置,由于高比例新能源出力分布范围广,不可避免地会出现匹配不当导致无功配置不合理。对于复杂交直流混联电网来说,电网中电压等级众多,联网范围大,当系统各处无功配置不合理时,潮流计算容易出现不收敛的情况[19]。

若要分析改进电网交流潮流收敛性,可从三方面入手:一是针对交流潮流计算中可能的参数问题导致的潮流收敛性下降问题，研究潮流参数校验方法，在潮流计算之前进行元件参数的合理性扫描，将明显不合理的数据、不合理的网络接线等情况筛选出来，提示规划人员进行调整和修改；二是研究不收敛潮流的辅助收敛策略，提高潮流算法的鲁棒性，提出适合大规模潮流计算的实用化模型及其算法；三是针对潮流数据中的有功、无功不平衡，通过自动给出调整量，辅助调整潮流数据，提高收敛性。

10.3.1 不合理潮流参数辨识方法

1. 网络连通性检测

网络连通性检测的目的是发现网络中存在的孤立母线、孤岛，以及弱联系网络等情况。此处，孤立母线指与其他设备没有任何连接关系的母线；孤岛指岛中无电源，且与外界无任何联系的孤立网络；弱连接网络指子网与主网仅有一条联络线联通，且子网中无电源或功率严重不平衡（自给率小于 60%）的网络。

网络连通性检测通过线路节点匹配算法实现，扫描网络中所有线路连接的始末节点并与母线节点进行匹配，最终得到每个节点的特征值，特征值相同的节点处在同一个电气岛之中，特征值为 0 的节点为孤立节点（悬空母线）。算法具体实现流程如下所示。

步骤 1：将网络的所有节点的初始特征值设为 0，然后扫描网络中所有线路的始末节点。

步骤 2：将第一条线路连接的两个节点的特征值赋值为 1，表示这两个节点位于第一个电气岛内，继续下一条线路的扫描。

步骤 3：如果当前线路连接的始末节点的特征值为 0，则表示该线路是这两个节点的第一条连接线路，执行步骤 4；如果当前线路连接的两个节点中有一个特征值为 0，另一个特征值非 0，则执行步骤 5；如果当前线路连接的两个节点的特征值相等但都非 0，则执行步骤 6；如果当前线路连接的两个节点的特征值不相等但都非 0，则执行步骤 7。

步骤 4：将两节点的特征值赋值为 n（n 为当前电气岛的个数，当出现新的电气岛时特征值不断累加），表示当前两节点位于第 n 个电气岛内。

步骤 5：将非 0 节点的特征值赋值给特征值为 0 的节点，保证两节点的特征值的一致性，即将特征值为 0 的节点加入到特征值非 0 节点所在的电气岛中。

步骤 6：当前线路连接的两个节点的特征值相等但都非 0，表明这两个节点已经位于同一个电气岛中，所以此时不做任何处理，直接进行下一条线路的扫描。

步骤 7：假定此处两个节点的名字为节点 a、节点 b，节点 a 的特征值为 s_1，节点 b 的特征值为 s_2，$s_1 > s_2$，那么该步骤的处理方法为将节点 a 所在电气岛中的所有节点的特征值改为 s_2（特征值较小的节点的特征值），另外将特征值大于 s_1

的所有节点的特征值做减 1 处理。

步骤 8：判断是否扫描完所有的线路，如果已完成扫描，则结束，如果还未完成扫描，则继续下一条线路的扫描，循环执行步骤 3～步骤 7。

网络连通性检测算法流程图见图 10-4。

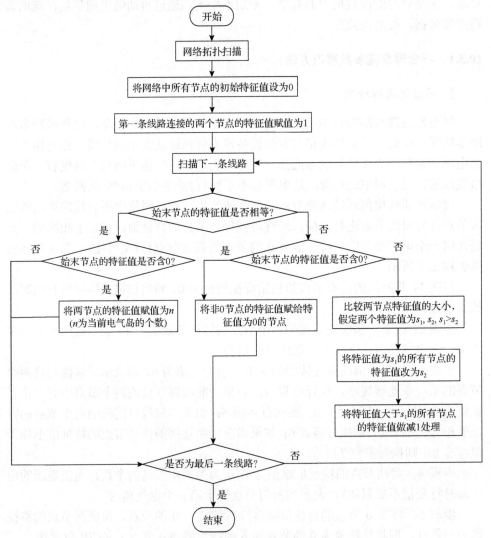

图 10-4　网络连通性检测算法流程图

2. 交流线路参数辨识与修正

交流线路参数辨识与修正算法主要实现交流线路的电阻、电抗、电纳等参数的合理性检测，发现不合理的数据，并依据辨识结果，给出建议的修正值。具体实现流程如下所示。

步骤 1：在已有的 BPA-DAT 文件中提取用于潮流计算的交流线路信息。

步骤 2：在步骤 1 的基础之上，在已有的线路参数库中(线路参数库是对历史潮流方式数据进行参数辨识与修正之后不断积累形成的正确参数库)对步骤 1 中的交流线路逐条进行检索，如果已有参数库中存在该条线路，则执行步骤 3；否则，执行步骤 4。

步骤 3：将该条线路的电阻、电抗、电导、电纳值与线路参数库中具有相同始末端母线名、相同始末端电压以及相同并联线路回路标志号的线路电阻、电抗、电导、电纳值进行比对，如果两者之间的差值超过一定的阈值，则判断该条线路的参数填写可能存在问题，将该条线路的相关信息及其对应线路参数库中的电阻、电抗、电导、电纳值作为建议修改值提供给规划人员，由规划人员决定是否对该条线路参数值进行修改，执行步骤 8。

步骤 4：判断步骤 1 中提取的交流线路信息中是否含有交流线路型号信息，如果有，则直接利用含有的交流线路型号信息在线路标准参数库中查找该型号线路单位长度的标准电阻、电抗、电导和电纳值等参数信息；如果没有，计算交流线路的实际阻抗比与线路标准参数库中的标准阻抗比进行比对，从而确定线路型号，并根据确定的线路型号在线路标准参数库中查找该型号线路单位长度的标准电阻、电抗、电导和电纳值等参数信息。

步骤 5：判断步骤 1 中提取的交流线路信息中是否含有交流线路长度信息，如果有，则根据线路集中参数分布检测线路参数的合理性，如果线路长度填写合理，则根据交流线路长度信息与步骤 4 中在线路标准参数库中查找到的该型号线路单位长度的标准参数值计算得到该交流线路参数的标准值，进入步骤 6，如果线路长度检测为不合理或者没有填写线路长度，标识出该条线路，利用不同线路参数间的关联关系建立回归分析模型，根据所建立的回归分析模型对交流线路的长度进行估算，然后再根据估算的交流线路长度与步骤 4 中在线路标准参数库中查找到的该型号线路单位长度的标准参数值计算得到该交流线路参数的估算标准值，进入步骤 8。

步骤 6：将步骤 5 中所获得的交流线路参数的标准值与交流线路参数的实际值进行对比，判断该交流线路参数的标准值与实际值的偏差是否超过预先设定的预警阈值，如果没有超过预警阈值，则该交流线路参数填写合理，结束参数识别；如果超过预警阈值，则将该交流线路参数的实际值标记为错误或不合理数据，并将步骤 5 中获得的标准值作为建议修改值提供给规划人员，由规划人员决定是否接受修改建议。

步骤 7：将步骤 5 中所获得的交流线路参数的估算标准值与该型号交流线路的所有该类参数的标准值变化范围进行检验，如果该交流线路参数的估算标准值在该型号交流线路的所有该类参数的标准值变化范围的最大值和最小值之间，则该交流线路参数填写合理，结束参数识别；否则，视为不合理，并用相应的最大值或最小值作为建议修改值，由规划人员决定是否接受修改建议。

步骤 8：判断是否完成对所有的线路参数的辨识，如果还未完成，则循环执行步骤2~7；否则结束交流线路参数辨识。

3. 直流线路参数辨识与修正

直流线路参数辨识与修正主要实现直流线路的安排功率、电压、电阻等参数的合理性检测，发现不合理的直流数据，并依据辨识结果，给出建议的修正值。具体实现流程如下。

步骤 1：基于调度潮流计算文件中的已有的直流线路信息(一般已有直流工程参数为实测参数)，建立直流线路电阻参数的标准参数库。

步骤 2：从数据库中读取直流母线和直流线路信息。

步骤 3：扫描直流线路信息的填写情况，根据参数填写情况对直流线路进行分类，包括参数填写完整的直流线路、未填写电阻参数的直流线路、未填写安排功率、额定电流或直流电压其中之一的直流线路、未填写触发角或关断角的直流线路等。

步骤 4：对于参数填写完整的直流线路，首先检测其电阻值是否在合理区间之内；然后利用填写的额定电流值、直流电压来校验安排直流功率的合理性；上述两步检测中如果存在问题，则标识该条线路。

步骤 5：对于直流母线，主要检测其基准电压值填写是否准确，检测标准参考电力系统设计手册。如果检测结果存在问题，则标识该条线路。

步骤 6：将上述几步中检测到的参数填写不全的线路、参数填写不合理的线路或直流母线信息进行自动汇总，方便规划人员进行调整。

4. 变压器参数合理性检测

变压器参数合理性检测主要实现二绕组变压器和三绕组变压器的参数辨识与修正，如统计变压器的电阻、电抗、变比等参数，根据调度潮流数据建立变压器典型参数，通过聚类实现对规划潮流数据中明显不合理的变压器电气参数(噪声向量)进行筛选。具体实现流程如下所示。

步骤 1：变压器特征变量的选取和数据归一化。

步骤 2：进行归一化之后，对潮流数据中的变压器相关特征向量进行聚类分析，从而区分出合理数据与可疑数据。

步骤 3：通过多次测试，从而找出聚类效果最佳的值。

步骤 4：经过聚类后，变压器参数被分成若干类和噪声向量，在每一类中提取出一个最能代表这个类的典型特征向量。

步骤 5：将噪声向量与典型特征向量对比，划分噪声向量的可疑度，将检测的异常结果进行自动汇总，方便规划人员进行调整。

10.3.2 基于最小化潮流模型的潮流收敛性调整方法

1. 最小化潮流模型

最小化潮流模型的基本思想是若潮流有解，则模型的求解收敛到潮流解上；否则收敛到节点功率盈缺二范数最小的解上。与最优乘子法不同的是，最小化潮流模型显式地引入了节点松弛量，而不是对潮流方程组进行内积计算。这样的处理使得最小化潮流模型能够尽可能地收敛到残差最小的解上，避免了过早停止计算而无法提供有效的调整信息。

1）含 HVDC 的准稳态潮流模型

目前在含高压直流输电(high voltage direct current，HVDC)的潮流计算方面，广大学者已经提出了较为完整和精确的 HVDC 稳态模型，能够考虑 HVDC 系统中换流站的电压损耗以及功率损耗，其计算结果和精度得到了广泛的认同。然而，将这些模型用于潮流计算时，数学表述复杂，且与交流系统数学模型衔接困难。因此，目前实用化的、精确的含 HVDC 潮流计算普遍采用交替求解策略，即对交流系统采用标幺值数学模型进行计算，对 HVDC 系统采用有名值数学模型进行计算，将 HVDC 功率作为等值负荷与交流系统模型进行衔接，仅在交替求解过程中对 HVDC 等值功率进行标幺值处理。本节将 HVDC 准稳态运行模型通过数学推导进行简化，使之能够与交流潮流方程进行联立求解。

根据图 10-5 所示的 HVDC 系统与交流系统连接关系可见：直流母线通过换

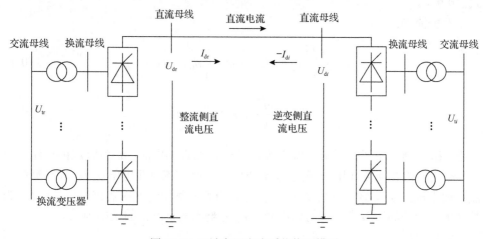

图 10-5 双端高压直流系统物理模型

流器以及换流变压器连接到交流母线，无功补偿装置连接在换流站交流母线。直流母线没有任何发电功率和负荷功率，仅作为传输直流功率的联络节点。每个换流站有多个换流变压器，这些换流变压器一次侧并联于交流母线上，二次侧连接换流桥，多个换流桥串联形成直流电压。

不计换流变压器绕组的电阻，得到图 10-6 所示的等值电路图。

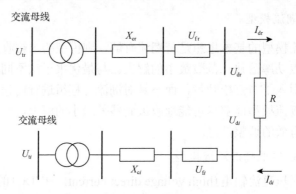

图 10-6　双端直流输电系统等值电路模型

根据图 10-6 建立 HVDC 系统准稳态数学模型的方法如下。

(1)根据 HVDC 系统的换流理论[20]，获得换流阀电压损耗、换流变压器漏抗上的电压损耗、换流阀有功损耗、换流变压器无功损耗的数学表达式。

(2)将换流阀电压损耗以及换流变压器漏抗上的电压损耗直接计入直流电压方程，将换流阀有功损耗以及换流变压器无功损耗直接计入直流功率方程。

(3)建立 HVDC 系统的节点电流方程。

根据上述步骤得到如下有名值系统下的 HVDC 准稳态模型方程(式(10-1)～式(10-9))。

对整流侧：

$$U_{dr} = \frac{3\sqrt{2}}{\pi} n_{tr} k_{tr} U_{tr} \cos\alpha - \frac{3}{\pi} n_{tr} X_{cr} I_{dr} - U_{fr} \tag{10-1}$$

$$U_{dr} = \frac{3\sqrt{2}}{\pi} n_{tr} k_{tr} U_{tr} \cos\varphi_r \tag{10-2}$$

式中，U_{dr} 为整流侧直流电压；I_{dr} 为整流侧输出的直流电流；n_{tr} 为整流侧换流器个数；k_{tr} 为整流侧换流变压器变比(换流母线电压比交流母线电压)；U_{tr} 为整流侧交流母线电压；α 为整流器触发滞后角；X_{cr} 为整流侧换流变压器绕组电抗；U_{fr} 为整流侧整流桥的所有换流阀的总压降；φ_r 为整流侧整流桥的功率因数。

对逆变侧：

$$U_{di} = \frac{3\sqrt{2}}{\pi} n_{ti} k_{ti} U_{ti} \cos\gamma + \frac{3}{\pi} n_{ti} X_{ci} I_{di} + U_{fi} \tag{10-3}$$

$$U_{di} = \frac{3\sqrt{2}}{\pi} n_{ti} k_{ti} U_{ti} \cos\varphi_i \tag{10-4}$$

式中，U_{di} 为逆变侧直流电压；I_{di} 为逆变侧输入的直流电流；n_{ti} 为逆变侧换流器个数；k_{ti} 为逆变侧换流变压器变比（换流母线电压比交流母线电压）；U_{ti} 为逆变侧交流母线电压；γ 为逆变器熄弧角；X_{ci} 为逆变侧换流变压器绕组电抗；U_{fi} 为逆变侧整流桥的所有换流阀的总压降；φ_i 为逆变侧整流桥的功率因数。

令 R 表示直流线路电阻，则直流线路上的电流为

$$I_{dr} = \frac{U_{dr} - U_{di}}{R} \ \text{或} \ -I_{di} = \frac{U_{di} - U_{dr}}{R}$$

上面两式可合并表示如下：

$$\begin{pmatrix} I_{dr} \\ -I_{di} \end{pmatrix} = \begin{pmatrix} 1/R & -1/R \\ -1/R & 1/R \end{pmatrix} \begin{pmatrix} U_{dr} \\ U_{di} \end{pmatrix} \tag{10-5}$$

HVDC 与交流系统进行连接时，根据电路等价原理，相当于换流站在与其相连的交流母线上抽出对应的功率。按照图 10-6 所示参考方向可得如下方程。

$$P_{dr} = U_{dr} I_{dr} + U_{fr} I_{dr} \tag{10-6}$$

$$P_{di} = -U_{di} I_{di} + U_{fi} I_{di} \tag{10-7}$$

$$Q_{dr} = P_{dr} \tan\varphi_r + 3n_{tr} X_{cr} I_{cr}^2 = (U_{dr} I_{dr} + U_{fr} I_{dr}) \tan\varphi_r + \frac{18}{\pi^2} X_{cr} \frac{I_{dr}^2}{n_{tr}} \tag{10-8}$$

$$Q_{di} = (U_{di} I_{di} - U_{fi} I_{di}) \tan\varphi_i + \frac{18}{\pi^2} X_{ci} \frac{I_{di}^2}{n_{ti}} \tag{10-9}$$

根据式(10-6)～式(10-9)可知：整流侧实际从交流系统抽出有功功率，逆变侧向交流系统注入有功功率，HVDC 存在有功损耗，换流站存在无功损耗（从交流系统吸收无功功率）。

极坐标下含双端 HVDC 的潮流计算模型建立方法如下所示。

(1)列出极坐标下所有交流节点的功率平衡方程：

$$P_{Gi} - P_{Li} - U_i \sum_{j=1}^{n} U_j (G_{ij} \cos\theta_{ij} + B_{ij} \sin\theta_{ij}) = 0$$
$$Q_{Gi} - Q_{Li} - U_i \sum_{j=1}^{n} U_j (G_{ij} \sin\theta_{ij} - B_{ij} \cos\theta_{ij}) = 0 \tag{10-10}$$

式中，P_{Gi}、Q_{Gi} 为母线注入有功和无功功率；P_{Li}、Q_{Li} 为母线负荷的有功和无功功率；U 为母线电压幅值；θ 为母线电压相角；G_{ij}、B_{ij} 为导纳矩阵元素。

(2) 假定有一回 HVDC 线路连接在交流母线 m（整流侧）和交流母线 k（逆变侧）之间，则将换流器功率计入其所连接的母线（交流母线 m 和交流母线 k）的功率平衡方程中。根据双端 HVDC 所连接的交流母线，将 HVDC 功率项计入对应交流节点的功率平衡方程。引入换流站电压方程以及 HVDC 系统节点方程。最终得到的含 HVDC 的潮流方程如式 (10-11) 所示。

$$
\begin{cases}
P_{Gi} - P_{Li} - U_i \sum_{j=1}^{n} U_j (G_{ij}\cos\theta_{ij} + B_{ij}\sin\theta_{ij}) = 0 \\[2mm]
Q_{Gi} - Q_{Li} - U_i \sum_{j=1}^{n} U_j (G_{ij}\sin\theta_{ij} - B_{ij}\cos\theta_{ij}) = 0 \\[2mm]
i \notin \{m,k\} \\[2mm]
P_{Gm} - P_{Lm} - U_m \sum_{j=1}^{n} U_j (G_{mj}\cos\theta_{mj} + B_{mj}\sin\theta_{mj}) - (U_{dr}I_{dr} + U_{fr}I_{dr}) = 0 \\[2mm]
Q_{Gm} - Q_{Lm} - U_m \sum_{j=1}^{n} U_j (G_{mj}\sin\theta_{ij} - B_{mj}\cos\theta_{ij}) \\[2mm]
\quad - ((U_{di}I_{di} + U_{fi}I_{di})\tan\varphi_r + K_{qr}X_{cr}I_{dr}^2) = 0 \\[2mm]
P_{Gk} - P_{Lk} - U_k \sum_{j=1}^{n} U_j (G_{kj}\cos\theta_{kj} + B_{kj}\sin\theta_{kj}) - (-U_{di}I_{di} + U_{fi}I_{di}) = 0 \\[2mm]
Q_{Gk} - Q_{Lk} - U_k \sum_{j=1}^{n} U_j (G_{kj}\sin\theta_{kj} - B_{kj}\cos\theta_{kj}) \\[2mm]
\quad - ((U_{di}I_{di} - U_{fi}I_{di})\tan\varphi_i + K_{qi}X_{cr}I_{di}^2) = 0 \\[2mm]
U_{dr} - \dfrac{3\sqrt{2}}{\pi} n_{tr}k_{tr}U_{tr}\cos\alpha + \dfrac{3}{\pi} n_{tr}X_{cr}I_{dr} + U_{fr} = 0 \\[2mm]
U_{dr} - \dfrac{3\sqrt{2}}{\pi} n_{tr}k_{tr}U_{tr}\cos\varphi_r = 0 \\[2mm]
U_{di} - \dfrac{3\sqrt{2}}{\pi} n_{ti}k_{ti}U_{ti}\cos\gamma - \dfrac{3}{\pi} n_{ti}X_{ci}I_{di} - U_{fi} = 0 \\[2mm]
U_{di} - \dfrac{3\sqrt{2}}{\pi} n_{ti}k_{ti}U_{ti}\cos\varphi_i = 0 \\[2mm]
\begin{pmatrix} I_{dr} \\ -I_{di} \end{pmatrix} = \begin{pmatrix} 1/R & -1/R \\ -1/R & 1/R \end{pmatrix} \begin{pmatrix} U_{dr} \\ U_{di} \end{pmatrix}
\end{cases}
\tag{10-11}
$$

式中，P_{Gm}、Q_{Gm} 为母线 m 注入有功和无功功率；P_{Gk}、Q_{Gk} 为母线 k 注入有功和无功功率；P_{Lm}、Q_{Lm} 为母线 m 负荷的有功和无功功率；P_{Lk}、Q_{Lk} 为母线 k 负荷的有功和无功功率；U 为母线电压幅值；θ 为母线电压相角；G_{mj}、B_{mj}、G_{kj}、B_{kj} 为导纳矩阵元素；U_{di} 为逆变侧直流电压；I_{di} 为逆变侧输入的直流电流；n_{ti} 为逆变侧换流器个数；k_{ti} 为逆变侧换流变压器变比(换流母线电压比交流母线电压)；U_{ti} 为逆变侧交流母线电压；γ 为逆变器熄弧角；X_{ci} 为逆变侧换流变压器绕组电抗；U_{fi} 为逆变侧整流桥的所有换流阀的总压降；φ_i 为逆变侧整流桥的功率因数。

(3)可将式(10-11)进行扩展，使之支持多端 HVDC 模型。扩展方法如下：①对换流站进行统一建模。对每一个换流站引入一个整数常量 s，1 表示该换流站为整流侧，-1 表示该换流站为逆变侧；②将常量 s 引入 HVDC 系统节点电流方程，并将此方程写为矩阵形式 $sI_d - G_d V_d = 0$；③对每一回 HVDC 线路，根据其所连接的交流母线，将直流功率项累加到对应交流节点的功率平衡方程；④将所有换流站的直流电压方程作为等式约束引入潮流计算模型。由此建立的含多端 HVDC 的潮流计算模型如式(10-12)所示。

$$
\begin{cases}
P_{Gi} - P_{Li} - U_i \sum_{j=1}^{n} U_j (G_{ij}\cos\theta_{ij} + B_{ij}\sin\theta_{ij}) = 0 \\[2mm]
Q_{Gi} - Q_{Li} - U_i \sum_{j=1}^{n} U_j (G_{ij}\sin\theta_{ij} - B_{ij}\cos\theta_{ij}) = 0 \\[2mm]
i \notin \{\text{换流站所在母线}\} \\[2mm]
P_{Gm} - P_{Lm} - U_m \sum_{j=1}^{n} U_j (G_{mj}\cos\theta_{mj} + B_{mj}\sin\theta_{mj}) \\[2mm]
\quad - (s_m U_{dm} I_{dm} + U_{fm} I_{dm}) = 0 \\[2mm]
Q_{Gm} - Q_{Lm} - U_m \sum_{j=1}^{n} U_j (G_{mj}\sin\theta_{ij} - B_{mj}\cos\theta_{ij}) \\[2mm]
\quad - [(U_{dm} I_{dm} + s_m U_{fm} I_{dm})\tan(\varphi_m) + K_{qm} X_{cm} I_{dm}^2] = 0 \\[2mm]
m \in \{\text{换流站所在母线}\} \\[2mm]
U_{dr,m} - \dfrac{3\sqrt{2}}{\pi} n_{tr,m} k_{tr,m} U_{tr,m} \cos(\alpha_{r,m}) + s_m \dfrac{3}{\pi} n_{tr,m} X_{cr,m} I_{dr,m} + s_{r,m} U_{fr,m} = 0 \\[2mm]
U_{dr,m} - \dfrac{3\sqrt{2}}{\pi} n_{tr,m} k_{tr,m} U_{tr,m} \cos(\varphi_{r,m}) = 0 \\[2mm]
sI_d - G_d U_d = 0
\end{cases}
\tag{10-12}
$$

式中，I_d 为所有换流站直流电流组成的向量；G_d 为多端直流网络的电导矩阵；U_d 为所有换流站直流电压组成的向量；P_{Gm}、Q_{Gm} 为母线 m 注入有功和无功功率；P_{Lm}、Q_{Lm} 为母线 m 负荷的有功和无功功率；U 为母线电压幅值；θ 为母线电压相角；G_{mj}、B_{mj} 为导纳矩阵元素；$U_{dr,m}$ 为母线 m 逆变侧直流电压；$I_{dr,m}$ 为母线 m 逆变侧输入的直流电流；$n_{tr,m}$ 为母线 m 逆变侧换流器个数；$k_{tr,m}$ 为母线 m 逆变侧换流变压器变比(换流母线电压比交流母线电压)；$U_{tr,m}$ 为母线 m 逆变侧交流母线电压；γ 为母线 m 逆变器熄弧角；$X_{cr,m}$ 为母线 m 逆变侧换流变压器绕组电抗；$U_{fr,m}$ 为母线 m 逆变侧整流桥的所有换流阀的总压降；$\varphi_{r,m}$ 为母线 m 逆变侧整流桥的功率因数。

2) 含 HVDC 的最小化潮流模型

牛顿法潮流计算求解式(10-11)或者式(10-12)的非线性方程组，简记为

$$H(x)=0 \tag{10-13}$$

最小化潮流算法的基本思想是将潮流计算需要求解的非线性方程组 $H(x)=0$ 进行松弛，每一个节点引入一对有功松弛量和无功松弛量，将潮流计算转换为如下非线性规划模型：

$$
\begin{cases}
\min \ \sum \varepsilon^2 \\
\text{s.t.} \ \ H(x)-\varepsilon=0 \\
\qquad (x,\varepsilon)\in \mathrm{R}^n, H(x):\mathrm{R}^n \to \mathrm{R}^n \\
\qquad x\in \mathrm{F}
\end{cases}
\tag{10-14}
$$

当目标函数值为 0 时，说明原方程组 $H(x)=0$ 有解，输出潮流解；否则，说明潮流无解，松弛量最大的节点对应于潮流计算的病态节点。通过判断松弛量的大小和正负号即可知道功率盈缺及其分布。ε 为扰动因子。

$x\in \mathrm{F}$ 表示了运行不等式约束，包括

$$\underline{U} \leqslant U(\Omega_{\mathrm{PQ}}) \leqslant \overline{U} \tag{10-15}$$

$$\underline{P}_{\mathrm{G}} \leqslant P_{\mathrm{G}}(\Omega_{\mathrm{Slack}}) \leqslant \overline{P}_{\mathrm{G}} \tag{10-16}$$

$$\underline{Q}_{\mathrm{G}} \leqslant Q_{\mathrm{G}}(\Omega_{\mathrm{Slack}}\bigcup \Omega_{\mathrm{PV}}) \leqslant \overline{Q}_{\mathrm{G}} \tag{10-17}$$

$$\underline{P}_{\mathrm{d}} \leqslant U_{\mathrm{d}}\cdot I_{\mathrm{d}} \leqslant \overline{P}_{\mathrm{d}} \tag{10-18}$$

$$\underline{U}_{\mathrm{d}} \leqslant U_{\mathrm{d}} \leqslant \overline{U}_{\mathrm{d}} \tag{10-19}$$

$$\underline{I}_d \leqslant I_d \leqslant \overline{I}_d \tag{10-20}$$

$$\underline{K}_d \leqslant K_d \leqslant \overline{K}_d \tag{10-21}$$

$$\underline{A}_d \leqslant A_d \leqslant \overline{A}_d \tag{10-22}$$

$$\underline{\varphi}_d \leqslant \varphi_d \leqslant \overline{\varphi}_d \tag{10-23}$$

式中，U 为母线电压幅值；P_G、Q_G 分别为节点注入有功和无功；U_d 为换流站直流电压；I_d 为换流站直流电流；K_d 为换流站整流变压器抽头位置；$A_d \triangleq \cos\theta_d$ 为换流站换流器控制角的余弦；φ_d 为换流站功率因数角；Ω_{PV} 为 PV 母线集合；Ω_{PQ} 为 PQ 母线集合；Ω_{Slack} 为平衡母线集合；$\overline{(\cdot)}$、$\underline{(\cdot)}$ 分别为对应变量的上限和下限。

为了反映换流站的控制方式，必须恰当地设置不等式约束的上下限值。作为恒定控制方式，可设置具有相同数值的上下限，由此保证计算结果中该变量为给定值。如定电流控制的换流站，可设置 $\underline{I}_d = \overline{I}_d$。

3）最小化潮流求解算法

考虑到最小化潮流的特殊形式，本节对内点法进行了进一步的效率提升[21]，使得算法能够满足大规模电网潮流计算的要求。以下就改进的内点法框架进行介绍。

最小化模型可简化为如式(10-24)的标准非线性规划形式：

$$\begin{cases} \min\ f(\varepsilon) = \sum \varepsilon^2 \\ \text{s.t.}\quad h(X) - \varepsilon = 0 \\ \underline{g} \leqslant g(X) \leqslant \overline{g} \end{cases} \tag{10-24}$$

针对模型(10-24)采用内点法进行求解的步骤如下所示。

(1) 引入松弛变量 l、u，将不等式约束转换为等式约束：

$$\begin{cases} g(X) - \underline{g} - l = 0 \\ g(X) - \overline{g} + u = 0 \end{cases} \tag{10-25}$$

(2) 定义拉格朗日函数：

$$\begin{aligned} L(X, l, u, y, z, w, \varepsilon) \triangleq\ & \varepsilon^T \varepsilon - y^T(h(X) - \varepsilon) - z^T(g(X)l - \underline{g}) \\ & - w^T(g(X) + u - \overline{g}) - \mu\left(\sum u_i + \sum l_i\right) \end{aligned} \tag{10-26}$$

式中，y、z、w 为拉格朗日乘子。

（3）拉格朗日函数的一阶最优性条件为

$$L_x = \nabla h(X)y + \nabla g(X)(z+w) = 0 \tag{10-27}$$

$$L_z = g(X) - l - \underline{g} = 0 \tag{10-28}$$

$$L_w = g(X) + u - \bar{g} = 0 \tag{10-29}$$

$$L_l^{\mu} = [l][z]e - \mu e = 0 \tag{10-30}$$

$$L_u^{\mu} = [u][w]e + \mu e = 0 \tag{10-31}$$

$$L_\varepsilon = 2\varepsilon + y = 0 \tag{10-32}$$

$$L_y = h(X) - \varepsilon = 0 \tag{10-33}$$

式中，e 为单位对角阵；L_l^{μ}、L_u^{μ} 为扰动互补条件；$[\bullet]$ 表示将向量转换为对角矩阵。

从式（10-32）和式（10-33）中消去 ε：

$$L_y = h(X) + 0.5y = 0 \tag{10-34}$$

（4）采用常规内点法的既约修正方程如下：

$$\begin{bmatrix} M & J(X)^{\mathrm{T}} \\ J(X) & 0.5[e] \end{bmatrix} \begin{bmatrix} \Delta X \\ \Delta y \end{bmatrix} = -\begin{bmatrix} \psi \\ L_{y0} \end{bmatrix} \tag{10-35}$$

式中

$$M = F + \nabla g(X)([u]^{-1}[w] - [l]^{-1}[z])\nabla g(X)^{\mathrm{T}} \tag{10-36}$$

$$F = \nabla^2 h(X)y + \nabla^2 g(X)(z+w) \tag{10-37}$$

$$J(X) = \nabla h(X)^{\mathrm{T}} \tag{10-38}$$

$$\psi = \nabla h(X)y + \nabla g(X)\left[[u]^{-1}[w]L_{w0} - [l]^{-1}[z]L_{z0} - \mu([u]^{-1} - [l]^{-1})e\right] \tag{10-39}$$

$(L_{x0}, L_{z0}, L_{w0}, L_{l0}^{\mu}, L_{u0}^{\mu}, L_{y0})$ 分别表示式（10-27）～式（10-31）及式（10-33）的残差。

从式（10-35）的结构可知，其系数矩阵具有对称正定特性，这与常规的内点法修正方程的系数矩阵不同。求解式（10-35）可得 X 和 y 的修正方程，然后按照式（10-40）计算其余修正量：

$$\begin{cases} \Delta l = \nabla g(X)^{\mathrm{T}} \Delta X + L_{z0} \\ \Delta w = -\left[\nabla g(X)^{\mathrm{T}} \Delta X + L_{w0} \right] \\ \Delta z = -[l]^{-1}[z]\nabla g(X)^{\mathrm{T}} \Delta X - [l]^{-1}([z]L_{z0} + L_{l0}^{\mu}) \\ \Delta u = [u]^{-1}[w]\nabla g(X)^{\mathrm{T}} \Delta X + [u]^{-1}([w]L_{w0} - L_{u0}^{\mu}) \end{cases} \tag{10-40}$$

(5)计算搜索方向上的步长，并修正 X、l、u、y、z 和 w，最后按照式(10-33)获得 ε。

2. 松弛量特征分析

由式(10-14)可知，当目标函数值为 0 时，说明原方程组有解，此时的最小化潮流结果与常规潮流结果相同；当目标函数值不为 0 时，说明潮流不收敛，而此时病态节点及其周围临近节点的松弛量不等于 0。因此，通过判断松弛量的大小即可知道功率盈缺及其分布情况。

当仅存在无功功率不平衡时，病态节点处的无功松弛量会比较大，周围临近节点的无功松弛量会相对较小，即表现为距离病态节点的电气距离越大，其节点处的无功松弛量会越小的特点。而有功功率不平衡和无功功率不平衡同时存在时，在有功病态节点处的有功松弛量会比较大，而无功病态点处的无功松弛量则会比较大，其他节点处的有功松弛量和无功松弛量则会相对较小，同样表现为距离病态节点的电气距离越远的节点处的松弛量会越小。

因此，当存在无功不平衡所导致的规划电网潮流不收敛时，基于最小化潮流结果中病态节点的松弛量与功率不平衡间的关系特点及其分布规律，计算最小化潮流结果中松弛量的分布群簇，对各群簇中松弛量最大的节点进行无功补偿或调整，进而改善目标潮流的收敛性。

3. 基于最小化潮流的无功潮流调整流程

基于最小化潮流模型的潮流收敛性调整方法的具体实现步骤如图 10-7 所示。

步骤 1：读取规划电网潮流输入数据，调用最小化潮流算法进行最小化潮流计算。

步骤 2：读取最小化潮流结果数据，判断有功平衡和无功平衡情况。

步骤 3：如果是有功不平衡，执行步骤 9。

步骤 4：如果是无功不平衡，则统计计算电压越限节点数量及其节点无功松弛量。

步骤 5：选取出各电压越限的节点群簇中无功松弛量最大的节点作为病态节点，其无功松弛量作为待调整量。

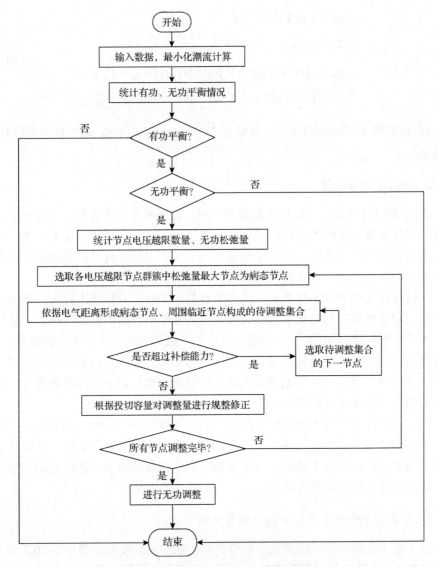

图 10-7　基于最小化潮流的无功潮流调整流程图

步骤 6：依次计算各节点群簇中其他节点与其病态节点的电气距离，依据电气距离从小到大排序，选取适当数量的周围临近节点，形成由病态节点、周围临近节点和待调整量构成的待调整集合 $\Omega_i = \{i, j_1, j_2, \cdots, j_n\}$。

步骤 7：在任一待调整集合中，按照电气距离从小到大顺序，选取 Ω_i 中待调整节点，判断待调整节点的剩余调整量与该节点处的无功设备容量的大小关系，计算其调整量，直至剩余调整量为 0。

步骤 8：对各待调整集合中最后一个调整节点的调整量，依据其无功设备的最小投切容量进行规整修正。

步骤 9：输出结果，退出运行。

进一步解释图 10-7 中的相关概念。

(1)待调整节点集合。假设节点 i, j 间的等值阻抗 $Z_{ij} = R_{ij} + jX_{ij}$，对于高压输电网，由于 R_{ij} 远小于 X_{ij}，电气距离可进一步简化为两节点间的电抗 X_{ij}，则节点 i 向节点 j 输送的无功功率满足如下近似关系：

$$Q_{ij} \approx \frac{U_i(U_i - U_j)}{X_{ij}} \tag{10-41}$$

根据式(10-41)可知，节点 i 和节点 j 之间输送的无功功率与两节点间的等值电抗 X_{ij} 成反比，即与病态节点的电气距离越小，其无功调整对病态节点的无功和电压支撑作用越明显。

因此，以病态节点为中心，依据网络拓扑关系[22]，分别计算周围紧邻各节点与该病态节点间的电气距离，由周围临近节点构成待调整集合 Ω_i。按照电气距离从小到大进行排序后，依次计算 Ω_i 中前 m 个节点的待调整容量累计和 $Q_{\text{shunt}}(\Omega_i, m)$；当待调整容量累计和小于或等于前 m 节点的无功设备最大容量和 $Q_{\text{equip}}(\Omega_i, m)$ 时，则前 m 个节点形成了转移调整节点集 $T_i = \{i, j_1, j_2, \cdots, j_{m-1}\}$。如果某节点 i 没有无功设备，则视其无功设备容量 $Q_{\text{equip-}i}$ 为 0。

当 $m=n$ 时，剩余调整量还大于 0，即此时待调整节点集 Ω_i 无法满足调整要求时，应延网络拓扑结构向外延伸，增加待调整节点集 Ω_i 的规模。

(2)转移调整节点补偿量。对于由 m 个节点构成的转移调整节点集而言，第 1 至第 $m-1$ 节点的调整量均等于各自节点上的无功设备的最大容量，第 m 个节点的调整量为前 $m-1$ 个节点的无功设备最大容量累计和与该群簇的待调整量的代数差。

(3)调整量规整修正。实际电网中，大多数无功设备都有最小投切容量的限制。因此，需对第 m 个节点进行规整修正处理。

设节点 i 的无功设备投切组合容量为 $C_{Q_i} = \{Q_{i-1}, Q_{i-2}, \cdots, Q_{i-n}\}$，节点 i 的调整量为 Q_i，其值在 Q_{i-1} 和 Q_{i-2} 之间。则取值应为集合 C_{Q_i} 中最接近 Q_i 的值，即若 $Q_i < (Q_{i-1} + Q_{i-2})/2$，则 $Q_i = Q_{i-1}$，否则 $Q_i = Q_{i-2}$。

10.4　电力系统运行模拟与电气计算融合的可视化方法

可视化是利用计算机图形学和图像处理技术，将数据转换成图形或图像进行展示或交互处理的理论、方法和技术[23]。适应高比例可再生能源并网的电力系统运行模拟与电气计算融合的可视化，目的是加强高比例可再生能源基础数据管理，支撑运行模拟与电气计算融合、规划方案比选等分析，最终实现规划方案优化、新能源出力重构、精细化生产运行模拟、电气计算辅助分析，以及多个规划方案的量化评估、优选排序及综合决策全流程一体化、智能化和自动化。

可视化数据基于 CIM/E-DAT 的机组、线路、节点、风区等，可实现按照电压等级、区域、时间维度直观地展示全网电源、电网和负荷情况。根据潮流文件中的节点、线路、变压器等参数信息，实现自动识别并生成具有地理位置信息的网架图，依据规划需求，直接在网架图中添加规划线路、厂站等信息，程序自动地将添加的设备信息同步写入潮流文件 CIM/E-DAT 中，生成新的规划方案。同时还可以根据导入 BPA-DAT、D5000-CIM/E、XML-DAT（或 CSV-DAT）电网数据，并实现规划方案可视化展示。

针对高比例新能源不同时空出力特性(如考虑风速日特性、考虑风电场尾流效应、考虑光伏空间相关性、考虑光伏可靠性等)进行风电、光伏出力场景的生成和展示。并能做到风电、光伏出力按照机组类型、月度、日度、24 点进行展示，同时对运行模拟结果中的新能源出力概率、弃电量、弃电率结果指标进行展示分析。

针对精细化生产运行模拟结果，可以根据不同的规划方案数据按照全年 8760小时进行分析和展示，通过设置基本参数、运行选项、电源、调峰、优化等参数，展示电力平衡、电量平衡、机组利用、可再生能源消纳、线路断面、系统工作位置等可视化结果。

针对电气计算结果，基于精细化生产运行模拟计算结果的交流潮流文件生成可按要求展示全年 8760 个潮流文件。根据生成的潮流文件可进行电气计算结果展示，从节点电压、线路的有功和无功等多角度进行分析并展示数据，考虑潮流文件的时序特点，可展示设备全年 8760 点有功、无功变化情况，可通过网架图的形式查看断面潮流情况及拓扑结构。分电压等级对电网进行分层展示，根据系统的运行方式和时间断面，导入电网的负荷数据和发电机运行数据，使计算结果能够快速地显示在图形界面中，在线路上能够显示潮流流向，在节点部分显示线路、变电站的有功出力、无功出力等数据，以不同颜色表示负载的合理及越限情况。

通过可视化界面与潮流数据的交互，以 CIM/E-DAT 数据为中心，将潮流数据修改与可视化网架图相结合，实现可视化操作，基于 CIM/E-DAT 数据，以图形方式展示电网结构图，实现在可视化界面中修改节点无功补偿、变压器、线路、网络拓扑、电源和负荷出力等数据,关联修改 CIM/E-DAT 数据信息并进行信息更新,生成新的潮流计算数据,保证在可视化界面发生数据变化时,系统的关系数据能够自动更新,实现图模一体化。

10.5　应用结果与分析

为实现功能集成应用,开发了适应高比例可再生能源并网的输电网规划系统平台,具备规划方案共享功能,实现一人建模,多人分析,联合规划。平台首页界面如图 10-8 所示。

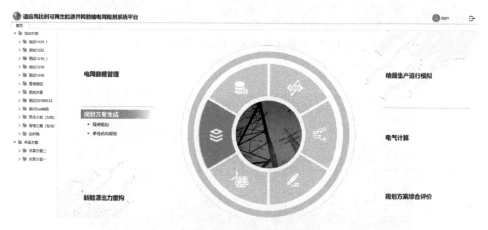

图 10-8　平台首页界面

拥有多种规划方案生成方式:通过网架直接建模,可手动搭建所需网架,以既定网架结构为目标自主新增、修改设备按需生成规划方案,也可通过平台集成的随机规划方法、鲁棒规划方法、网源协同规划方法等,实现规划方案自动生成。

具有多种模拟仿真计算功能模块:大规划新能源并网计算分析、全年 8760 小时生产模拟及电气计算分析,多层次、多角度、全方位验证规划方案可行性。精细化生产运行模拟参数设置界面如图 10-9 所示。

最后可进行安全性、经济性、环保性、灵活性评价及综合评价,对规划方案进行量化评估,根据规划需求定向选择计算指标权重,进行分类打分,最终以雷达图的形式直观地展示不同方案的综合水平。结果如图 10-10、图 10-11 所示。

采用西部某省算例对电力电量平衡结果进行分析。根据 8760 点运行模拟的结果,分别统计全年和每月综合电力需求、系统装机、综合工作容量等,并根据得到的指标对规划方案的电量平衡情况进行可视化展示和评估。结果如图 10-12～图 10-14 所示。

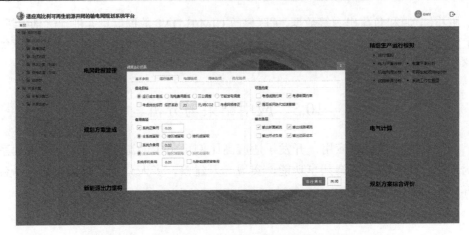

图 10-9　精细化生产运行模拟参数设置界面

	计算结果指标		原始指标值		综合权重	主观权重	客观权重
	测试1022_1-方案1	测试1022_1-方案2	测试1022_1-方案1	测试1022_1-方案2			
用电可靠性指标	0.075	0.076	0.221	0.235	0.175	0.250	0.000
轻负荷指标	0.009	0.093	0.045	0.222	0.165	0.250	0.028
年期望缺供电量	0.072	0.065	3472.949	3297.757	0.175	0.250	0.000
可再生能源对负荷负荷调峰调度贡献率指标	0.111	0.074	0.612	0.420	0.176	0.250	0.004
可再生能源对年发量有贡献指数系数	0.029	0.029	0.111	0.143	0.175	0.250	0.000
短路电流合理性	0.067	0.197	0.200	0.586	0.197	0.250	0.074
短路电流风险度	0.200	0.586	0.275	0.807	0.703	1.000	0.110
N-1/N-2通过率	0.000	0.298	0.000	0.734	0.298	0.250	0.409
负荷运行方式N-1/N-2通过率	0.000	0.367	0.000	1.000	0.367	0.500	0.057
典型运行方式N-1/N-2通过率	0.000	0.367	0.000	1.000	0.367	0.500	0.057
潮流分布合理性	0.176	-0.137	0.235	0.181	0.176	0.250	0.004
负荷运行方式线路重载比例	0.000	0.000	0.000	0.000	0.250	0.333	0.057
典型运行方式线路重载比例	0.000	0.000	0.000	0.000	0.250	0.333	0.057
典型运行方式负荷率不均衡度	0.253	0.181	0.671	0.522	0.253	0.333	0.001

图 10-10　安全性评价

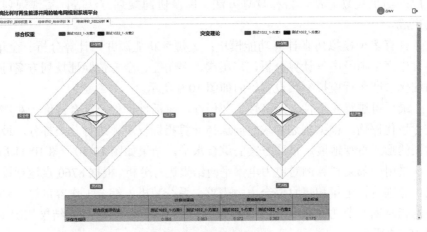

	计算结果指标		原始指标值		综合权重
综合权重评估法	测试1022_1-方案1	测试1022_1-方案2	测试1022_1-方案1	测试1022_1-方案2	
环保性指标	0.065	0.063	0.372	0.362	0.175

图 10-11　综合评价

指标名称	1月	2月	3月	4月	5月	6月	7月	8月	9月	10月	11月	12月
一、综合电力需求	20739.18	20543.25	20807.03	20473.72	19630.21	19917.58	19521.37	19757.33	19122.20	19582.02	21187.43	22317.53
1.发电负荷(盈亏)	10139.18	9943.25	10207.03	9873.72	10230.21	10517.58	10121.37	10357.33	9722.20	10182.02	10587.43	11717.53
2.外送电力(盈亏)	-10600.00	-10600.00	-10600.00	-10600.00	-10000.00	-10000.00	-10000.00	-10000.00	-10000.00	-10000.00	-10600.00	-10600.00
3.受入电力(盈亏)	0	0	0	0	600.00	600.00	600.00	600.00	600.00	600.00	0	0
二、装机容量合计	51958.60	51958.60	51958.60	51958.60	51958.60	51958.60	51958.60	51958.60	51958.60	51958.60	51958.60	51958.60
1.水电装机	16536.60	16536.60	16536.60	16536.60	16536.60	16536.60	16536.60	16536.60	16536.60	16536.60	16536.60	16536.60
2.抽蓄装机	0	0	0	0	0	0	0	0	0	0	0	0
3.核电装机	0	0	0	0	0	0	0	0	0	0	0	0
4.调峰装机	0	0	0	0	0	0	0	0	0	0	0	0
5.火电装机	4918.00	4918.00	4918.00	4918.00	4918.00	4918.00	4918.00	4918.00	4918.00	4918.00	4918.00	4918.00
6.风电装机	7008.00	7008.00	7008.00	7008.00	7008.00	7008.00	7008.00	7008.00	7008.00	7008.00	7008.00	7008.00
7.光伏装机	19996.00	19996.00	19996.00	19996.00	19996.00	19996.00	19996.00	19996.00	19996.00	19996.00	19996.00	19996.00
8.其他机组装机	3500.00	3500.00	3500.00	3500.00	3500.00	3500.00	3500.00	3500.00	3500.00	3500.00	3500.00	3500.00
三、综合工作容量	20739.18	18488.05	18411.33	14844.96	18065.94	19917.58	19521.37	19757.33	19122.20	19582.02	11187.43	21672.99
1.水电工作	12890.99	12106.24	12493.68	9223.87	10726.60	14116.98	15846.40	15344.96	14692.31	14238.54	6058.36	12500.72
2.抽水蓄能工作	0	0	0	0	0	0	0	0	0	0	0	0
3.核电工作	0	0	0	0	0	0	0	0	0	0	0	0
4.调峰机组工作	0	0	0	0	0	0	0	0	0	0	0	0
5.火电工作	4089.19	4918.00	4918.00	4918.00	4918.00	4748.97	3256.65	3823.95	2342.96	4918.00	4918.00	4918.00
6.风电工作	3759.01	1463.81	999.65	701.34	2421.34	1023.44	398.71	588.21	2086.94	425.48	211.08	3759.77
7.光伏工作	0	0	0	1.75	0	28.19	19.61	0.22	0	0	0	494.50

图 10-12　电力平衡指标计算结果

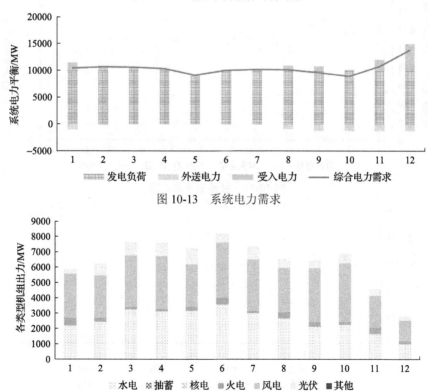

图 10-13　系统电力需求

图 10-14　系统工作容量

　　通过系统电力需求结果可以了解某省全年的负荷水平及其电力需求；由系统的装机结构能清楚地获知该省电源结构及其占比情况。根据 8760 点运行模拟的结果，分别统计全年和每月的总负荷需求、各类机组发电量、可再生能源消纳量及各类机组利用小时数，并根据得到的指标对规划方案的电量平衡情况进行可视化展示和评估。结果如图 10-15～图 10-17 所示。

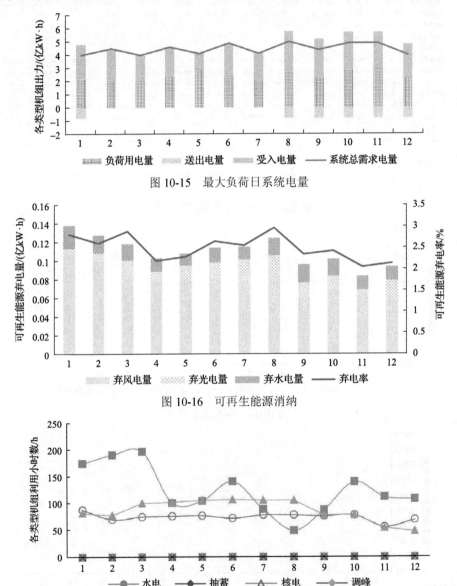

图 10-15　最大负荷日系统电量

图 10-16　可再生能源消纳

图 10-17　机组利用小时数

通过系统电量需求结果可以了解某省全年的用电量水平，其中，外送电量比例大，约占某省发电量的一半；由可再生能源消纳柱线图可知，某省虽然有着丰富的水电、光伏、风电资源，但不能实现完全消纳，在 6、7 月份风、光高发时段存在大量的弃风、弃光、弃水，需要优化电源结构，通过电力外送、抽水蓄能等方式提高消纳水平；机组利用小时数线形图反映了某省各类型发电设备利用率水平。

参 考 文 献

[1] 张立波, 程浩忠, 曾平良, 等. 基于不确定理论的输电网规划[J]. 电力系统自动化, 2016, 40(16): 162-165.

[2] 李晖. 考虑大规模新能源接入的电力系统规划研究及应用[D]. 北京: 华北电力大学, 2017.

[3] Zisman A. An overview of XML[J]. Computing and Control Engineering Journal, 2000, 11(4): 165-167.

[4] 刘冬. 电力系统中通用信息模型的研究和应用[D]. 郑州: 郑州大学, 2007.

[5] 国家电网公司. 电力系统数据标记语言-E 语言规范: Q/GDW 215-2008[S]. 北京: 中国电力出版社, 2008.

[6] 辛耀中, 陶洪铸, 李毅松, 等. 电力系统数据模型描述语言 E[J]. 电力系统自动化, 2006, 30(10): 48-51.

[7] 国家电网公司. 电网设备模型描述规范(CIM/E)[S]. 北京: 国家电网公司, 2010.

[8] 罗阳百. 基于 CIM/E 的 BPA 模型拼接研究[D]. 北京: 华北电力大学, 2017.

[9] 吉杨, 郑华. 日计划交流潮流自动生成技术综述[J]. 东北电力技术, 2017, 38(4): 6-10.

[10] Sasson A M. Improved newton's load flow through a minimization technique[J]. IEEE Transactions on Power Apparatus and Systems, 1971, PAS-90: 1974-1981.

[11] 吉建兵, 吉杨, 郑华, 等. 基于 K-means 的电网规划交流运行方式数据自动生成[J]. 辽宁工程技术大学学报(自然科学版), 2018, 37(6): 939-944.

[12] Xiong H, Wu J J, Chen J. K-means clustering versus validation measures: A data-distribution perspective[J]. Computing and Control Engineering Journal, 2008, 39(2): 318-331.

[13] 苏浩益, 李如琦. 智能电网条件下的多目标输电网规划[J]. 中国电机工程学报, 2012, 32(34): 30-35.

[14] 吉杨. 电网规划交流运行方式数据自动生成技术研究[D]. 北京: 华北电力大学, 2018.

[15] Overbye T J, Cheng X, Sun Y. A comparison of the AC and DC power flow models for LMP calculations[C]. Proceedings of the 37th Annual Hawaii International Conference on System Sciences, Big Island, 2004.

[16] Losi A, Russo M. Dispersed generation modeling for object-oriented distribution load flow[J]. IEEE Transactions on Power Delivery, 2005, 20(2): 1532-1540.

[17] Aree P. Efficient and precise dynamic initialization of induction motors using unified Newton-Raphson power-flow approach[J]. IEEE Transactions on Power Systems, 32(1): 464-473.

[18] 王虹富, 陶向红, 李柏青, 等. 基于虚拟中点功率的潮流估算模型[J]. 中国电机工程学报, 2018, 38(21): 6305-6313, 6492.

[19] Birchfield A B, Xu T, Overbye T J. Power flow convergence and reactive power planning in the creation of large synthetic grids[J]. IEEE Transactions on Power Systems, 33(6): 6667-6674.

[20] 郭小江. 多直流馈入系统特性及其评估方法研究[D]. 天津: 天津大学, 2013.

[21] 覃智君, 侯云鹤, 吴复立. 大规模交直流系统潮流计算的实用化模型[J]. 中国电机工程学报, 2011, 31(10): 95-101.

[22] 郑华, 陈晗文, 李晖, 等. 基于最小化潮流的规划电网潮流辅助调整方法研究[C]. 2017智能电网新技术发展与应用研讨会论文集, 北京, 2017.

[23] 宋晓旭. 智能调度大数据的可视化技术研究[D]. 北京: 华北电力大学, 2015.

附录 1：Garver-6 算例系统参数

表 1　节点信息表

节点编号	装机容量/MW	节点负荷峰值/MW
1	150	80
2	0	240
3	360	40
4	0	160
5	0	240
6	600	0

表 2　线路信息表

线路编号	首节点编号	尾节点编号	电抗/p.u.	电阻/p.u.	原有线路数/回	可扩建线路数/回	交流容量/MW	长度/km
1	1	2	0.42	0.12	1	3	90	40
2	1	3	0.34	0.1	0	4	100	38
3	1	4	0.63	0.12	1	3	80	60
4	1	5	0.25	0.06	1	3	100	20
5	1	6	0.62	0.18	0	4	70	68
6	2	3	0.26	0.06	1	3	90	20
7	2	4	0.49	0.11	1	3	100	40
8	2	5	0.34	0.09	0	4	100	31
9	2	6	0.32	0.07	0	4	90	31
10	3	4	0.53	0.15	0	4	82	59
11	3	5	0.26	0.06	1	3	100	20
12	3	6	0.47	0.13	0	4	100	48
13	4	5	0.61	0.15	0	4	75	63
14	4	6	0.38	0.098	0	4	90	30
15	5	6	0.62	0.12	0	4	78	61

注：基准容量 100MW。

附录 2：HRP-38 算例系统参数

表 1 节点信息表

节点编号	电压等级/kV	所属地区	节点负荷峰值/MW	年化负荷电量需求/(TW·h)
1	750	D1	5961.70	36.94
2	750	D1	16373.29	101.45
3	750	D1	0.00	0.00
4	750	D1	21452.48	132.92
5	750	D1	26973.34	167.13
6	750	D1	13881.02	86.01
7	750	D1	26358.16	163.32
8	750	D2	783.81	4.98
9	750	D2	778.59	4.95
10	750	D2	14678.13	93.25
11	750	D2	2738.12	17.39
12	750	D2	6413.02	40.74
13	750	D2	10453.78	66.41
14	750	D2	7974.14	50.66
15	750	D2	7180.40	45.62
16	750	D3	524.06	3.56
17	750	D3	395.89	2.69
18	750	D3	2758.03	18.75
19	750	D3	885.92	6.02
20	750	D3	7117.73	48.40
21	750	D3	0.00	0.00
22	750	D3	515.65	3.51
23	750	D3	279.91	1.90
24	750	D3	117.78	0.80
25	750	D3	7512.22	51.08
26	750	D3	5048.80	34.33
27	750	D3	1844.02	12.54
28	750	D4	17949.36	93.25
29	750	D4	24139.12	125.41
30	750	D4	2685.70	13.95
31	750	D4	5377.91	27.94
32	750	D4	10028.05	52.10
33	750	D4	3178.61	16.51
34	750	D4	8641.24	44.89
35	750	D5	11351.21	79.29
36	750	D5	9955.07	69.54
37	750	D5	7918.86	55.32
38	750	D5	9774.87	68.28

表 2　发电机组信息表

机组编号	所属节点	机组类型(1：水电，2：煤电，3：光伏，4：风电，5：气电)	装机容量/MW	强制停运率/%	固定成本/(10^4CNY/MW/年)	可变成本/(10^4CNY/MW·h/年)
6	B28	1	6000	0.66	27.20	0
18	B27	1	5000	1	26.33	0
19	B27	1	5000	1	26.24	0
64	B21	1	5000	0.93	25.03	0
65	B21	1	5000	0.93	27.15	0
66	B21	1	4000	0.93	25.00	0
110	B6	1	6000	1	26.46	0
111	B6	1	6000	1	25.64	0
112	B6	1	6000	1.01	26.13	0
115	B13	1	6000	1	25.80	0
116	B13	1	6000	1	24.82	0
119	B26	1	7000	1.22	25.31	0
1	B15	2	5500	0.66	21.98	0.0286
2	B15	2	5500	0.66	20.82	0.0260
3	B15	2	5500	0.66	21.34	0.0272
5	B28	2	6000	0.66	21.44	0.0274
9	B30	2	3600	1.22	20.20	0.0246
27	B5	2	6000	1	20.47	0.0252
28	B5	2	6000	1.17	21.52	0.0276
29	B5	2	6000	1.17	20.70	0.0257
30	B5	2	6000	1	21.64	0.0278
31	B5	2	6000	1.17	21.73	0.0280
32	B5	2	6000	1.17	21.87	0.0283
33	B5	2	6000	1	21.15	0.0267
40	B7	2	8500	0.66	20.70	0.0257
41	B7	2	8000	0.66	21.99	0.0286
42	B7	2	8000	0.66	21.11	0.0266
53	B36	2	5000	1.22	21.20	0.0268
54	B36	2	5000	1.22	20.10	0.0244
55	B36	2	5000	1.22	20.88	0.0261
58	B35	2	5000	0.66	20.46	0.0252
59	B35	2	6000	0.66	20.27	0.0248
67	B14	2	4000	1	21.35	0.0272
75	B2	2	7000	1.01	20.62	0.0255

续表

机组编号	所属节点	机组类型(1：水电，2：煤电，3：光伏，4：风电，5：气电)	装机容量/MW	强制停运率/%	固定成本/(10⁴CNY/MW/年)	可变成本/(10⁴CNY/MW·h/年)
91	B23	2	4000	1.01	21.94	0.0285
93	B23	2	4000	1.01	20.39	0.0250
103	B4	2	6000	1.22	20.44	0.0251
104	B4	2	6000	1.01	22.06	0.0288
106	B6	2	6000	1	21.37	0.0272
108	B6	2	6000	1.01	20.26	0.0247
109	B6	2	6000	1.01	21.14	0.0267
113	B6	2	6000	1.01	20.33	0.0249
117	B31	2	6000	0.66	20.08	0.0243
118	B31	2	6000	0.66	21.93	0.0285
120	B26	2	3000	1.22	20.26	0.0247
123	B33	2	9000	1.22	20.51	0.0253
128	B1	2	6000	0.66	22.03	0.0287
140	B34	2	6000	0.66	20.28	0.0248
141	B34	2	6000	0.66	21.03	0.0265
76	B2	5	7000	1.01	17.78	0.0387
92	B23	5	4000	1.01	17.82	0.0386
107	B6	5	6000	1.01	17.94	0.0386
114	B6	5	6000	1.01	17.87	0.0401
129	B1	5	6000	0.66	17.69	0.0402
133	B37	5	8000	1.17	17.77	0.0406
142	B29	5	7000	0.93	17.60	0.0409
143	B12	5	2000	0.93	16.88	0.0395
4	B15	3	3300	0.66	15.77	0
10	B18	3	4560	1.01	16.47	0
11	B18	3	3000	1.22	16.31	0
12	B18	3	3000	1.22	19.23	0
13	B22	3	3000	1.22	16.47	0
15	B9	3	3000	1	15.13	0
16	B9	3	3000	1	18.61	0
17	B9	3	3000	1	16.58	0
20	B27	3	3000	1	15.81	0
21	B27	3	3600	0.66	16.39	0
22	B5	3	3600	1.17	18.82	0

续表

机组编号	所属节点	机组类型(1：水电，2：煤电，3：光伏，4：风电，5：气电)	装机容量/MW	强制停运率/%	固定成本/(10⁴CNY/MW/年)	可变成本/(10⁴CNY/MW·h/年)
23	B5	3	3600	1.17	14.63	0
24	B5	3	3600	1	14.78	0
25	B5	3	3600	1.17	15.43	0
26	B5	3	3600	1.17	17.93	0
34	B7	3	4800	0.66	17.81	0
35	B7	3	4800	0.66	18.61	0
36	B7	3	4800	0.66	14.97	0
37	B7	3	4800	0.66	19.39	0
38	B7	3	4800	0.66	18.59	0
43	B24	3	3000	1.01	16.65	0
44	B24	3	3000	1.01	15.05	0
45	B24	3	3000	1.01	15.24	0
46	B19	3	2880	0.66	17.10	0
47	B19	3	1800	1.01	15.51	0
61	B11	3	3600	1	18.36	0
62	B11	3	3600	1	17.92	0
63	B11	3	3600	1	16.90	0
68	B14	3	3000	1	19.45	0
69	B14	3	3000	1	19.52	0
70	B14	3	3000	1	17.54	0
77	B29	3	3000	1	14.86	0
78	B29	3	4800	1	17.08	0
79	B29	3	4800	1.22	16.82	0
87	B20	3	2400	1.22	16.72	0
88	B20	3	2400	1.22	14.81	0
89	B20	3	2400	1.22	19.25	0
90	B20	3	2400	1.22	19.47	0
94	B38	3	4200	0.66	15.54	0
95	B38	3	4200	0.66	18.12	0
96	B38	3	4200	0.66	15.51	0
97	B4	3	3600	1.22	17.40	0
98	B4	3	3600	1.01	16.09	0
99	B4	3	3600	1.22	18.43	0
121	B32	3	4800	1.22	16.88	0

续表

机组编号	所属节点	机组类型(1：水电，2：煤电，3：光伏，4：风电，5：气电)	装机容量/MW	强制停运率/%	固定成本/(10⁴CNY/MW/年)	可变成本/(10⁴CNY/MW·h/年)
122	B32	3	4800	1.22	16.15	0
134	B37	3	4800	1.22	17.20	0
135	B37	3	4800	1.22	17.21	0
136	B25	3	4800	1.01	18.80	0
137	B25	3	1680	1.01	15.19	0
138	B17	3	2160	0.66	15.80	0
139	B17	3	2520	1.22	17.11	0
7	B30	4	3000	1.22	16.34	0
8	B30	4	3000	1.22	14.96	0
14	B22	4	3000	1.01	17.21	0
39	B7	4	4800	0.66	16.12	0
48	B12	4	3000	0.66	15.76	0
49	B12	4	3000	0.66	14.81	0
50	B12	4	3000	0.66	17.87	0
51	B12	4	3000	0.66	17.54	0
52	B12	4	3000	0.66	15.85	0
56	B36	4	1800	1.22	17.12	0
57	B16	4	3000	0.66	16.23	0
60	B11	4	3600	1	15.26	0
71	B2	4	3600	1.01	14.61	0
72	B2	4	3600	1.01	17.79	0
73	B2	4	3600	1.01	15.23	0
74	B2	4	3600	1.01	13.95	0
80	B29	4	3000	0.93	16.04	0
81	B10	4	3000	0.66	14.07	0
82	B10	4	3000	0.66	14.56	0
83	B10	4	3000	0.66	15.44	0
84	B10	4	3000	0.66	14.19	0
85	B10	4	3000	0.66	17.38	0
86	B10	4	3000	0.66	14.00	0
100	B4	4	3600	1.01	17.70	0
101	B4	4	3600	1.22	18.08	0
102	B4	4	3600	1.01	15.27	0
105	B6	4	3600	1	13.57	0

机组编号	所属节点	机组类型(1：水电，2：煤电，3：光伏，4：风电，5：气电)	装机容量/MW	强制停运率/%	固定成本/(10^4CNY/MW/年)	可变成本/(10^4CNY/MW·h/年)
124	B1	4	3600	0.66	14.33	0
125	B1	4	3600	0.66	15.12	0
126	B1	4	3600	0.66	16.08	0
127	B1	4	3600	0.66	14.35	0
130	B37	4	3000	1.22	14.16	0
131	B37	4	3000	1.22	13.88	0
132	B37	4	3000	1.17	14.17	0

表3 已建线路信息表

已建线路编号	首节点编号	尾节点编号	电抗/p.u.	电阻/p.u.	1/2 充电电容/p.u.	经济容量/MW	短时应急容量/MW	电压等级/kV	长度/km
1	14	15	0.00618	0.00029	2.0554	2500	4000	750	135.80
2	13	15	0.00609	0.0003	2.0582	2500	4000	750	140.49
3	13	15	0.00609	0.0003	2.0582	2500	4000	750	140.49
4	14	28	0.00723	0.00035	2.4419	2500	4000	750	163.90
5	14	28	0.00731	0.00036	2.4698	2500	4000	750	168.59
6	29	28	0.00405	0.00019	1.3466	2500	4000	750	88.98
7	29	28	0.00405	0.00019	1.3466	2500	4000	750	88.98
8	29	30	0.00213	0.0001	0.7087	2500	4000	750	46.83
9	29	30	0.00213	0.0001	0.7087	2500	4000	750	46.83
10	5	9	0.01421	0.0007	4.8001	2500	4000	750	327.80
11	5	9	0.01421	0.0007	4.8001	2500	4000	750	327.80
12	10	9	0.00351	0.00017	1.1861	2500	4000	750	79.61
13	10	9	0.00351	0.00017	1.1861	2500	4000	750	79.61
14	14	27	0.00601	0.00028	1.9987	2500	4000	750	131.12
15	14	27	0.00631	0.0003	2.0979	2500	4000	750	140.49
16	6	5	0.01653	0.00081	5.5815	2500	4000	750	379.32
17	6	5	0.01653	0.00081	5.5815	2500	4000	750	379.32
18	5	7	0.00297	0.00015	1.0047	2500	4000	750	70.24
19	5	7	0.00297	0.00015	1.0047	2500	4000	750	70.24
20	4	7	0.01653	0.00081	5.5815	2500	4000	750	379.32
21	4	7	0.01653	0.00081	5.5815	2500	4000	750	379.32
22	23	24	0.00128	0.00006	0.42525	2500	4000	750	28.10
23	23	24	0.00128	0.00006	0.42525	2500	4000	750	28.10
24	18	19	0.01719	0.00089	5.1884	2500	4000	750	416.78
25	18	19	0.01737	0.00086	5.2282	2500	4000	750	402.73

续表

已建线路编号	首节点编号	尾节点编号	电抗/p.u.	电阻/p.u.	1/2 充电电容/p.u.	经济容量/MW	短时应急容量/MW	电压等级/kV	长度/km
26	13	12	0.00825	0.00039	2.7056	2500	4000	750	182.63
27	13	12	0.00825	0.00039	2.7056	2500	4000	750	182.63
28	3	16	0.00511	0.00024	1.701	2500	4000	750	112.39
29	3	16	0.00511	0.00024	1.701	2500	4000	750	112.39
30	15	35	0.0069	0.00033	2.2963	2500	4000	750	154.54
31	15	35	0.00601	0.00028	1.9987	2500	4000	750	131.12
32	36	35	0.0032	0.00015	1.0631	2500	4000	750	70.24
33	36	35	0.0032	0.00015	1.0631	2500	4000	750	70.24
34	12	11	0.01575	0.00073	5.1075	2500	4000	750	341.85
35	12	11	0.01575	0.00073	5.1075	2500	4000	750	341.85
36	27	21	0.00764	0.00034	2.4257	2500	4000	750	159.22
37	26	21	0.00309	0.00014	1.0185	2500	4000	750	65.56
38	14	29	0.01111	0.00054	3.7535	2500	4000	750	252.88
39	14	29	0.01111	0.00054	3.7535	2500	4000	750	252.88
40	11	10	0.00814	0.0004	2.7489	2500	4000	750	187.32
41	11	10	0.00814	0.0004	2.7489	2500	4000	750	187.32
42	19	20	0.016	0.00069	4.9197	2500	4000	750	323.12
43	19	20	0.01616	0.0007	4.9529	2500	4000	750	327.80
44	23	20	0.00639	0.0003	2.1262	2500	4000	750	140.49
45	23	20	0.00639	0.0003	2.1262	2500	4000	750	140.49
46	26	20	0.0015	0.00007	0.5043	2500	4000	750	32.78
47	26	20	0.0015	0.00008	0.503	2500	4000	750	37.46
48	9	8	0.00677	0.00032	2.2538	2500	4000	750	149.85
49	9	8	0.00677	0.00032	2.2538	2500	4000	750	149.85
50	7	8	0.01203	0.00057	3.9048	2500	4000	750	220.10
51	7	8	0.01203	0.00057	3.9048	2500	4000	750	220.10
52	17	8	0.01423	0.00066	4.6173	2500	4000	750	262.24
53	17	8	0.01423	0.00066	4.6173	2500	4000	750	262.24
54	35	38	0.0032	0.00015	1.0631	2500	4000	750	70.24
55	35	38	0.0032	0.00015	1.0631	2500	4000	750	70.24
56	3	4	0.01477	0.00057	4.7953	2500	4000	750	266.93
57	3	4	0.01477	0.00057	4.7953	2500	4000	750	266.93
58	25	13	0.00484	0.00027	1.64623	2500	4000	750	126.44
59	25	13	0.00484	0.00027	1.64623	2500	4000	750	126.44
60	28	31	0.0081	0.00038	2.6932	2500	4000	750	177.95
61	27	26	0.00663	0.00031	2.2033	2500	4000	750	145.17

已建线路编号	首节点编号	尾节点编号	电抗/p.u.	电阻/p.u.	1/2 充电电容/p.u.	经济容量/MW	短时应急容量/MW	电压等级/kV	长度/km
62	24	26	0.00426	0.0002	1.41749	2500	4000	750	93.66
63	24	26	0.00426	0.0002	1.41749	2500	4000	750	93.66
64	25	26	0.00256	0.00012	0.85049	2500	4000	750	56.20
65	25	26	0.00256	0.00012	0.85049	2500	4000	750	56.20
66	29	32	0.00597	0.00028	1.9845	2500	4000	750	131.12
67	29	32	0.00597	0.00028	1.9845	2500	4000	750	131.12
68	31	32	0.0049	0.00023	1.6301	2500	4000	750	107.71
69	32	33	0.00635	0.0003	2.1121	2500	4000	750	140.49
70	32	33	0.00635	0.0003	2.1121	2500	4000	750	140.49
71	34	33	0.01146	0.00054	3.813	2500	4000	750	252.88
72	34	33	0.01146	0.00054	3.813	2500	4000	750	252.88
73	36	37	0.010296	0.00042	3.1521	2500	4000	750	220.00
74	36	37	0.010296	0.00042	3.1167	2500	4000	750	220.00
75	38	37	0.0043524	0.00022	1.5521	2500	4000	750	93.00
76	38	37	0.0043524	0.00022	1.5167	2500	4000	750	93.00
77	18	17	0.00751	0.00029	2.4388	2500	4000	750	135.80
78	18	17	0.00751	0.00029	2.4388	2500	4000	750	135.80
79	14	15	0.00618	0.00029	2.0554	2500	4000	750	135.80
80	14	15	0.00618	0.00029	2.0554	2500	4000	750	135.80
81	14	27	0.00601	0.00028	1.9987	2500	4000	750	131.12
82	14	27	0.00631	0.0003	2.0979	2500	4000	750	140.49
83	14	29	0.01111	0.00054	3.7535	2500	4000	750	252.88
84	14	29	0.01111	0.00054	3.7535	2500	4000	750	252.88
85	2	4	0.00256	0.00012	0.8505	2500	4000	750	56.20
86	2	4	0.00256	0.00012	0.8505	2500	4000	750	56.20
87	25	26	0.00256	0.00012	0.85049	2500	4000	750	56.20
88	25	26	0.00256	0.00012	0.85049	2500	4000	750	56.20
89	29	30	0.00213	0.0001	0.7087	2500	4000	750	46.83
90	29	30	0.00213	0.0001	0.7087	2500	4000	750	46.83
91	32	33	0.00635	0.0003	2.1121	2500	4000	750	140.49
92	32	33	0.00635	0.0003	2.1121	2500	4000	750	140.49
93	10	9	0.00351	0.00017	1.1861	2500	4000	750	79.61
94	10	9	0.00351	0.00017	1.1861	2500	4000	750	79.61
95	26	20	0.0015	0.00007	0.5043	2500	4000	750	32.78
96	26	20	0.0015	0.00008	0.503	2500	4000	750	37.46
97	14	28	0.00723	0.00035	2.4419	2500	4000	750	163.90

续表

已建线路编号	首节点编号	尾节点编号	电抗/p.u.	电阻/p.u.	1/2 充电电容/p.u.	经济容量/MW	短时应急容量/MW	电压等级/kV	长度/km
98	14	28	0.00731	0.00036	2.4698	2500	4000	750	168.59
99	26	21	0.00309	0.00014	1.0185	2500	4000	750	65.56
100	26	21	0.00309	0.00014	1.0185	2500	4000	750	65.56
101	27	21	0.00764	0.00034	2.4257	2500	4000	750	159.22
102	27	21	0.00764	0.00034	2.4257	2500	4000	750	159.22

注：基准容量 100MW。

表 4　待建线路信息表

待建线路编号	首节点编号	尾节点编号	电抗/p.u.	电阻/p.u.	1/2 充电电容/p.u.	经济容量/MW	短时应急容量/MW	投资成本/(10⁴CNY)	长度/km
1	13	15	0.00609	0.0003	2.0582	2500	4000	40320	140.49
2	13	15	0.00609	0.0003	2.0582	2500	4000	40320	140.49
3	29	28	0.00405	0.00019	1.3466	2500	4000	25536	88.98
4	29	28	0.00405	0.00019	1.3466	2500	4000	25536	88.98
5	5	9	0.01421	0.0007	4.8001	2500	4000	94080	327.80
6	5	9	0.01421	0.0007	4.8001	2500	4000	94080	327.80
7	10	9	0.00351	0.00017	1.1861	2500	4000	22848	79.61
8	10	9	0.00351	0.00017	1.1861	2500	4000	22848	79.61
9	14	27	0.00601	0.00028	1.9987	2500	4000	37632	131.12
10	14	27	0.00631	0.0003	2.0979	2500	4000	40320	140.49
11	6	5	0.01653	0.00081	5.5815	2500	4000	108864	379.32
12	6	5	0.01653	0.00081	5.5815	2500	4000	108864	379.32
13	5	7	0.00297	0.00015	1.0047	2500	4000	20160	70.24
14	5	7	0.00297	0.00015	1.0047	2500	4000	20160	70.24
15	4	7	0.01653	0.00081	5.5815	2500	4000	108864	379.32
16	4	7	0.01653	0.00081	5.5815	2500	4000	108864	379.32
17	18	19	0.01719	0.00089	5.1884	2500	4000	119616	416.78
18	18	19	0.01737	0.00086	5.2282	2500	4000	115584	402.73
19	22	19	0.00639	0.0003	2.1262	2500	4000	40320	140.49
20	22	19	0.00639	0.0003	2.1262	2500	4000	40320	140.49
21	13	12	0.00825	0.00039	2.7056	2500	4000	52416	182.63
22	13	12	0.00825	0.00039	2.7056	2500	4000	52416	182.63
23	3	16	0.00511	0.00024	1.701	2500	4000	32256	112.39
24	3	16	0.00511	0.00024	1.701	2500	4000	32256	112.39

待建线路编号	首节点编号	尾节点编号	电抗/p.u.	电阻/p.u.	1/2 充电电容/p.u.	经济容量/MW	短时应急容量/MW	投资成本/(10⁴CNY)	长度/km
25	15	35	0.0069	0.00033	2.2963	2500	4000	44352	154.54
26	15	35	0.00601	0.00028	1.9987	2500	4000	37632	131.12
27	36	35	0.0032	0.00015	1.0631	2500	4000	20160	70.24
28	36	35	0.0032	0.00015	1.0631	2500	4000	20160	70.24
29	12	11	0.01575	0.00073	5.1075	2500	4000	98112	341.85
30	12	11	0.01575	0.00073	5.1075	2500	4000	98112	341.85
31	14	29	0.01111	0.00054	3.7535	2500	4000	72576	252.88
32	14	29	0.01111	0.00054	3.7535	2500	4000	72576	252.88
33	11	10	0.00814	0.0004	2.7489	2500	4000	53760	187.32
34	11	10	0.00814	0.0004	2.7489	2500	4000	53760	187.32
35	19	20	0.016	0.00069	4.9197	2500	4000	92736	323.12
36	19	20	0.01616	0.0007	4.9529	2500	4000	94080	327.80
37	23	20	0.00639	0.0003	2.1262	2500	4000	40320	140.49
38	23	20	0.00639	0.0003	2.1262	2500	4000	40320	140.49
39	26	20	0.0015	0.00007	0.5043	2500	4000	9408	32.78
40	26	20	0.0015	0.00008	0.503	2500	4000	10752	37.46
41	9	8	0.00677	0.00032	2.2538	2500	4000	43008	149.85
42	9	8	0.00677	0.00032	2.2538	2500	4000	43008	149.85
43	7	8	0.01203	0.00047	3.9048	2500	4000	63168	220.10
44	7	8	0.01203	0.00047	3.9048	2500	4000	63168	220.10
45	17	8	0.01423	0.00056	4.6173	2500	4000	75264	262.24
46	17	8	0.01423	0.00056	4.6173	2500	4000	75264	262.24
47	35	38	0.0032	0.00015	1.0631	2500	4000	20160	70.24
48	35	38	0.0032	0.00015	1.0631	2500	4000	20160	70.24
49	2	4	0.00256	0.00012	0.8505	2500	4000	16128	56.20
50	2	4	0.00256	0.00012	0.8505	2500	4000	16128	56.20
51	2	6	0.00256	0.00012	0.8505	2500	4000	16128	56.20
52	2	6	0.00256	0.00012	0.8505	2500	4000	16128	56.20
53	2	1	0.00256	0.00012	0.8505	2500	4000	16128	56.20
54	2	1	0.00256	0.00012	0.8505	2500	4000	16128	56.20
55	3	4	0.01477	0.00057	4.7953	2500	4000	76608	266.93
56	3	4	0.01477	0.00057	4.7953	2500	4000	76608	266.93
57	1	4	0.01279	0.0006	4.2525	2500	4000	80640	280.98
58	1	4	0.01279	0.0006	4.2525	2500	4000	80640	280.98

续表

待建线路编号	首节点编号	尾节点编号	电抗/p.u.	电阻/p.u.	1/2 充电电容/p.u.	经济容量/MW	短时应急容量/MW	投资成本/(10⁴CNY)	长度/km
59	25	13	0.00484	0.00027	1.64623	2500	4000	36288	126.44
60	25	13	0.00484	0.00027	1.64623	2500	4000	36288	126.44
61	27	26	0.00663	0.00031	2.2033	2500	4000	41664	145.17
62	27	26	0.00663	0.00031	2.2033	2500	4000	41664	145.17
63	24	26	0.00426	0.0002	1.41749	2500	4000	26880	93.66
64	24	26	0.00426	0.0002	1.41749	2500	4000	26880	93.66
65	25	26	0.00256	0.00012	0.85049	2500	4000	16128	56.20
66	25	26	0.00256	0.00012	0.85049	2500	4000	16128	56.20
67	29	32	0.00597	0.00028	1.9845	2500	4000	37632	131.12
68	29	32	0.00597	0.00028	1.9845	2500	4000	37632	131.12
69	31	32	0.0049	0.00023	1.6301	2500	4000	30912	107.71
70	31	32	0.0049	0.00023	1.6301	2500	4000	30912	107.71
71	35	37	0.00467	0.00022	1.5521	2500	4000	29568	103.02
72	35	37	0.00456	0.00022	1.5167	2500	4000	29568	103.02
73	18	17	0.00751	0.00029	2.4388	2500	4000	38976	135.80
74	18	17	0.00751	0.00029	2.4388	2500	4000	38976	135.80
75	22	17	0.00852	0.0004	2.835	2500	4000	53760	187.32
76	22	17	0.00852	0.0004	2.835	2500	4000	53760	187.32
77	22	17	0.00852	0.0004	2.835	2500	4000	53760	187.32
78	22	17	0.00852	0.0004	2.835	2500	4000	53760	187.32
79	16	17	0.01278	0.0006	4.25246	2500	4000	80640	280.98
80	16	17	0.01278	0.0006	4.25246	2500	4000	80640	280.98
81	16	17	0.01278	0.0006	4.25246	2500	4000	80640	280.98
82	16	17	0.01278	0.0006	4.25246	2500	4000	80640	280.98
83	19	23	0.012788	0.00059353	4.2117	2500	4000	79786	277.95
84	19	23	0.012788	0.00059353	4.2117	2500	4000	79786	277.95
85	38	30	0.017848	0.00082838	5.8782	2500	4000	111356	387.92
86	38	30	0.017848	0.00082838	5.8782	2500	4000	111356	387.92
87	1	4	0.0322	0.0014945	10.605	2500	4000	200900	699.86
88	1	4	0.0322	0.0014945	10.605	2500	4000	200900	699.86

各节点负荷曲线、可再生出力等数据详细信息见链接：https://github.com/Karl-Zhuo/Dataset-of-HRP-38-test-system